건축,
전공하고 이렇게 산다

김기훈·류일향
엮음

ARCHI
TEC
TURE

건축, 전공하고 이렇게 산다

_ 3040 건축과 선배들의 진로 멘토링

김기훈·류일향
엮음

Spacetime

건축,
전공하고 이렇게 산다

3040 건축과 선배들의 진로 멘토링

2018년 9월 5일 1쇄 발행
2023년 5월 8일 2쇄 발행

엮은이 김기훈·류일향
발행인 김기현
발행처 시공문화사(Spacetime)
디자인 이원재(studio a:b)

등록 1993년 3월 12일
주소 서울시 서대문구 독립문공원길 13 극동프라자 5층
전화 02) 3147-1212, 2323
팩스 02) 3147-2626

http://www.spacetime.co.kr
spacetime@korea.com

ISBN 978-89-5592-403-9 93610
정가 14,000원

“ 행복은 노력을 요하는 선택이다 ”

Happiness is a choice that requires effort at times

_ Aeschylus

Profile

"3040 건축과 선배들을 소개합니다"

박무찬 서울대학교 건축학과를 졸업하고 뉴욕 소재 컬럼비아 건축대학원에서 석사 학위를 받았다. 뉴욕 Kohn Pedersen Fox 설계 사무소에서 XIM(X-Information Modeling)이라는 이름의 싱크탱크를 설립하고 4년여간 운영하였으며, Urban Informatics와 Parametric Urbanism을 결합한 도시 디자인 프로세스를 개발하고 뉴욕, 런던, 상하이 등 세계 대도시의 건축-도시 실무에 적용하였다. 현재 (주)간삼종합건축사사무소에서 Urban Insight 팀을 만들고 참여하고 있다.

정연기 울산대학교 건축공학과를 졸업하고 (주)창민우구조컨설탄트에 입사해서 지금까지 근무하고 있다. 건대 더샵 스타시티(58층), 화성동탄 메타폴리스(66층), 잠실 롯데월드타워(123층)등의 구조설계에 참여하고 건축구조기술사를 취득했다. 현재 현대차그룹사옥(GBC) 프로젝트를 수행하고 있다.

최정만 숭실대학교 건축공학과를 졸업하고 현재 ㈜ZARIM건축사사무소의 대표이사를 맡고 있으며 친환경 건축물, 패시브하우스, 제로에너지 건축물에 대한 컨설팅과 설계를 하고 있다.

정상룡 성균관대학교 건축공학과를 졸업하고 삼성물산에 입사하여 직장생활을 시작했으며 현재는 대림산업에서 근무 중이다. 11년간 재개발 재건축, 증축 리모델링, 공공발주 PJT, 뉴스테이 사업 등 다양한 유형의 공동주택 프로젝트에서 현장 시공 및 공무 업무를 수행하고 있으며, 해당 분야의 전문 업무역량을 보유하고 있다. 건축공학 전공자로서 가장 보편적인 사회생활을 하고 있는 케이스라고 볼 수 있다.

최순섭 서울대학교 건축학과를 졸업하고 동대학원에서 석사 및 박사학위를 받았다. 2014년부터 국립한국교통대학교 건축학부 교수로 근무하였고, 충주시 도시재생사업 총괄코디네이터 및 현장지원센터장을 역임하였으며, 현재에는 경기도 정주환경 개선사업의 총괄 코디네이터로서 지역의 다양한 활성화사업과 활동에 참여하고 있다.

유정우 서울대학교 건축공학과를 졸업하고 현대건설에 입사하였다. 현장 실무를 거쳐 건설분쟁을 전문으로 해결하는 변호사가 되고자 고려대학교 법합전문대학원에 진학하였다. 졸업 후 변호사자격을 취득하여 현재 시공사 및 시행사에서 의뢰하는 건설사건 일반, 집합건물의 하자소송, 공사대금 정산소송, 도시정비사업조합 관련 자문, 부동산 PF, 신탁, BTO·BTL 등 민간투자사업 관련 자문, 공사비 원가산정업무 등 건설관련 제반 송무 및 자문업무를 수행하고 있다.

김록배 서울대학교 건축학과를 졸업하고 동대학원에서 건축구조로 석사학위를 받았으며 석사 졸업 후 대림산업에 취직하였다. 대림산업 근무 중 건축구조기술사를 취득하였고, 여세를 몰아 기술고시까지 도전하였으나 2차 시험에서 낙방, 다행히 건축구조기술사 자격 덕분에 중앙인사위원회 기술직 5급(사무관)에 특채로 합격하여 특허청에서 공무원 생활을 시작했다. 특허청 재직 중 변리사 시험에 합격하였고, 2012년에 공무원을 퇴직하여 변리사 개업을 하였으며, 현재 우진특허법률사무소의 대표변리사이다.

김경훈 아주대학교 건축학과를 졸업하고 동 대학원에서 도시 및 건축계획 전공으로 석사학위를 취득하였다. 2006년 신영에 입사한 후 기획 및 총괄 PM 역할을 수행하고 있으며, 청주 지웰시티 도시개발사업(16만 평), 청주 테크노폴리스 산업단지 조성사업(100만 평), 천안 불당지구 아파트(3,125세대), 인천 송도 오피스텔(506호), 서강역세권 장기운영사업 등 다양한 프로젝트를 진행하였다. 현재는 신사업개발팀 팀장, 한국철도시설공단, 캠코 등 공공기관 자문과 대학교 강의를 통해 디벨로퍼의 위상 강화를 위해 노력하고 있다.

채상욱 아주대학교 건축학과를 졸업하고 삼성물산 건설부문에서 직장생활을 시작, 한국표준협회를 거쳐, 2011년부터 금융시장에서 건설 애널리스트로 일하고 있고 현 하나금융투자의 건설 애널리스트이다. 건설과 부동산업, 상장된 건설회사나 건축자재 회사 등을 조사분석하며 이를 국내외 기관투자자들에게 투자의견을 제시하는 것이 애널리스트의 주 업무다. 2016년과 2017년 부동산 시장과 관련된 2권의 책 '뉴스테이 시대, 사야할 집 팔아야 할 집'과 '돈 되는 아파트 돈 안되는 아파트'를 냈다.

윤준환 동아대학교 건축공학과 건축사진동아리 「아키포토」에서 사진을 시작하고, 도시건축사진공모전(2001) 대상을 수상했다. 졸업 후 C&P 광고사진스튜디오에서 근무했으며, 이후 여러 건축, 인테리어 잡지에서 객원사진작가로 활동했다. 부산광역시와 함께 변화하는 부산의 도시와 건축을 기록하는 '부산도시기록(2009~2010)'작업과, 미군기지였던 캠프하야리아의 시민공원 조성 과정을 기록했다. 가우디 건축물 13개를 바르셀로나시청과 가우디연구재단의 도움을 받아 촬영하고 부산국제건축문화제 특별전(2013)과 예술의 전당(2015)에서 전시했다. 현재는 월간 「SPACE」 전속 건축사진가로 활동 중이다.

김정현 일본 공연예술극단 '극단사계(劇団四季)'에서 7년여간 공연에 참여하고 현재 한국과 일본을 오가는 공연 기술스태프 및 통역으로 활동하고 있다. 중앙대학교 건축공학과를 졸업하고 전시디자인과 건축디자인 사무소에서 일하다가 돌연 일본으로 떠났고, 이 후 극단사계의 기술부 무대팀으로 입단해 〈라이온킹〉, 〈캣츠〉, 〈맘마미아〉, 〈에쿠스〉 등 극단의 여러 작품에 참여했다. 무대 디자인과 공연포스터 디자인의 사내공모전에 참여하는 등, 극단내 디자인팀 활동도 겸했다.

김경 경희대학교 건축공학과를 졸업하고 동 대학원에서 건축정보기술 전공으로 석사학위를 받았다. 2001년부터 코스펙정보 기술연구소에서 근무하며 도면관리시스템 및 건축분야 프로그램 개발을 했다. 2008년에 빔피어스 회사를 설립해 국내 건설사 및 설계사무소에 BIM 관련 시스템을 개발 보급하고 있다. 대표 제품은 BIM 라이브러리 관리 시스템(LMS)이며 최근엔 BIM 기반의 설계(도면 및 모델링) 자동화 관련 시스템을 개발하고 있다.

신동윤 2010년 가천대학교 건축학과에 입학, 2013년 대학생 건축 커뮤니티 아키필드를 개설하였다. 아키필드는 현재 건축학도들이 가장 많이 팔로우하는 국내 최대 커뮤니티이다. 최근 대학생 건축/디자인 공유 SNS 필디(feeeld.com)를 개발하여 프로젝트 공유/관리서비스 및 오프라인 스터디 매칭 서비스, 구인구직 서비스, 필디챌린지(디자인 아이디어 공모전)등 건축과 디자인 기반의 다양한 서비스를 제공하고 있다.

김명규 명지대학교 건축학과를 졸업하고 동대학원에서 건축역사 및 이론을 전공하여 석사학위를 받았다. 국내건축(가)을 해외에 알리는 목적으로 2014년 마실와이드를 창업, 해외 매체와 관계를 맺으면서 현재까지 운영하고 있다. 이러한 네트워크를 통해 국내 다양한 건축 행사를 해외에 홍보하고 그에 따른 부속 행사를 기획하고 운영하는 업무도 진행한다. 또한, 2017년부터 국내 건축전문지인 월간 건축문화의 편집을 맡고 있으며, 국내외 건축물에 대한 취재와 출판도 병행하고 있다.

한기준 홍익대학교 건축학과 재학 중, 2014년 12월에 디지트를 개업, 운영하고 있다. 디지트는 건축에 필요한 프로그램이나 플러그인, 시스템을 개발 및 교육하고 있다. 충남창조경제 혁신센터의 '문화재 안전관리 시뮬레이터 개발'(2015), 한국건설기술연구원 '토공장비 투입량 개략견적 시스템 개발'(2017) 등의 개발, 자문 업무를 맡고 있다. 최근 4차 산업혁명의 화두로 떠오르고 있는 VR/AR 콘텐츠 개발 사업도 진행 중이다. 현재 한국건설기술연구원의 BIM 전문인력양성과정의 외래강사로 재직 중이다.

Prologue

건축으로 계속 '뭐'하고 살 수 있다

2018년 1월, 우연한 기회로 미국 라스베가스에서 개최된 '가전박람회'인 CES(Consumer Electronics Show)에 참가하였다. CES는 최신 가전을 소개하는 목적의 박람회인데, 이번 CES에서는 눈에 띄는 변화를 엿볼 수 있었다. 냉장고, 세탁기와 같은 주요 가전제품이 조연으로 물러난 자리에 자율주행차, 드론과 같은 새로운 제품, 스마트홈, 스마트시티라는 새로운 개념이 주연으로 들어섰기 때문이다. 국토교통부에서 일하는 필자로서는 반가운 일이 아닐 수 없었다.

제품이 가진 고유의 기능 자체의 발전을 넘어 그 기능들을 담아내고 연계하는 '플랫폼'이 기술의 핵심이 되고 있다. 2016년, 2017년에는 집이 플랫폼이 되는 '스마트홈'이, 2018년에는 '도시' 자체가 플랫폼이 되는 '스마트시티'가 CES의 주요 테마로 제시되었다.

얼마 전까지만 해도 가전제품과 건축은 그다지 상관없는 기술이었다. 그러나 집과 빌딩 전체가 하나의 시스템으로 연결되고, 이런 건물들로 이뤄진 도시가 하나의 플랫폼을 구축하고자 한다. 도시 공간의 이동은 자율주행차와 드론으로 더욱 자유로워질 것이다. 제품에서 공간으로, 공간간 연계로 플랫폼이 확장되면서 공간을 만드는 건축과 공간을 이루던 제품은 어느덧 자연스레 경계를 허물고 있다.

나는 이러한 변화와 혁신의 기류 속에서 희망을 발견했다. 건축은 물리적 재료의 활용에서 벗어나 기술을 매개로 다른 산업과 끊임없이 융합되면서 새로운 산업으로 진화할 것이고, 이러한 흐름은 건축학도들에게 새로운 분야에서 일할 수 있는 기회를 가져다 줄 것이다. 앞으로도 진화하는 건축을 통해 계속 먹고 살 수 있을 것이다. 나는 건축이라는 토대 위에서 우리는 아마도 계속 '뭐'하고 살 수 있을 것이라는 희망을 발견하였다.

오프라인에서 온라인으로

2016년 7월, 지인, 지인의 지인, 지인의 추천인 등을 모아 우리의 경험을 담은 '건축, 전공하면 뭐하고 살지?' 책을 출판하였다. 건축학도와 건축학도를 꿈꾸는 사람, 건축을 전공하고 새로운 길을 탐색하는 사람들에게 보다 많은 선택지가 있음을 알려주고 싶어서였다. 책을 통해 10명의 전문가를 소개하였는데, 책을 읽은 독자들로부터 보다 다양한 직업을 소개해줬으면 좋겠다는 요청을 받았다. '어떻게 하면 더 많은 사람들을 소개하고 소통할 수 있을까' 라는 고민 끝에 페이스북에 '건축, 전공하면 뭐하고 살지' 페이지를 운영하기로 하였다.

매주 한 명을 소개하는 것을 목표로 시작한 페이스북 페이지는 2018년 2월 현재 40개가 넘는 직업을 소개하였고, 팔로워도 4,000명을 넘기며 많은 사람들과 소통하게 되었다. 40개가 넘는 직업을 소개하다보니 점점 소개할 직업은 적어지고, 필자도 생업에 종사하다보니 페이스북 페이지 운영에 어려움을 느끼게 되었다. 요즘 가장 큰 고민은 '페이지를 어떻게 운영할 것인가'이다. 좋은 아이디어가 있다면, 페이스북 메시지로 연락을 주셨으면 좋겠다.

그리고 다시 오프라인

페이스북 페이지가 좋은 소통의 창구임은 분명하지만 스마트폰으로는 긴 글을 읽기가 불편하다는 점 때문에 간략하게 내용을 소개해야한다는 부담을 느꼈다. 그러다보니 한 사람의 이야기를 깊이 있게 소개하는 데에 한계가 있었다. 더 자세하고 깊이 있는 건축 전공자들의 직업 이야기를 담기 위해서 다시 한 번 '건축, 전공하면 뭐하고 살지? 시즌2'

를 출판하고자 마음먹게 되었다. 그러면서 시즌1에서 느꼈던 부족한 점도 보완하고자 했다.

첫째, 성장배경이나 전공선택 과정은 과감히 삭제하였다.

시즌1에서는 「건축을 전공하게 된 이유 → 직업 내용 소개 → 후배들에게 한마디」로 일원화하여 이야기를 구성하였다. 개인마다 다소의 차이는 있었으나, '어쩌다보니 건축 전공 선택'이라는 계기가 겹치는 경우가 많아 독자들의 흥미를 반감시킨다는 의견도 있어 시즌2에서는 지금하고 있는 일을 소개하는 본론으로 바로 들어가도록 했다.

둘째, 자세하고 깊이 있는 직업 소개.

시즌1에서는 10개의 직업을 설명하였는데 이번에는 시즌1과 최대한 겹치지 않는 열네 가지의 직업을 소개하였다. 특히 건축 전공을 활용할 수 있는 전문가(건축분쟁 변호사, 건축 특허 변리사 등)와 최근 주목받고 있는 4차 산업혁명과 관련된 직업에 종사하는 사람들의 이야기를 새롭게 담았다. 그리고 글의 전반부에는 그 직업의 전반적인 현황과 비전을 소개하여 독자의 이해를 높이고자 하였다.

셋째, 개성 있는 글의 구성과 문체.

책을 읽어보면 알겠지만 쓴 사람마다 글의 문체나 구성, 내용이 모두 다르다. 글에는 그 사람의 개성과 직업 상 특성이 그대로 반영되어 있기 때문에 어떤 글은 딱딱하면서 핵심을 짚는 스타일로, 또 다른 글은 아주 쉽고 유연하게 쓰여있다. 이번 시즌2에서는 내용 뿐 아니라 문체에서도 각자의 개성을 충분히 느낄 수 있도록 각자가 쓴 그대로의 글을 최대한 그대로 반영하였다.

책의 구성

1부_ 건축을 100% 활용하는 사람들의 이야기.

먼저, 설계, 구조, 시공의 전공을 살린 직업을 소개한다. 설계 전공을 살린 전문가는 (전편에서는 일반 건축사를 다루었는데) 이번에는 '도시' 쪽에 포커스를 맞춰 '도시계획가'를 소개하였다. 구조 분야는 엔지니어링 회사의 베테랑을 모셨고, 시공 분야에서도 10년 이상 종사한 분의 생생하고 깊이 있는 이야기를 담았다. 최근 들어 관심을 모으고 있는 건물 에너지 분야에 종사하는 전문가도 어렵게 모셨다.

그리고 1부의 마지막은 이번 정부의 핵심 정책 중 하나인 도시재생사업을 총괄하는 코디네이터를 소개하였다. 기획 단계에서 설계, 시공에 이르기까지 건축의 분야를 모두 활용하는 직업이라고 생각한다.

2부_ 건축을 기반으로 다른 분야의 전문가가 된 사람들의 이야기.

2부는 건축 전공을 바탕으로 하면서 자신만의 분야를 개척한 사람들의 이야기를 담았다. 건축을 자연과 예술과 어우러지게 하는 건축 전문 사진작가, 건축을 전공한 사람들이 도전하기 어려운 법률공부를 거쳐 건축 분쟁 전문 변호사가 되신 분과 건축 특허를 전문으로 하는 변리사도 소개한다. 그리고 밀접한 관련이 있는 분야임에도 건축학도나 공대생들의 관심도가 떨어지는 부동산시장 분석 금융 전문가와 부동산 디벨로퍼를 소개한다. 개인적으로 건축 전공한 사람들도 잘먹고 잘사는 사람이 많이 나왔으면 좋겠다. 이런 분야에 관심을 가져주기를 바란다. 마지막으로 페이스북 팔로워 중 한 분이 요청한 공연예술 분야에서 일하고 있는 건축인의 이야기도 담았다.

3부_ 4차 산업혁명과 새로운 도전을 하는 사람들의 이야기.

3부를 구성하고 섭외하면서 가장 애를 먹었었다. 4차 산업혁명과 관련한 새로운 직업은 뭐가 있는지, 어떻게 분류해야 할지 어려웠다. 최근 각광받는 BIM을 선도하고 있는 전문가와 젊은 스타트업 3인방의 이야기를 담았다. 가상현실을 이용한 건축 사업가 등 새로운 직업군도 담고자 했으나, 집필이 여의치 않아 담지 못한 것이 아쉬움으로 남는다.

전공 4년, 직업 30년. 모든 건축학도가 설계에만 매달릴 필요는 없다.

2016년 출간되었던『건축, 전공하면 뭐하고 살지?』에서 했던 말이다. 설계가 필요없다는 뜻이 아니다. 학교 밖으로 나오면 꼭 설계가 아니어도 할 수 있는 일이 많으니 보다 넓은 시야를 가지고 앞을 바라봤으면 하는 바램에서 했던 말이다. 고등학교 때 뭣 모르고 선택했던 '건축학도'라는 타이틀에 얽매여 학창시절보다 훨씬 긴 앞으로의 인생을 결정할 필요는 없다.

건축인의 길을 가고 싶은 건축학도도 마찬가지다.

꼭 설계만으로 분야를 한정 지을 필요는 없다. 건축이라는 분야 안에도 많은 갈래길이 있고 그 길들을 앞서 걸어간 선배들을 지침 삼아 자신에게 잘 맞고 재미있게 할 수 있는 일을 찾는것이 중요하다. 다양한 직업만큼이나 그 길과 방법도 다양하지만 저마다의 길을 가고 있는 전문가들의 이야기에는 공통점이 있다. 그 때, 그 순간에 충실하며 최선을 다하다 보니 어느덧 지금의 전문가가 되었다는 것이다. 어찌보면 뻔한 이야기 같지만 이 책을 통해 그런 묵묵하고 성실한 그들의 이야기를 듣다보면 앞으로의 실마리를 찾을 수 있을 것이다.

건축을 전공한 우리들, 그간 무수히 연마한 '기획-설계-시공'의 사고체계 안에서 성장하자. 끊임없이 기획하고, 설계하고, 만들어가는 것은 건축 관련분야에서 뿐만이 아니라 결국 우리가 살아가는 모습이다.

엮은이

김기훈, 류일향

PART 1

나는 건축을 100% 활용하며 일한다

'건축가는 건물을 건축할 때, 계획을 세우고 설계를 하며 감독하는 사람이다.(위키백과)'

건축가를 포털 사이트에 입력하면 위와 같은 글이 나온다. 우리가 흔히 아는 건축가는 '건축사', 즉 설계를 하는 사람이다.

하지만, 대학 교육과정을 보면 설계를 업으로 하는 건축사를 포함해 크게 4개 유형이 있음을 알 수 있다. 설계, 시공, 구조, 설비(에너지)가 그것이다. 이 외에도 공통적 과목이라 할 수 있는 법규, 역사, 컴퓨터 프로그램 등도 있다. 4개 유형의 교육과정이 있다는 것은 건축 전공을 직접으로 살려서 갈 수 있는 직업이 적어도 4개 이상 존재한다는 의미일 것이다.

설계를 전공한 사람은 건축사가 되기 위 설계사무소에서 일할 수 있고, 시공은 종합건설회사에서, 구조는 구조 엔지니어링 회사에서, 설비(에너지)는 에너지컨설팅 회사에서 일할 수 있다. 사실, 설계만 하더라도 일반 건축물 설계, 초고층 건축물 설계, 공공건축물 설계, 일반 주택이나 아파트 전문, 인테리어 설계, 도시계획 등 다양한 진로가 가능하기 때문에 실제로 갈 수 있는 직업군은 상당히 많다.

이번 파트에서는 이와 같이 건축 전공을 100% 활용하여 가질 수 있는 1차원적인 직업군에 대해서 소개한다. 첫 번째 직업인 건축가는 시즌 1의 건축과와 달리 도시 계획 분야에 초점을 맞췄다. 시공 분야는 보다 자세하고 생생한 이야기를 위해 10년 이상 현장에서 종사한 분을 담았다. 구조 엔지니어링, 에너지 컨설팅 분야는 건축공학을 전공한 사람들이 의외로 많이 진출하고 있지만, 직업으로서는 많이 다뤄지지 않아 흥미로운 이야기일 것이다. 마지막으로 이번 정부의 핵심 정책 중 하나인 도시재생사업을 총괄하는 코디네이터라는 직업도 소개한다.

도시 디자이너 되기

도시 디자이너

박무찬

나는 도시 디자이너인가?

지금까지 일하고 배우면서 나름대로 쌓아온 건축가의 개념은 '건축가는 사회적 지도를 그리는 사람'이다. 그 지도 속에는 온갖 사회의 협상들이 표현되기 때문이다. 건축가는 건물의 외부 환경과 내부 환경 사이에 조심스럽게 경계를 긋기도 하고 허물기도 하면서 내외부의 상호작용을 공간적 장치로 구축한다. 시점은 내부에서 외부로 혹은 외부에서 내부로 교차하면서 충돌과 조화의 관계를 추적하고 조절한다. 창조자라기보다는 다양한 욕망을 조화롭게 만드는 편집자이다. 따라서 혁명적이라기보다 진화적이다. 그러므로 사회적 관계와 변화에 집중한다.

뉴욕 사람들이 일상에서 경제와 환경의 변화를 혹독하게 체험하던 시기에 필자 역시 그 속에 있었다. 아메리칸 드림을 대변하던 교외의 주택은 2008년 서브프라임 모기지 사태의 후폭풍 속에서 그 가치를 잃고 사람들은 거리로 내몰렸다. 2012년 늦가을 추운 밤, 허리케인 샌디로 뉴욕시는 침수되고 정전으로 어둠에 휩싸였다. 그 순간부터 해수면 상승이라는 체감하기 힘든 지구적 규모의 어두운 전망은 경험적 사실이 되었다. 과거 맨해튼의 견고한 경제의 패러다임은 사회와 환경의 변화 속에서 일상을 위협하는 구시대적인 틀이 돼버린 것이다. 하지만 이러한 혹독한 변화에도 위대한 도시는 창의적 커뮤니티를 키워왔고, 이들은 도시의 도전을 통해 혁신적인 도시모델을 제안해왔다.

이때야말로 학교는 순수한 건축에 대한 사유를 무한한 긍정적 창의 에너지로 변환시켜서 사회의 문제를 바라보는 새로운 시각을 갖출 수 있게 하는 시기가 아니었는가? 필자가 참여했던 컬럼비아 건축대학원의 스튜디오와 수업도 미래의 지속가능한 공동체의 삶에 대한 건축가의 역할에 집중했다. 건축이 사회 혁신의 도구가 되어 사회적 약자를 위한 공간, 자연 재해 피해 지역, 새로운 패러다임의 개발 방식을 제시하는 방법을 모색했다. 건축가가 새로운 디자인을 탐색하기 위해 사용한 다양한 방법론도 형태적 탐구에 머무르지 않고 사회적인 시스템을 이해하고 평가하며, 궁극적으로 개선하는 도구로 사용했다. 예를 들어 이미 많은 실무 현장에서 그 가치를 인정 받고, 고도화 되어가고 있는 파라메트릭 디자인, 혹은 알고리즘을 통한 디자인 방법론 또한 건축 형태에서 사회 파라미터로 그 지평을 넓히고 단단한 기반을 형성하는 시기가 아니었는가? 이런 과정을 통해 성장한 젊은 건축가들은 기존 사회의 시스템에 편입되기 보다 새로운 시각과 프로세스를 제시하며 건축뿐 아니라 다양한 영역에서 활동하기 시작했다.

필자 역시 흥분되는 건축 형태보다 도시 공간의 디자인에 초점을 맞추었다. 도시의 사회적 물리적 영향을 분석하고 평가하며 새로운 방식의 개발 모형을 만드는 도구로써 파라메트릭 디자인 기법을 활용하였다. 나름의 새로운 건축-도시 디자인의 방법론을 구상하고 Kohn Pedersen Fox Associates (KPF)라는 설계회사에서 XIM(X-Information Modeling)이라는 싱크탱크(think tank)를 설립하게 되었다. 도시 데이터를 통한 의사결정 시스템을 제안하고 이를 통해 새로운 개발 모형을 제시하는 것을 목표로 세계 곳곳의 다양한 도시 프로젝트에 참여하였다. 학교에서 연구한 디자인 프로세스를 실제 프로젝트에 적용할 수 있는 기회였다.

이런 지난 과정을 돌이켜 보면, 필자의 주된 목표는 건축가이면서도 도시적 환경의 개선과 이를 위한 혁신적 개발 모형을 구축하는 데 있었다. 건축이 갖는 경계를 넘어서 도시에 직접 변화를 줄 수 있는 방법을 연구했다. 이는 건축의 본질에 집중하지 않는 것이 아니라 건축의 가치를 극대화할 방안이라고 생각했기 때문이다. 따라서 좋은 건축가가 되기 위해서는 도시 디자이너이기도 해야 한다고 생각하기 시작했다.

건축과 도시의 상호작용

도시는 도시의 수없이 많은 사람과 그 사는 방식이 만들어낸 공간적 결과물이며 동시에 그들의 사회적 행위와 선택을 결정짓는 틀이 된다. 이런 식으로 건축과 도시는 끊임없이 상호작용을 한다. 건축가는 그러한 순환체계 속에서 적극적으로 사회를 변화시켜 나갈 수 있다. 다소 관념적으로 들리겠지만 우리가 익히 잘 아는 건축가의 작품을 보면 쉽게 이해할 수 있다.

미스 반 데어 로에의 시그램 빌딩은 20세기 초부터 맨해튼 중심지를 가득 채운 '웨딩케이크' 빌딩들 사이에서 도시를 변화시킨 획기적인 프로젝트이다. 시그램 빌딩 이전의 건물들은 도시의 법규를 따라 천편일률적으로 지어졌다. 가로의 대지경계선에 맞추어 건물을 짓고, 높이가 올라갈수록 점차 대지경계선에서 일정 비율로 멀어지는 가상의 경사면(Sky Exposure Plane)에 맞추어 건물 각 부의 높이를 조절하다 보면 건물이 죄다 웨딩케이크처럼 되었다. 하지만 미스 반 데어 로에의 시그램 빌딩은 전혀 다른 방식이다.

도시 쪽으로 광장을 내어 주고, 건물을 그 뒤로 후퇴시키는 바람에 가로선에 맞추어 지어진 건물 사이에서 인지도가 떨어지게 되었다. 하지만 그 공간이 만들어낸 시각적 효과는 그 광장 앞을 지나가면서 급변한다. 그가 설계한 베를린의 뉴 뮤지엄처럼 광장은 약간 들어 올려져 도시민의 일상적인 휴식공간을 기념비적으로 탈바꿈시킨다. 건물 전면의 광장(Urban plaza) 뒤로 솟아오른 시그램 빌딩은 상업의 신전이라 칭해도 손색이 없다. 그 정면 파사드의 존재감은 다른 빌딩군 속에서 주인공처럼 자리 잡으면서도 광장은 이를 사용하는 도시민을 주인공으로 만들어낸다. 요즘은 워낙 경비원들이 관리를 하지만 당시에는 다양한 도시민을 끌어모으는 편하고 매력적인 장소였다. 이런 광장

1800's~1890's 1900's~1916 1950's~1961

<뉴욕 조닝의 간략한 역사와 시그램 빌딩> 글 박무찬, Luc Wilson / 그림 박무찬
1800's~1890's: Housing Tenement Acts와 알파벳모양의 건물 출현 1870년대 부터 1900년대 초기
1900's~1916: 주변을 고려하지 않은 채 대지 형상 그대로 지어진 마천루와 1916년 조닝법규를 통해 계단식으로 후퇴한 마천루 건축의 탄생
1950's~1961: 웨딩케익처럼 생긴 건물들의 반복과 보행가로의 고밀화현상과 1961년 조닝법 개정에 추가된 Public Plaza와 용적율 보너스, 시그램 빌딩이 촉매제가 되다.

뉴욕 조닝의 역사는 도시가 새로이 당면한 개발의 구조적인 문제를 해결하는 방향으로 발전되어 왔고, 그런 만큼 해결책은 될수 있었으나 새로운 문제의 발생을 예측하는 모델까지 제시할 수는 없었다. 건축가의 새로운 아이디어가 아직 밝혀지지 않은 사회적인 문제에 대한 공적 논의를 불러일으키기도 한다. 참고로 만화의 첫번째 오른쪽 컷은 오프라 윈프리쇼 중 관중에게 선물을 주는 장면을 패러디했으며, 마지막 장면은 미스 반 데어 로에가 르 꼬르뷔지에의 'tower in the park'의 개념이 성공적이라고 자축하는 모습을 상상해 보았다.

같이 보행자들의 스트레스를 누그러뜨리고, 속도를 줄이며, 휴식을 취할 수 있는 공간이 없다면, 지나친 가로의 활기에 도시민은 오히려 지쳐갈 수밖에 없다는 생각이 든다.

미스의 도시적 혜안은 좁은 가로의 오아시스처럼 도시민에게 공간을 내주었고, 뉴욕시는 이런 효과를 장려하기 위해 나중에 POPS (private owned public space)라고 불릴 공공공간에 관한 법규를 만들었다. 소유권은 건물주에게 있으나 공공에게 개방되는 공간을 개발하면 용적 기준을 완화시켜주는 조건이다. 이것이 1916 년의 첫 조닝법규 이후 근 50년 만에 처음으로 이루어진 대대적인 조닝법규 개정안에 포함되었고, 그 후 60여 년 가까이 지난 지금도 여전히 그 근간을 유지하고 있는 법이다. 한 건축가의 아이디어는 그 이후에 도시 공간을 탈바꿈하는 개발 모형으로서 지속되었다.

하지만 안타깝게도 다른 건축가들이 시그램 빌딩을 따라하면서 좋은 결과만 낳은 것은 아니었다. 시그램 빌딩이 갖는 청동 아이빔의 미묘한 색감은 검정색으로 도색하는 정도로 대체되고, 관대한 도시의 광장 역시 섬세하게 디자인되기 보다 용적율을 얻기에 급급하여 그 기능을 못하는 경우도 발생하게 되었다. 수없이 많은 검은 색 빌딩이 맨해튼의 미드타운을 점령하기 시작했고 이는 결국 1980년대 조닝법 수정의 주요한 원인 중의 하나가 된다.

하나의 건축물이 그 자체로 도시에 큰 영향을 끼치기도 하고, 작은 변화들이 모여 도시에 총체적 영향을 끼치기도 하는 것이다. 도시를 단순히 복수의 건축물의 물리적 합으로 정의할 수 없어도, 도시를 이루는 근간은 도시민의 삶이고 그 삶을 담는 것이 건축이다. 각 건축물이 도시민 개개인의 삶을 건강히 담고, 그 삶들이 주변과 조화롭게 상호작용을 할수 있는 틀을 갖는다면, 건축은 마치 한 생명체의 건강한 세포처럼 근원적인 역할을 하게 되는 것이다.

성공한 도시 디자인 프로젝트의 요소

물론 성공한 도시는 건축가만의 노력으로 가능한 것은 아니다. 도시가 한 분야의 전문가에 의해서 디자인 될 수 있는 것도 아니며, 주어진 기간에 단숨에 벌어지는 일도 아니다. 각 전문가가 도시 디자인이라는 유기적이고 집단적인 의사결정 과정에 참여하는 시기와 방식은 다양하다. 최근 도시 디자인의 성공 사례로 세계적인 각광을 받고 있는 뉴욕의 하이라인 프로젝트에서도 참여자들의 유기적 관계성을 살펴볼 수 있다.

뉴욕의 하이라인은 과거 허드슨강을 따라 지상 위로 조성된 화물 선박의 운송을 위한 폐철도선으로서 북으로는 허드슨 야드(Hudson Yards), 남쪽으로는 미트패킹 디스트릭트(Meatpacking District)를 연결하고 있다. 맨해튼의

하이라인 입구

하이라인과 유명 건축가들의 건축물들
(프랭크 게리, 장 누벨 등)

기존 건물들 사이를 뚫고 지나가는
새로운 풍경의 가로 공간

초창기에 강변을 따라 번창한 운송 창고, 공장 등 산업화 시대의 공간들은 현재의 금융 중심의 경제로 변한 뉴욕에서 다른 존재 가치를 찾아야만 했다. 몇몇 공장과 창고 건물은 창의적으로 활용되어 클럽과 유행을 주도하는 디자이너들의 오피스 혹은 갤러리로 점차 변모해 갔다. 이런 변화 속에서 잊혔던 하이라인은 재조명되고 도시민에게 영감을 주기 시작했다. Field Operation과 DS+R(Diller, Scoffidio &Renfro) 등의 유수 조경, 건축 디자이너들이 참여한 디자인으로 이 매력적인 공중 공원이 탄생했다. 야생의 자연이 탈산업화의 공간을 점령한 폐허의 이미지가 섬세한 디자인으로 재해석되어 역사와 미래를 잇는 풍경으로 탈바꿈했다. 또한, 지상 위로 떠 있는 공공보행 공간은 도시의 풍경을 관찰하는 도시 갤러리로 가로중심의 뉴욕 어바니즘에 새로운 층위의 공간모델을 제시하였다. 이 매력적인 도시공간은 금세 세계 도시가 부러워하는 성공적 도시 재생 모델이 되었다.

하이라인의 성공요인이 매력적인 디자인에만 있는 것은 아니었다. 이를 이해하기 위해서는 사회의 맥락과 프로젝트와 관련된 다양한 현상과 총체적 노력을 다각적으로 살펴볼 필요가 있다. 여기에는 'Friends of The High Line'이라는 일반 시민의 모임으로 촉발된 사회적 대화가 있었고, 정부의 통

도시의 흐름을 관망할 수 있는 계단형 공간

허드슨강변의 전망과 해변의 정취를 느낄 수 있는 휴식 공간

입구부와 연결되어 지어진 휘트니 뮤지엄에서 보이는 도시 풍경

합적인 비전과 정책적 전략이 있었다. 도시 재생이 주는 새로운 가치를 이해하는 개발업자가 있었고, 새로운 공간에 적합한 새로운 건축을 제안하는 건축가들이 있었다. 이러한 과정이 하루 아침에 이루어진 것이 아니라는 점도 중요하다. 사회적인 동의를 끌어내고 분위기를 만들어 내는 과정은 느리고도 지치는 일이지만, 수없이 많은 대화와 논의를 거쳐서 변화한 도시는 '우리의 것'이라는 자긍심과 책임의식이 뒤따른다. 눈에 보이는 성과를 달성하기 위해 빠르게 진행된 도시 디자인 프로젝트를 바라보는 대중의 의식은 겉모습에서 표류한다. 우리 삶과의 관계를 파악도 하기 전에 그 공간에 익숙해져 버린다. 공공의 관심을 끌어내고, 눈으로 보고 느낄 기회로부터 시작되는 도시 디자인이야말로 공간이 우리 삶으로부터 괴리되지 않도록 하는 전제이다.

'Friends of The High Line'의 활동은 대중의 관심을 끌어냈고, 정부의 종합적이고 일관성 있는 관리와 계획이 덧붙여져 현실화되었다. 공공공간으로서 지속해서 발전하기 위해 뉴욕시는 그들 특유의 개발 촉진 전략을 법적 체계를 통해 수립하였다. 하이라인을 활성화하기 위해 인접 대지에는 주거나 상업시설 개발을 허가하였다. 동시에 하이라인 상부의 개발권은 하이라인을 따라 형성된 외부 가로로 이양하여 주변 지역의 문화, 상업 시설 개발을 강화, 촉진하겠다는 것이 웨스트 첼시 특별지구(West Chelsea Special District)의 조닝 특별법의 핵심이다.

하이라인의 개발 맥락과 도시와의 상호작용은 공간적으로도 더 확대하여 볼 필요가 있다. 당시 블룸버그 행정부의 도시 전체에 대한 비전과 밀접하게 관계되어있다는 점도 하이라인의 중요한 성공 요소라 강조하고 싶다. 하이라인을 지역의 명소에서 맨해튼 전체의 새로운 도시 축으로 완성하는 요소는 아무래도 북쪽 끝부분의 허드슨 야드(Hudson Yards)의 대규모 개발과 관련있다. 허드슨 야드는 당초에 2012 올림픽을 준비한 개발 계획이었으나, 올림픽 개최권을 따지 못한 채 다른 용도로서 제안된 것이 복합 개발 지역으로서 지금의 허드슨 야드 개발이 된 것이다. 이는 현재 운영 중인 기차 선로 상부를 인공대지로 덮고 대규모 주거와 오피스, 상업시설로 구성하는 최근 보기 드문 맨해튼 내의 대규모 개발 사업이다. 이미 산업적인 기능을 잃은 강변의 쇠퇴한 도시 공간의 개발 모델로서, 미드타운 고밀화의 부담을 줄이고 맨해튼의 중심 상업 기능을 중심에서 강변으로 확장하여 경제적 효율적 도시 활용이 목적이다. 4만 평에 달하는 새로운 지표면은 북쪽으로는 지하철 7번이 연장되고, 동쪽으로는 펜실베니아 역이 리노베이션 되어 광역 교통과 연결되었다. 서쪽으로는 허드슨강의 조망이 펼쳐지고, 남쪽으로는 하이라인의 공중 가로와 직접 연결이 되는 도시 통합 프로젝트이다. 그야말로 도시의 새로운 중심이 맨해튼 가운데서 강변으로 넘어온 형국이다. 늘 극심한 교통체증과 과밀한 보행공간에 시달리는 맨해튼의 중심은 새로운 도시 거점 확보를 통해 숨 쉴 틈을 찾고, 동시에 과거의 워터프런트 도시의 영광을 회복하고 있는 듯하다.

도시 디자인을 하는 사람들

하이라인의 성공 요소를 살펴보면, 성공적인 도시 디자인은 매력적인 디자인 하나로 설명할 수 없다는 점을 알게 된다. 버려진 장소의 가치를 대중에게 알리고 개발의 방향성에 대한 사회적 논의를 끌어낸 'Friends of The High Line', 개발을 지속할 수 있는 경제적, 사회적 선순환 모델이 되도록 법적인 틀을 수립한 뉴욕 시청의 공무원들, 그 주변에 하이라인의 가치를 이해하고 자신들의 이익뿐 아니라 결국엔 도시 가치를 증대시킨 개발업자들 모두가 도시 디자인의 핵심적인 참여자라고 생각한다.

실제로 필자가 업무상 만나게 되었던 지자체 혹은 중앙 공무원 중 훌륭한 도시 디자이너의 자질을 갖추고 있는 분들을 더러 보았다. 직접 디자인을 하지는 않지만 도시 디자인이 공공의 목표를 이룰 수 있도록 가이드를 제시하는 것이다.

도시 디자인이 특정 건축주가 있는 것이 아니라 시민의 도시 삶을 개선하는 것인 만큼 공공성이 중요하며 정부야말로 그 역할의 첨병에 있는 것이다. 직접적으로는 어디를 보존할 것인가, 혹은 개발할 것인가, 어떤 정체성을 부여할 것인가, 어떤 용도를 장려하고 억제할 것인가, 어떤 위계와 순서로 개발, 혹은 관리할 것인가, 어떻게 디자인하고 건설할 것 인가의 모든 문제를 정책을 통해서 다루게 된다. 간접적으로는 어떻게 튼튼하고 건강한 건축-도시 문화를 형성할 것인지, 젊은 건축가들이 성장할 수 있는 기반을 어떻게 만들 것인지 등의 문화적 인프라를 구축하는 것 역시 이들의 몫이다.

서울시가 관내 도시 개발 혹은 재생 사업을 서울주택도시공사(Seoul Housing and Community Corporation) 즉, SH와 함께 진행하는 것을 자주 볼 수 있다. SH는 택지의 활용, 임대주택의 건설 및 관리라는 주된 업무를 수행하며, 도시 공간의 근간인 주택문제를 사회적, 경제적, 공간적으로 다룬다. 최근 맞춤형 도시 재생이라는 개념으로 청년 임대주택 및 다양한 공공 개발 모델을 제안한 여러 사례들을 볼 수 있다. 특히 사업 시행자라는 측면에서 실제 프로젝트를 운용하는 공기업이므로, 상위의 도시, 주택 정책과 공감하는 도시 개발, 재생 사업의 전체 프로세스를 다룬다는 점에서 우리 도시가 가지고 있는 사회적, 경제적 메커니즘을 잘 이해하고 있는 전문직이라 할 수 있겠다.

이러한 정책과 사업 수행 뒤에는 건실한 연구가 뒷받침 되어야 한다. 특히나 도시가 급변하는 지금 시대에는 더욱 중요하다. 다양한 도시의 이슈를 연구하고 그 이론적 해결책을 제시하는 것은 중요하다. AURI나 서울연구원 등 다양한 연구기관은 대중의 연구를 지원하고 또 정부주도로 연구된 양질의 연구 결과를 대중에게 소개한다. 급변하는 현재 사회 환경이 도시 공간에서 갖는 상관성을 연구하는 것은 도시 디자인 과정의 중요한 출발점이다. 이는 빠른 속도로 다가오는 미래에 어떤 문제가 생길지 가늠하지 못 한 채 사회적, 물리적 인프라를 구축해서는 안되기 때문이다. 하지만 흥미롭게도 도시 디자인에 있어 연구의 중요성이 부각된 것은 과거에 비해 쉬워졌다는 이유도 있다. 손쉽게 접근할 수 있는 도시 데이터와 다양한 인터넷 기반 서비스들을 보며 '개인들의 도시 연구 시대'가 열린 것은 아닌가 생각해 본다. 이러한 폭발적인 소통과 변화의 시대에 도시의 정책의 새로운 방법론들을 연구하는 것도 중요한 일이라 생각한다.

당연히 물리적인 공간을 실제로 계획하는 직업군도 빠질 수 없다. 도시 계획 엔지니어링 사무소나 도시 계획, 디자인 분야가 특화된 설계 사무소들이 도시 공간을 계획한다. 다양한 의사결정과 정책, 학계에서 새롭게 제안된 전략들이 실체화된다. 대부분의 도시 지역에 유사한 용적률과 건폐율, 도로 점유율과 개발 용지 비율을 가지고 있더라도 그 도시의 정체성은 같을 수 없다. 정책적으로나 사업적으로 잘 기획된 도시 개발이라 할지라도 반드시 성공적이라는 보장은 없다. 숫자로 평가할 수 없는 영역의 가치를 다루는 업종인 만큼, 대형 사무소든 개인 사무소이든 그 역량에 따라 그 결과는 천차만별이다.

이렇듯, 도시 디자이너가 되는 방법과 과정은 다양하다. 하지만 그 다양성만큼이나 조화로운 소통의 과정도 필요하다. 각 영역에서 자신만의 역량을 고도화한다고 유기적인 사회 문제가 쉽게 해결될수 있는 것은 아니기 때문이다. 이론적으로 연구를 잘해도 정책적인 형태로 현실화하지 않으면 연구로서 한정되어 버린다. 정책을 만들었다고 한들 실무에서 실효성이 있는 모델을 위한 가이드 역할을 못 한다면 탁상행정일 뿐이다. 자신의 디자인이 뛰어나다고 해서 도시에 관한 연구를 등한시한다면 디자인이 가진 사회적 가능성을 놓칠 수 있다. 사회와 감응하고 실효성 있는 도시적 솔루션에 대한 탐구를 게을리하고, 단순히 디자인을 위한 디자인이나 상품화를 위한 디자인을 하게 되면 도시의 본질적 문제는 포장되고 왜곡될 뿐이다. 다양한 분야 간의 경계 없이 소통되는 총체적인 접근 방법이야말로 건강한 도시 디자인이 발현되는 전제이다. 따라서 도시 디자이너에게 요구되는 중요한 요소는 소통의 능력이며, 도시 디자인은 과정과 결과를 분리해도 문제 없는 근대적 문제 해결 방식과 관점에서 탈피해 과정 자체가 성패에 직결된다는 사실에 대한 이해에 있다고 생각한다. 이렇게 생각한다면 도시 디자이너는 직업이라기 보다 태도로서, 도시 디자인은 직능이라기 보다 문화로 이해되는 것이 맞다는 생각을 하게 된다.

chapter 2

도시 디자이너 팀 만들기

도시 디자인 팀의 구성

도시 디자인이 문화라면, 도시 디자이너는 도시를 디자인하는 새로운 환경을 만들고 문화를 성숙시키는 자일 필요도 있다. 앞에서 언급한 모든 전문 분야로 이루어지는 팀을 구성하는 것은 현실적으로 쉽지 않은 일이지만, 다양한 배경의 개성 있는 디자이너들로 구성된 새로운 문화의 창의 환경을 만드는 일은 가능하며 바람직하다는 생각이다. 다양성과 상호작용을 통해 각 구성원이 개성 있는 도시 디자이너로서 성장할 수 있는 근간을 만들 수 있다. 그러므로 도시 디자이너가 되는 과정에는 팀을 구성하고 프로세스를 형성해 나가는 것도 포함된다고 믿는다.

필자가 속한 팀은 상무부터 사원까지 다양한 직급이 균등하게 구성되어 있다. 이렇게 보면 상당히 위계가 강해 보이지만 실제로 그렇게 운영되기는 힘들다. 각 팀원이 건축, 조경, 도시 공학 등 다양한 전공을 가지고 있고, 공부하고 성장한 지역 역시 한국은 물론 외국의 다양한 문화의 경험을 가지고 있기 때문이다. 다양한 전공자들로 구성된 디자인 조직은 통상적인 건축사무소의 방식으로 운영하기는 어렵다. 건축 전공자가 신입 사원으로 들어오면 어느 정도 기대치가 있다. 물론 개개인이 다르고, 최근의 교육방식이 다를 수도 있지만 건축의 보편적인 가치, 기본 소양, 태도, 기술 등을 갖추었을 거라고 기대한다. 하지만 전공이나 살아온 문화가 다른 경우는 그러한 기대치에 의존하기 힘들다. 각자가 보는 도시에 대한 관점이 다른 만큼 팀이 공유하는 가치에 이르는 과정이 필요하고 각자가 하는 역할에 대한 이해가 필요했다.

사내의 전문 브랜딩 팀인, G-Brand의 도움으로 도시 디자인팀은 각자가 가지고 있는 개인적인 전문인으로서의 욕망과 자신이 이해하는 팀의 가치와 가능성에 대해서 다양한 커뮤니케이션 기법을 통해 소통하는 법을 배웠다. 장장 6개월의 브랜딩 과정을 통해 Urban Insight라는 이름의 팀으로 '수평적이고 창의적인 놀이터'라는 기치 아래, '도시를 클라이언트'로 삼고, 도시의 '흩어진 가치를 모아서', '도시 삶의 가치를 증대시키는' 디자인 조직이라는 팀만의 3가지 주요 개념을 만들었다. 또한, 이러한 개념이 실제 프로젝트에 적용되도록 구체적 업무 내용, 태도, 그리고 업무 프로세스를 수립했다. 이러한 과정 자체에 도시 디자인이 가진 중요한 속성이 있다고 믿는다. 그것은 서로 다른 관점을 가진 사람들이 서로 소통하는 룰을 형성하는 과정이다. 프로젝트를 주도하는 사람이 건축 전공자이든 조경 전공자이든 상관없이 도시의 삶의 가치를 증대시키는 프로젝트를 수행하는 것이 목표이다. 그리고 그 과정 속에서 각자는 지속적으로 자신의 비전에 따라 성장할 수 있는 기반을 마련하고자 하였다.

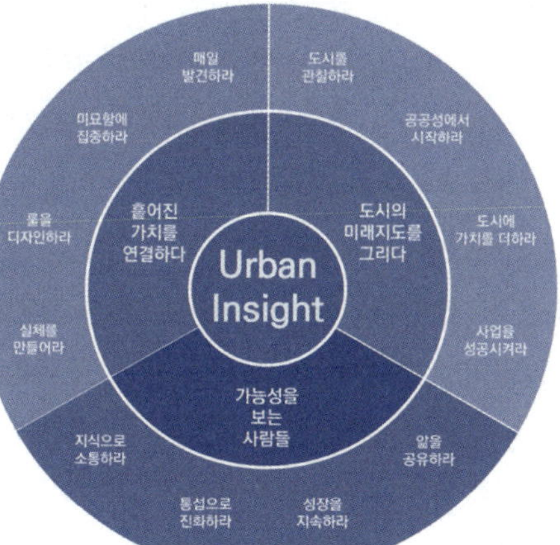

<Urban Insight 팀의 코어 콘셉트 휠>
팀의 업무 영역과 팀의 운영 방식 그리고 업무를 대하는 윤리 의식에 대한 가이드라인이 되는 콘셉트 휠.
콘셉트 휠이 회전하면서 새로운 관계를 맺게 되는 언어들은 팀의 지속적인 쇄신을 끌어내는 장치로도 쓰인다.

수평적이고 개인맞춤형 업무

이러한 수평적이고 소통 지향적인 조직에서 위계보다는 상호 지원을 더 중요하게 여긴다. 이런 이유로 특별히 직급별로 맡아야 하는 디자인 업무의 성격은 없다. 물론 회사라는 속성상 직급별 역할은 있지만 디자인과 아이디어를 발현시키는 과정에서는 모두가 동등한 역할을 해야 한다는 생각이다. 우리 팀에서는 각 팀원의 배경과 관심사에 맞는 업무를 부여한다. 도시 분석에 관심 있는 사람, 새로운 용도 도입이나 창의적인 프로그래밍에 관심 있는 사람, 건물의 볼륨을 계획하는 데 관심 있는 사람, 가로 및 외부 환경의 구성에 관심 있는 사람, 각자가 자신의 관심 영역에서 프로젝트를 바라보고 연구하고 접근하도록 요구한다. 따라서 사원이기 때문에 업무지시를 기다리는 식의 수동적인 태도는 팀에서 도움이 되질 않는다. 호기심과 동기부여가 없으면 결과는 뛰어나거나 감동적일 수 없기 때문이다.

팀원 중에 도시 분석을 잘하는 이가 있다면 도시 분석의 전문가가 되길 원한다. 도시 전체의 큰 그림을 이해하면서 동시에 디테일이 있는 도시 분석을 요구한다. 도시의 상위 정책으로부터 디테일한 가로의 현황과 재료에 이르기까지, 큰 데이터 지도의 정보부터 실제 공간에 섰을 때 느껴지는 장소의 정체성까지 분석하기를 기대한다. 따라서 자료 연구와 현장 답사를 병행하는 것을 목표로 한다. 하지만 이러한 내용이 단지 현황을 분석하는 데 그치면 관찰의 가치를 이해하지 못한 것이다. 데이터를 분석하고 스토리텔링을 통해 공간에 정체성을 부여할 수 있도록 해야 한다. 그러므로 성공적인 도시 분석은 디자인의 중요한 개념에 영감을 주는 것이어야 한다.

팀원 중에 도시 공간을 실제로 디자인하는데 관심이 있고 재능이 있는 이가 있다면 도면 속에 그려지는 공간의 논리를 스스로 이해하고 평가하는 기준을 갖도록 장려한다. 도로의 폭과 건물의 높이, 보행가로의 폭과 단위 길이

상의 입구의 개수, 혹은 유동 인구의 밀도, 건물의 높이와 폭의 효과와 관계, 가로의 향과 쾌적 지수, 특정 장소에서 적정한 건물의 최고 높이 등 수치의 논리와 평가 기준을 연구할 필요가 있다. 거기에 더불어 본인의 직관과 취향 역시 발전시키길 바란다. 그래서 정량적인 논리와 정성적인 감각이 통합되는 디자인 프로세스를 만들도록 유도한다.

그리고 각각의 팀원이 서로의 관점에서 디자인을 발전시킬 때, 서로가 제안한 내용이 더 개선될 수 있는 아이디어를 서로에게 상기시켜주고 발전시켜주길 바란다. 디자인은 혼자 하는 것이 아니라 공유하는 데 있고, 좋은 아이디어는 관대함에서 나온다고 믿는다. 이러한 요구는 프로젝트에 임하는 팀원들에게 부여하는 실제 업무 내용이기도 하다.

chapter 3

도시 디자인 팀의 업무

도시 디자인 실무 내용

건축설계사무소 내에서 도시 디자인 팀의 업무는 애매한 경우가 있다. 건축 디자이너 역시 많은 도시 디자인 관련 업무를 하기 때문이다. 중복되는 경우도 있어 협업하는 경우도 많다. 간혹 '크고', '확장된 범위'의 업무라는 이유로 맡게 되는 경우도 있다. 따라서 팀에서는 프로젝트의 성격을 분류하고 이해하여 팀의 목표를 적절하게 수립하는 과정이 필요하다고 생각했다.

아래의 업무 소개는 실제 프로젝트의 성격에 따라 분류를 해본 것이다. 통상적인 업무도 있겠지만, 다른 해석으로 확장해서 새로운 의미와 가치를 부여한 프로젝트 종류들도 있고, 현장에서 새로이 요구되는 종류의 업무도 소개하였다.

마스터플랜

건축 회사로서 도시 디자인에 형식적으로나 내용으로 가장 가까우면서 매우 오래된 건축가 고유의 업무 영역은 바로 마스터플랜이다. 마스터플랜은 그 단어가 주는 꽤 권위적인 느낌과는 달리 유사한 정체성을 지니는 공간의 단위에 대한 전반적인 개발 가이드라인이라는 성격이 강하다.

정교하게 짜인 마스터플랜은 실제로 나중에 지어질 모습과 대동소이한 경우도 있다. 하지만 마스터플랜이 처음의 구상과 실제 지어진 모습이 같지 않은 경우도 많으며, 마스터플랜의 핵심은 계획과 결과물이 같은 것에 있지 않다고 생각한다. 대부분이 단계별 계획을 세우고 진행되며, 각 단계의 결과에 따라 다음 단계에 변화가 생길 가능성은 크다. 이러한 현실적인 변화에 가이드라인을 제시하는 것이 마스터플랜이며, 어느 정도 변화를 수용하면서 전체적인 계획을 완성해 나가는 큰 틀이 되는 것이다. 그런 의미로 마스터플랜이 반드시 '큰 규모'의 프로젝트라는 개념은 핵심이 아니다.

비전플랜

간혹 공간적으로 더 큰 영역을 다루는 경우도 있다. 이는 도시 계획의 영역이나 그렇게 정밀한 작업은 아니고, 도시가 가질 가능성과 비전을 이상적으로 제공하는 연구이다. 비전플랜이라는 명칭이 더 걸맞은 이 프로세스는 도시의 근본적인 문제를 큰 틀에서 바라보는 도구이다. 도시 간 관계성, 상위법에서 규정된 그 공간의 역할, 새로운 기술의 도입, 지속가능한 환경 등을 고려하여 도시의 정체성을 수립하는 과정이다. 실제 구현될 가능성과는 멀지만, 건축가로서 도시에 대한 이해와 사고 범위를 넓히는 훈련일 뿐 아니라, 도시 정책수립자나 계획가들이 보는 도시의 관점과는 다른 해결책을 제시할 수도 있는 디자인 솔루션이다. 지속해서 연구하는 분야이다.

새로운 도시 개발 프로토타입

건축가의 시각에서 도시로 확장된 창의적 아이디어는 도시계획가, 정책수립자와의 협력에서 신선하고 가치 있는 것으로 받아들여지고 있다. 그렇다면, 하나의 건물 프로젝트 역시 도시 계획적 사고와 정책적 관점에서 접근하는 것도 건축에 있어 신선하고 가치 있을 수 있다는 논리도 가능하다.

필자의 팀이 도시 재생의 목적으로 진행한 공공복합 개발 모형 프로젝트는 '청년주택'의 주거 모델을 만들고, 청년 문화를 지역의 창의적 커뮤니티의 동력으로 삼아 상업, 주거, 오피스, 공공 서비스를 재정의하는 프로젝트였다. 이는 각 커뮤니티의 정체성을 분석하고 이에 맞는 공공의 요구조건을 반영함은 물론 서울시의 상위계획과 교감하여 통일성 있는 개발 솔루션을 제공하는데 목표를 두었다. 단독 필지의 건축물 프로젝트이지만, 동시에 프로토타입 개발로서 다양한 커뮤니티의 유사한 조건에서 작동할 수 있는, 적용 가능한 개발 모델로서 광범위한 도시 분석을 통해 접근한 도시적 프로젝트의 사례이다.

도시 분석

팀에서 중요시하는 것 중 하나는 도시의 관찰과 기록이다. 위에서 언급한 바 있지만, 디자인의 기본은 관찰에 있다고 생각한다. William H. Whyte는 그의 기념비적인 연구, 'The Social Life of Small Urban Spaces'에서 뉴욕 공공공간을 짧은 시간 간격으로 사진 촬영해서 광장의 모든 사람이 다른 모든 사람과 어떻게 관계 맺고 있는지, 어떻게 인사하고, 어디서 헤어지며, 헤어지는 시간이 얼마나 걸리는지, 남자들은 어디에 앉길 선호하고 여자들은 어떠한지, 거지들은 어떻게 구걸하는지를 수년간 연구하여 뉴욕의 공공공간이 왜 성공하고 실패하는지를 보여주었다. 그의 연구는 후에 공공공간에 설치하는 의자의 높이, 개수, 나무의 수 등을 규정한 법규 일부가 된다. 현장에 나가서 가로의 길이를 재고, 사람들의 활동을 기록하고, 인터뷰하고, 중요한 역할을 하는 건물들을 측량하는 행위는 도시를 구성하는 요소들이 어떻게 관계를 맺고 있는지 이해하는, 도시를 해석하는 과정이다. 건축과 가로와 공원과 광장과 나무와 벤치가 사람들의 행위와 어떤 관계를 맺고 있고, 어떻게 쓰이고 있는지를 이해하는 과정은 도시 디자인을 하는 데 실패는 줄이는 유일한 길이다.

이러한 업무는 모든 프로젝트에 적용되며, 다른 팀과의 협업시에 기본적으로 수행하는 업무 중 하나이다. 하지만 그 자체로도 훌륭한 연구가 되는 경우도 있다. 우리 팀이 참여한 서울시의 장충동 성곽마을 기록화 사업은 마을의 역사와 삶을 포착하여 기록하고 그 의미를 나누는 데 의의를 뒀다. 팀은 가로와 집이 만나는 방식을 실측, 촬영, 인터뷰하고 도면화하는 작업을 수행했다. 이는 피상적이던 도시 커뮤니티의 개념을 체감할 수 있는 좋은 기회가 되었고, 동시에 도시 주거의 내부와 가로의 관계를 연구하는 계기가 되었다.

협업

최근에 건축 현상설계 지침서에 예전보다 눈에 띄게 자주 언급되는 내용은 주변 도시 활성화의 전략, 주변의 정비 및 개선에 대한 제안 추가, 단지 경계 밖의 공간에 대한 고려사항에 대한 것들이다. 주변 도시 활성화에 기여하는 요소에 대한 요구를 조금 더 구체화하고 프로젝트가 고려해야 할 범위는 점차 확대해 가는 경향이 있다. 평가점수의 비중도 무시할 수 없는 수준이다. 이러한 이유로 도시 디자인 팀과 건축팀의 협업은 자연스럽다.

건축 설계팀의 대지 분석은 건물의 기능이 최적화될 수 있도록, 향, 접근, 건물의 배치 등에 집중하여 분석하는 경향이 있으며, 도시 디자인 팀은 대지의 경계 내외부에서 공공이 가질 수 있는 가치를 발견하거나, 건축물이 도시 환경에 끼치는 영향을 분석하는 것에 집중하는 편이다. 이는 다소 전략적인 방법으로 각각의 역할을 충실이 하되, 도시와 건물이 시너지를 낼 수 있는 접점 혹은 아이디어를 발굴하는 협상의 과정이 된다. 이러한 상호 간 디자인 피드백이 효율적으로 운영되면 건축이 도시에 가지는 순기능과 가치를 극대화 시킬 수 있다고 본다.

간혹 짧은 기간에 2~3개의 프로젝트에 대한 도시 분석, 전략 제안 등의 업무를 진행하는 경우도 있다. 프로젝트 수가 너무 많은 것을 우려하는 사람들도 있다. 주된 이유는 제한된 시간으로는 깊이 검토하고 실질적인 솔루션을 제공하기 힘들기 때문이다. 필자는 다양한 프로젝트에 참여하는 것 역시 도시 디자이너로서 성장할 좋은 기회라고 생각된다. 다양한 도시적 상황과 조건을 접할 기회이며, 유연한 디자인 과정을 계발할 수 있는 더없이 좋은 환경이기 때문이다. 건축학도 대부분이 학교에서 자기 주제를 갖는 프로젝트를 많이 수행하는 편으로 알고 있다. '나의 작품'이라는 관념이 자신의 디자이너로서 정체성을 수립하고 자신만의 색채를 만들어내는 데는 도움이 될 수 있지만, 도시 디자인을 할 때는 공공과 개인의 이익이 첨예하게 대립하는 상황도 존재하므로 유연한 사고 역시 중요한 가치임을 잊지 않길 바란다.

도시에 대한 연구

길, 광장, 공원과 같은 도시의 현장에서 배우는 것이 더 많을 것이라 믿는다. 사람들의 행위를 보면서 공간의 정체성을 이해하는 것만큼 도움 되는 것은 드물다. 얀 겔이나 윌리엄 와이트와 같은 도시학자들의 공통점 역시 관찰에 있다. 와이트가 오랜 시간을 들여 촬영하고 분석했던 과정이, 최근의 기술이 접목된다면 훨씬 단축될 것이다. 데이터를 보고 그 속의 본질적인 내용을 끌어내는 것은 인간의 통찰력이지만 그 많은 데이터를 수집하고 분석하는 기술은 과거보다 더 쉬워졌다. 특히나 정부3.0의 출현으로 더 많은 도시, 정책 데이터들이 공개되었고, 창의적 활용을 장려하고 있다.

도시 정보학(Urban Informatics)은 여러 가지 정의가 있으나, 개략적으로 현대의 정보 기반 사회를 데이터를 활용하여 연구하는 활동이라 할 수 있다. 현대 도시의 복잡하고 급변하는 속성상 다양한 데이터를 통한 분석 없이는 도시를 연구하는 것이 어려울 뿐 아니라, 최근 이러한 기술의 발전으로 더욱 광범위하고 깊이 있는 연구가 폭발적으로 발전했다. 특히 센서와 단말기는 현장의 데이터가 실시간으로 대중의 손으로 전달되는 역할을 하며, 도시 시스템이 도시와 통합되어가는 과정에 있다. 스마트 시티라는 개념 역시 어떤 특정한 도시 공간적 형태라기보다 정보과학과 통합된 사회기반시설의 운영 방식에 가깝고 도시 정보학과 밀접한 관계를 갖고 있다.

GIS 기반의 분석 기법들을 배우는 것이 좋은 출발점이라 본다. 도시 상의 위치에 대한 정보와 그 위치가 가지는 다양한 속성의 조합으로 된 데이터는 공간의 성격과 분포, 밀도와 상호 관계성 등을 연구할 수 있는 좋은 기반이다. 도시 맵핑은 그저 단순한 데이터의 나열이 아니라 연구자의 목적에 따라 같은 데이터도 전혀 다른 가능성을 가질 수 있다. 예를 들어 경찰서의 위치에 따른 범죄 발생률에 대한 분석을 통해 도시의 안전에 대한 연구를 해볼 수 있겠고, 학교 주변 유해시설의 밀도 종류와 성적과의 관계를 분석하여 도시 내 용도의 적정성에 대한 연구도 할 수 있겠다. 도시개발업자의 입장에서도 한강에 대한 조망을 가진 아파트와 도시 내 편익시설이 훌륭한 입지를 비교하여 어떤 도시의 요소가 더 높은 가치 증대 효과가 있는지 연구할 수도 있겠다. 물론 이러한 연구는 이미 많은 연구가를 통해 이루어졌을 것이다. 하지만 사회적 현상이 지속해서 바뀌고 데이터베이스는 계속 발전할 것이다. 또한 우리가 해결해야 하거나 궁금한 내용 역시 끊임없이 변해갈 것이다. 이러한 정보 시스템은 답을 주는 것이 아니라 더 정교한 질문을 가능케 해주는데 그 중요성이 있다는 점을 강조하고 싶다.

팀은 도시 디자인의 전통적인 기법과 내용에 주목할 뿐 아니라 새로운 기술을 디자인 과정에 접목하려고 노력한다. 언급한 도시 정보학을 포함해서 알고리즘에 기반을 둔 분석 툴을 개발하여, 도시 개발의 가치를 증대시키는 요소뿐 아니라 도시에 끼치는 영향 등을 분석하는 프로젝트를 수행해 왔다. 전통적인 디자인 기법이 어느 정도 정성적인 부분에 집중하는 편이라면, 과학적이고 정량적인 기법을 통해 보다 신뢰할 수 있고 균형 잡힌 디자인 방법론을 개발하고 있다.

chapter 4

도시 디자이너 되기

지금까지 필자가 생각하는 도시 디자이너의 의미와 성장 과정을 소개해 보았다. 도시 디자이너는 특정 직업군으로서 자격증이나 법적 정의가 존재하지는 않는다. 도시 디자인은 다수의 참여자와 복잡한 관계 속에서 형성되는 사회적 과정의 산물이기 때문이다. 하지만 좋은 도시 디자인은 명백히 존재한다. 훌륭한 도시 디자인은 도시가 역사 속에서 일구어온 도시 정체성, 즉 어바니즘에서 출발한다. 어바니즘은 도시민의 마음 속에 각인된 도시의 이미지이며 공공의 목표이다. 새로운 개발행위가 일어나거나 새로운 도시 법규가 만들어지면 시민으로부터 그 개발을 평가하고 논의가 시작된다. 정부는 그 모든 행위가 누구를 위한 것인지, 누구에게 영향을 끼치는지 명확히 인식하고, 시민으로부터의 의사결정 과정을 수호하며 총체적인 체계를 만들어 내야한다.

아름다운 도시는 그 나름의 취향을 갖는다. 이는 정부가 공급하는 것이 아니라 도시민의 삶에서 풍기는 냄새이고 누적된 손때이다. 그러므로 도시민들이 그들의 문화를 성숙시키는 것이 우리 도시를 아름답게 바꾸는 전제 조건이다. 외국의 좋은 디자인이나 정책을 참고하고 연구하는 것은 중요하다. 하지만 그 배경에 있는 문화적이고 역사적인 함의를 이해하지 못한 채, 성공 사례를 도입하면 성공할 것이라는 단순한 사고는 이제 그만 되어야 한다.

필자는 시민들이 도시를 성숙하고 흥미로운 눈길로 바라보기 시작했다고 본다. 지금의 우리는 그동안 어색했던 우리의 도시 공간을 충분히 이해하기 시작했고 가능성을 발견하기 시작한 것 같다. 도시를 마치 조작 가능한 놀이터로 보기 시작한 것은 아닌가? 경공업 지역 속에서 문화 공간이 잉태되고, 쓰러져 가는 듯한 건물에서 젊은 아이디어가 빛난다. 80년대 양옥에서 카페나

레스토랑을 상상하고, 반지하 주차장은 트렌디한 카페로 변신한다. 도심의 폐공장은 주민들만의 취향으로 새로 디자인되고 전문 건축가의 도움은 사양한다.

우리 도시의 흥미롭고 즐거운 변화는 시작되었다. 최근의 도시 재생의 패러다임과 맞물려 좋은 성과를 낳기를 희망한다. 이러한 변화 속에서 건축가의 역할은 지대하다. 사회 저변으로부터 발생하는 수많은 아이디어와 정부의 도시 재생에 관한 정책적 노력을 연결하여 실체적 공간의 모델로 제시할 수 있는 직업은 흔치 않다. 이러한 노력을 기울이는 자가 도시 디자이너이다. 도시의 흩어진 가치를 모으고 디자인을 통해 새로운 도시 문화의 가능성을 제시하는 자.

Q1_ 연봉이 얼마인가요?

도시 디자이너는 직업군이 아니라서 연봉이 얼마라고 말할 수 없다. 본문에서 언급한 바처럼, 도시 디자이너는 지자체 공무원일 수도, SH 같은 공기업 직원일 수도, 정부 연구원일 수도 있기 때문이다. 필자의 경우는 대형 설계사무소에서 도시에 특화된 디자인 업무를 담당하지만 그런 이유로 연봉의 차이는 없다 .

Q2_ 업무 강도는 어떻나요?

디자인 기간과 시기에 따라 다르다. 마감이 다가오면 성과물 작성에 시간이 많이 필요하지만, 초반은 차근차근 분석하고 연구해 가면서 효율적으로 운영될 수 있다. 도시 디자인의 경우 건축 디자인보다 많은 연구가 선행되어야 하므로, 연구와 디자인의 시간 조율이 매우 중요하다. 빠르고 효율적인 판단을 위해 잦은 회의를 통한 조율이 필요하기 때문에 일과 중 업무 강도도 높은 편이다. 야근은 마감이나 중요한 의사결정 시기에는 피하기 힘들다. 하지만 지속적인 야근은 오히려 업무의 질을 낮추므로 일과 시간의 강도를 높이고 효율적으로 활용하는 방법을 선택하는 편이다.

Q3_ 학생 때 배운 '건축'을 많이 활용하고 계시는지요?

학부 시절 건축은 열정이었고 아직도 건축이 가진 매력에서 벗어나지 못하고 있다. 석사 시절 건축 공부는 이 열정을 지속하게 해주는 전략과 도구에 관한 것이었고 이를 통해 관심 분야를 구체화했다. 하지만 도시 디자인 팀에서 일하면서 더 중요한 것은 다른 영역 사람들과의 교류를 통해 새롭게 배우고자 하는 태도이다.

Q4_ 도시 디자이너는 자격증이 있나요?

도시 디자이너라는 자격증은 없다. 도시계획기술사라든지, 건축사라든지 관련된 업종의 자격증은 존재한다. 프로젝트에 따라 입찰 당시 자격요건을 제시하는데 그때마다 조금씩 다르다. 자신이 회사를 차리는 경우는 어떤 자격증을 가지고 있느냐에 따라 참가할 수 있는 프로젝트가 정해진다. 때로는 다른 회사와 협업도 필요하다. 자격증은 법적인 책임에 대한 이해와 기본 소양을 갖추었음을 증명하는 역할을 하지만 그것이 전부가 아님은 기억하자.

Q5_ 도시 디자이너는 '비전'이 있나요?

현 정부의 도시재생뉴딜사업은 애초 50조 원의 투자를 전제로 한 만큼 새로운 건설 시장이 될 것이라는 기대가 있다. 하지만 단순히 도시 재생이라는 새로운 시장 때문에 도시 디자이너가 비전이 있다고 생각하지는 않는다. 도시 재생의 궁극적인 목표는 디자인을 통해 도시의 가치를 재편하는 과정이라고 생각한다. 도시 디자인은 도시에 비전을 가져다 주는 일이다. 도시가 존재하는 한 계속 필요한 일이다.

Q6_ 좋아하는 도시 디자이너는 누구인가요?

최근 덴마크 출신의 건축가이자 도시 디자이너들을 관심 있게 보고 있다. COBE, Adept, EFFEKT 등 젊은 디자이너들은 건축과 도시를 넘나들면서 새로운 아이디어를 제시하고 있다. 특히 Adept의 디자인 접근 방식을 보면 늘 기분이 좋다. 그들은 "관대함은 창조와 혁신의 중요한 요소이다. 관대한 건물, 공공 공간, 조경,

도시 계획은 세상을 바꿀 수 있다. 단일 상징물을 만들기보다는 지속가능한 사회를 만들기 위해 통합적으로 접근한다. 우리는 건축이 특정한 문제에만 집중하는 것을 벗어날 때, 그 관대함이 발현된다고 믿는다. 우리의 목표는 사용자와 그 주변 환경에 새로운 가치를 부여하는 공간을 제공하는 것이다."라고 이야기한다. 그들의 디자인 철학은 필자가 현재 이상적으로 생각하는 도시 디자이너의 정의에 가장 가깝다.

Q7_ 도시 디자이너로서 읽어야 하는 책을 추천한다면?

제인 제이콥스(Jane Jacobs)의 '미국 대도시의 죽음과 삶(The Death and Life of Great American Cities)'을 통해 도시 디자인의 힘과 매력을 느끼게 되었다. 뉴욕에서 공부하면서 뉴욕 시민이 가진 어바니즘에 대해 체험하고 이 책에서 그 근저의 정신을 이해했다. 그리고 윌리엄 화이트(William H. Whyte)의 "The Social Life of Small Urban Spaces"을 추천한다. 수년에 걸친 연속 사진 촬영을 통해 도시의 현장을 관찰하고, 특히 공공공간에서 도시민의 삶을 추적하고 기록했다. 이 기록은 당시 뉴욕 시민의 도시 사용 방식을 규명하고 법규에 적용해 실제 도시 공간을 관리하는 체계로 발전하게 된 기념비적 연구이다.

Q8_ 도시 디자이너가 되면 건축 설계는 할 수 없나요?

필자가 일하는 팀 내에는 건축 디자이너가 있고 필자도 마찬가지이다. 다른 건축 설계팀의 인원도 순환하며 팀에 참여하여 건축과 도시의 시너지 효과를 기대한다. 업무의 효율성을 고려해 건축의 디테일한 부분까지 다루지는 않지만, 건물의 밀도와 규모, 경관과 형태는 기본적으로 다룬다. 특히 지상 레벨에서의 공간 구성, 개략 평면과 코어 구성, 그리고 건물의 입면에서 드러나는 도시적 텍스처 등은 필수적으로 다뤄야 한다.

Q9_ 도시 디자이너가 되려면 꼭 건축과를 졸업해야 하나요?

도시공학과, 조경학과, 건축과, 토목공학과, 부동산학과 등등 다양한 학과생들이 도시 디자이너가 될 수 있다. 도시 디자이너는 도시 공간을 가치 있게 만드는 일이기 때문에 다양한 시각과 통합적인 접근방법이 필수적이다. 따라서 도시 디자이너는 한 분야의 전문가만으로 구성될 수 없다. 필자가 속한 'Urban Insight' 팀도 건축뿐 아니라 도시, 조경 등 다양한 배경을 가진 구성원들로 이루어져 있다.

Q10_ 협업을 잘하는 방법이 있나요?

타 분야와 협업은 필수적이지만 조율은 쉽지 않다. 특히 서로에 대한 이해도가 떨어질 때는 대화 중에 오해와 편견이 생기기 마련이다. 하지만 결국 서로의 의도를 파악하고 존중하기 시작하면 협업은 그 가치가 빛을 발한다. 그러므로 상호 존중을 기반으로, 상대방의 의도를 창의적으로 발전시키려는 조력자의 태도를 가짐으로써 빠르게 협업의 효과를 볼 수 있다. 협업을 통해서 내 분야 지식이 더 탄탄해질 뿐 아니라, 빠른 속도로 통합적 사고를 할 수 있는 훈련이 되기 때문에 하면 할수록 스스로에게 도움이 된다고 생각한다.

건축물의
뼈대를
책임지는
사람

구조 엔지니어

정연기

건축 구조 엔지니어

건축물이 설계되고 지어져 사람들이 사용하기까지는 여러 분야 전문가들의 손을 거쳐야하는데 그 중에서 건물을 안전하게 서있게 하고 또 태풍이나 지진이 왔을 때도 무너지지 않도록 책임져야 하는 사람이 있다. 건축 구조엔니지어는 건축물이 설계, 시공되고 또 사용하는 동안 건물을 지탱하는 뼈대를 책임지는 사람이다. 대부분은 구조설계사무소에서 일하지만 건설회사, 구조관련 연구기관, 건설사업관리(CM)회사에서도 활동한다.

구조설계사무소에서 구조설계만 하는 것은 아니다

구조설계사무소에서 하는 일

우리가 흔히 구조설계사무소라고 부르는 곳은 '건축구조기술사사무소'다. 국내에는 약 400여개의 구조설계사무소가 있고 대부분 서울에 있다.(2011년 통계로 약 76%에 해당함) 그래서 수도권 이외의 지역에서 구조설계사무소에 취업하려면 상경을 고민해야 할 수도 있다. 사무소의 규모는 10인 이하의 작은 규모와 40명을 초과하는 큰 규모, 그 사이를 중간 규모로 분류할 수 있는데 전체의 65% 이상이 작은 규모이고 큰 규모는 5% 이내이다.

구조설계사무소에서는 구조설계 이외에도 아래와 같은 다양한 영역의 일을 하고 있다.

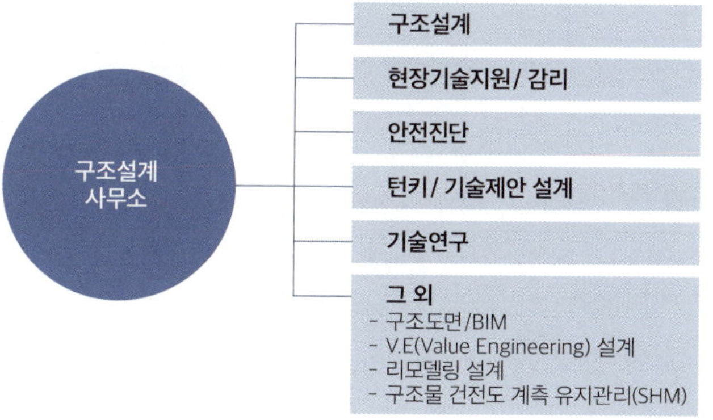

구조설계사무소에서 하는 일

구조설계

구조설계사무소는 구조설계 일을 주로 한다. 구조설계는 건축물의 뼈대를 안전하고 사용에 불편하지 않으면서도 경제적으로 설계하는 일이다. 국내에서 어떤 건물들이 설계되고 지어지는지는 건물을 지을 때 관청에 제출하는 허가 신청의 통계로 알아볼 수 있다. 건축통계를 보면 지어지는 건물의 총 연면적을 기준으로 주택이나 아파트와 같은 주거용 건물이 약 24%정도이고 근린생활시설이나 판매시설, 사무소와 같은 건물이 약 40%, 공장건물 16%, 그 외의 공공·문교사회 등 기타건물이 21%이다.

필자가 근무하는 사무소의 경우 2016년 매출액 기준으로 주거용 건물이 약 30%, 상업용 건물 약 26%, 공공·문교사회용 건물이 약 32%, 안전진단이 12%였다. 현장에서는 아파트(주거용 건물) 설계건수가 상대적으로 많다고 느끼는데 아마도 주상복합건물은 주거와 상업시설이 섞여있지만 설계자는 단지 주거용 아파트 프로젝트로만 생각하기 때문인 것 같다. 구조설계는 기획설계, 계획설계, 기본설계, 실시설계 단계로 진행된다. 각 단계마다 구조 엔지니어가 하는 일을 알아보자.

구분	연면적별 건축허가 현황(단위: ㎡)						
연도	주거	상업	공업	공공	문교사회	농수산	기타
계	80,934,184	133,917,722	52,781,529	5,053,943	30,059,429	13,562,785	22,750,880
2014	21,873,118	35,426,840	16,133,170	1,625,862	10,070,248	3,838,435	5,526,197
2015	30,035,664	52,915,218	18,126,063	1,659,653	10,607,559	3,713,916	11,019,427
2016	29,025,402	45,575,663	18,522,296	1,768,428	9,381,622	6,010,435	6,205,255
비율	24%	39%	16%	1%	9%	4%	7%

건축통계 [출처: 국토교통부 건축물 생애이력 관리시스템]

기획설계(Concept Design) 설계할 프로젝트의 특성을 분석하고 비슷한 사례를 조사한다. 건축 설계자의 디자인 의도를 파악하고 이것을 구현하기 위해 건물의 골조계획에 대한 여러 가지 아이디어를 작성하는 단계이다. 또한, 건물을 지으려면 관청에서 허가를 받아야하는데 이때 필요한 도면과 서류 작성을 돕는다.

계획설계(Schematic Design) 기획설계에서 밑바탕이 될 큰 그림을 그렸다면, 계획설계단계에서는 구조설계에 적용할 기준, 각종 제한치, 콘크리트나 철골 등 건물을 지을 재료를 결정한다. 우리가 발을 디디고 있는 구조물의 바닥골조를 어떤 형태로 만들지 정하고, 건물이 바람이나 지진과 같은 수평방향 하중에 견디기 위해 어떤 구조체가 필요한지 결정한다. 설계 진행과정에서 전기, 기계, 소방과 같은 건축의 다른 분야 설계자들에게 계획되고 있는 건축평면에 대해 수시로 구조관련 조언을 한다.

기본설계(Design Development) 큰 뼈대가 되는 주요한 골조를 설계하는 단계다. 슬라브, 보, 기둥, 기초 등의 두께나 크기를 결정하고 철근을 배치한다. 건축, 기계설비, 전기, 소방 등의 다른 분야와 계획된 구조체가 간섭되는 곳은 없는지 검토한다.

실시설계(Construction Document) 주요 부재외의 모든 부재들을 빠짐없이 설계한다. 복잡한 골조의 철근배근은 구조적으로 안전하면서 시공도 편리하게 상세도면을 작성한다. 건축, 기계설비, 전기, 소방 등의 다른 분야와 구조골조의 간섭을 피하기 위해 요구하는 내용이나 구조체가 관통되는 것을 설계에 반영한다.

현장기술지원

현장기술지원은 감리와 다르게 법적으로 강제하는 업무는 아니다. 건설회사가 프로젝트 규모가 커서 예상하지 못한 현장상황이 발생할 수 있거나 공사하기 까다로운 골조를 시공할 때 구조 엔지니어에게 기술지원을 요청한다.

시공현장에서 발생하는 구조 관련 문제가 원활하게 해결되도록 지원해 주는 일인데 시공용 구조도면의 내용을 다시 확인해 주는 업무가 가장 많고, 시공이 더 쉽도록 골조를 바꾸고 싶다는 요청을 들어주거나 현장 실수로 도면과 다르게 시공된 부분이 안전한지 또는 어떻게 보강되어야 하는지 등을 자문한다. 현장에서 벌어지는 일을 다루기 때문에 용역이 끝날 때 까지 현장에 머물며 일하는 경우가 가끔 있고, 대부분은 1주 또는 2주에 한번 현장을 방문해 시공된 상황을 직접 확인하고 해결방법을 의논한다. 이때 엔지니어들은 자기가 설계한 건물의 골조가 실제로 어떻게 시공되고 또 내가 미리 고민하지 못해서 현장에서 어떤 문제가 생겼는지를 확인할 수 있다.

2014년부터는 특수한 구조를 가지는 건축물에 대해 공사 중에 의무적으로 건축구조기술사의 협력을 받도록 건축법이 개정되었기 때문에 이제는 법적으로 구조 엔지니어가 시공 중 구조안전에 대해 관리감독하도록 하고 있다. 특수구조건축물은 두 기둥 사이가 16m 이상이거나, 필로티구조와 같이 지상층에서는 벽체로 내려오다가 기둥과 보와 같은 골조로 바뀌는 등의 일반적으로 사용되지 않는 특수한 구조계획이 적용된 구조물을 말한다.

안전진단

안전점검과 정밀안전진단으로 구분할 수 있는 안전진단은 구조설계와 함께 구조설계사무소의 주요 업무 분야중 하나다. 구조설계한 건물이 시공 중에나 완공된 후에 일정기간마다 안전을 확인하도록 법적으로 요구되기도 하고 건물에

왼쪽_ 슈미트해머로
콘크리트강도 측정
오른쪽_ 슬라브 처짐량 측정

실제로 구조적인 문제가 발생하기도 하기 때문이다.

안전진단 업무는 크게 3가지 현장조사, 안전성검토, 보고서작업으로 나뉜다. 먼저 현장조사는 진단할 구조물의 현장을 방문해 도면에 맞게 골조가 시공되어 있는지 주요부재 치수, 콘크리트강도, 철근배근현황 그리고 균열은 어디에 어떻게 발생했는지 등을 조사하는 일이다.

구조설계사무소마다 안전진단을 하는 엔지니어의 수는 조금씩 차이가 있다. 안전진단만을 수행하는 팀을 별도로 구성하는 경우도 있고, 필자의 사무소처럼 안전진단을 전담하는 엔지니어가 몇 명 있고 현장조사를 할 때는 구조설계 엔지니어들이 같이 참여하는 경우도 많다. 사무실에서 설계만 하는 엔지니어들에게는 이때가 실제 건축물에 어떤 구조적인 결함이 생기는지 확인할 수 있는 기회가 된다.

그 다음은 구조물이 안전한지 구조해석을 통해 검토한다. 현장조사된 조건을 가지고 골조를 모델링한 후 구조해석하여 이 건물이 지금 안전한 상태인지 검토하는 과정이다. 실제 구조물은 가정한 조건에 대한 구조해석 결과만 가지고 안전한지 확신할 수 없기 때문에 경험 많은 구조 엔지니어가 여러 가지를 종합해서 안전을 판단해야한다. 마지막으로 현장조사 결과와 구조안전성검토 결과를 취합하고 인과관계를 잘 정리하여 보고서로 작성한다.

턴키 / 기술제안

턴키(Turn Key)는 한 업체가 설계와 시공을 다 함께 맡아서 해 준다는 의미의 '설계·시공 일괄 입찰'을 말한다. 몇 가지 입찰종류가 있지만 대부분은 프로젝트를 발주하는 기관에서 기본계획과 입찰지침을 제공하면 입찰할 업체가 기본설계 도면과 설계설명서 등을 작성하여 입찰서와 함께 제출하는 입찰방식이다.

주로 공공건물이나 공영개발주택단지 건축물이 이런 입찰방식을 택한다. 정해진 기간에 다른 업체와 경쟁해서 당선 되는 것을 목표로 하기 때문에 짧은 기간(30일~90일정도) 동안 업무강도는 상당히 높지만 프로젝트가 당선되면 성취감도 크다.

최근에는 턴키와 비슷한 '기술제안' 프로젝트가 더 많은데 이것은 공사기간 단축, 공사비 절감 등을 위한 기술제안서를 제출하는 프로젝트다. 짧은 기간 보안도 유지하면서 집중도 있게 진행해야 하기 때문에 모든 설계분야의 업체들이 합동사무소에 모여서 일하는 경우가 많다. 이런 프로젝트는 중간규모 이상의 사무소에서 경험할 수 있다.

기술연구

구조 엔지니어링은 구조물이 안정되어 있는지 또 단단하고 튼튼한지 이해하고 예측해보는 것이다. 그래서 건축물을 대상으로 하는걸 제외하면 기계공학, 항공공학 그리고 토목공학 등과 다를 게 없다.

구조설계자는 건물을 안전하게 짓기 위해 나라마다 정해 놓은 설계기준을 이용한다. 설계기준은 구조 엔지니어링 이론을 바탕으로 그 동안 경험했던 시행착오나 실험 결과들이 반영된 결과물이다. 여기서 기술연구 개발은 설계기준이 미처 반영하지 못한 구석진 부분을 설계자들이 올바른 판단을 내릴

기존건축물 내진보강 해석 프로그램 개발

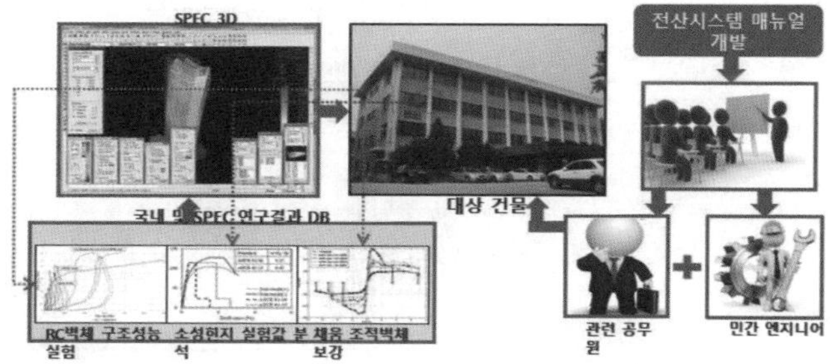

수직증축 보강 해석 프로그램 개발

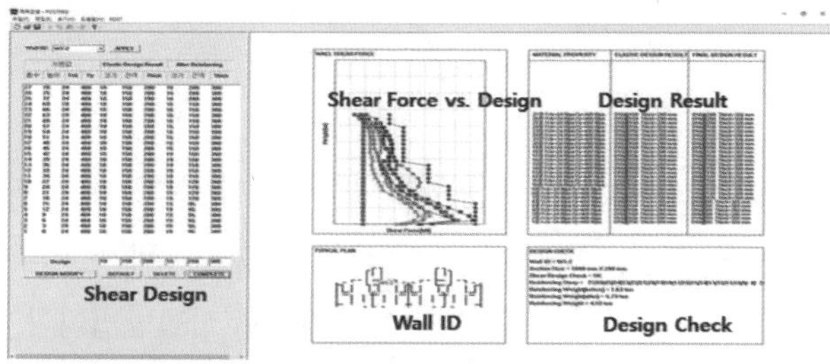

공학목재-콘크리트 접합부 개발

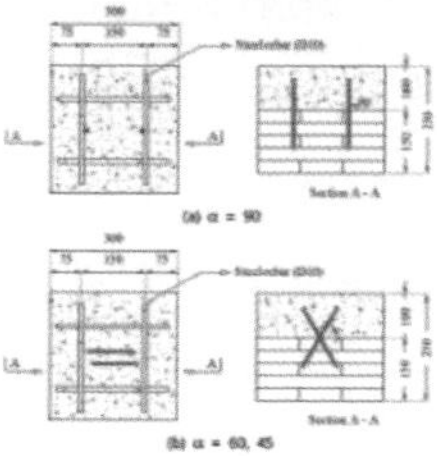

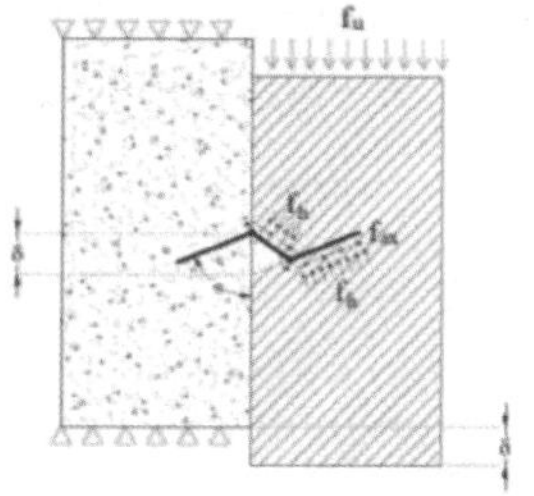

$$
\begin{aligned}
F_v &= N\cos\alpha + V\sin\alpha + \mu(N\sin\alpha - V\cos\alpha) \\
&= \frac{dl_{ef}}{\sin\alpha}\Big[f_{vv}(\cos\alpha + \mu\sin\alpha) \\
&\quad + \Big\{\sqrt{\frac{4M_y}{f_b d l_{ef}^2}\sin^2\alpha - 1}\Big\} \times f_b(\sin\alpha - \mu\cos\alpha)\Big]
\end{aligned}
$$

왼쪽_
강판전단벽을 사용한 내진 보강설계 기법 개발
오른쪽_
각형강관기둥 설계 및 해석

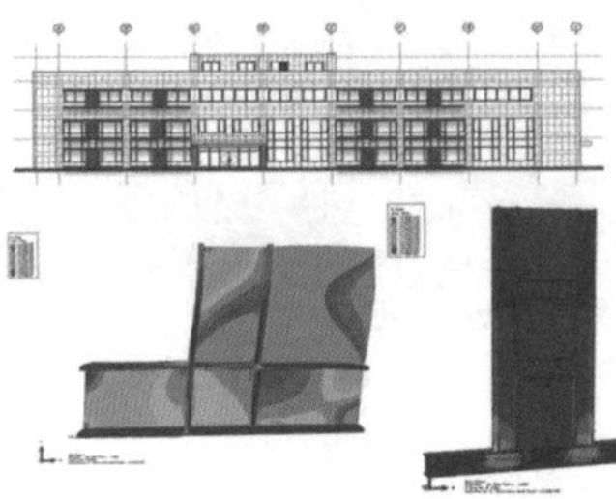

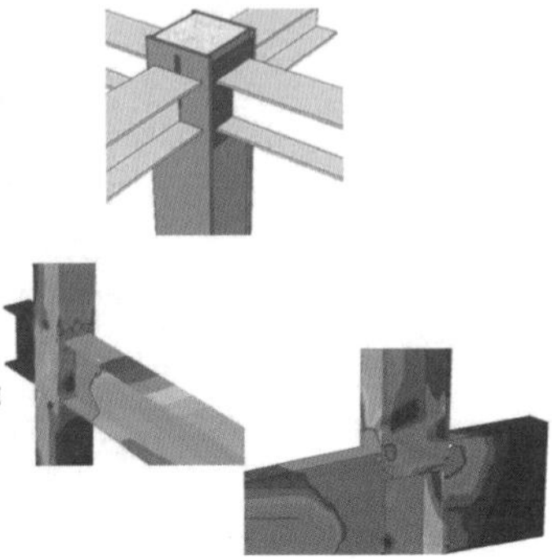

수 있도록 도와주는 일을 포함한다. 구조사무실 안에서 기술연구소 팀은 구조 엔지니어링 이론, 복잡한 컴퓨터 해석 모델링 그리고 실험 등으로 구조설계 일을 지원한다. 그리고 기존에 없었던 새로운 시공방법이나 제품을 개발해 건축물에 적용할 수 있도록 하는 일도 한다.

건축물과 관련된 주요 연구 분야는 건물에 작용하는 하중, 구조시스템, 시공 재료 그리고 시공방법으로 크게 나누어 볼 수 있다. 하중과 관련이 있는 지진은 땅이 흔들렸을 때 건물이 얼마나 힘을 느끼는지 평가하는 것이 매우 중요하다. 관련된 연구로는 '지진 및 기후변화 대응 소규모 기존 건축물 구조 안정성 향상 기술 개발'과 같은 프로젝트가 있었다. 또, 롯데월드타워와 같이 초초고층 건물이 태풍이나 지진이 와도 잘 서있기 위해서는 단단한 뼈대가 뒷받침 되어야 한다. '비정형초고층 시스템 개발'과 같은 연구 프로젝트가 있다.

그리고 최근에는 콘크리트, 철 이외에 목재를 사용해서 친환경 건물을 짓는 노력이 이어지고 있는데, 목재의 성능이나 역할을 충분히 시험하고 검증해야 한다. '목조건축물 공학목재-하이브리드 구조시스템 개발'과 같은 기술 연구 프로젝트가 있다. 구조도면에서 요구하는 대로 건물을 짓기 위해서 공사방법을 연구하는 프로젝트가 있고 새로운 구조재료의 성능을 확인하는 연구

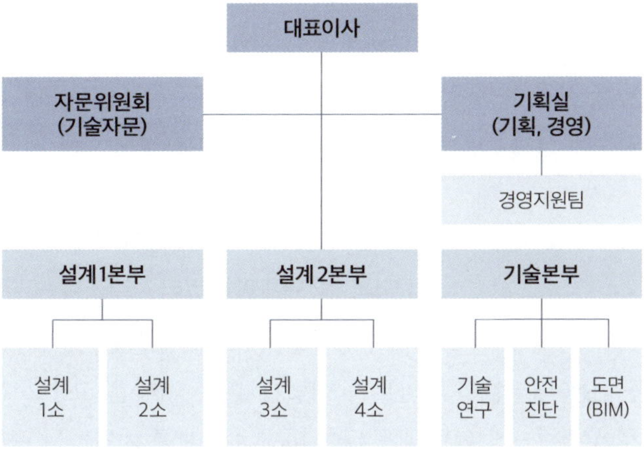

구조설계사무소
조직도 사례

도 있다. '콘크리트 충진형 각형강관기둥의 구조해석 및 설계', 'MP 를 활용한 강재그물망 전단벽 개발'과 같은 프로젝트가 그것이다.

구조설계 조직은 3~5명으로 구성된 '팀'의 조합이다

40~50명으로 구성된 큰 규모 사무소는 보통 위와 같은 조직도를 가진다. 3~5명 정도의 인원이 1개 팀을 구성하고 2개 이상의 '팀'이 모이면 '소'가 된다. 또 2개~3개의 '소'가 모여 '본부'가 만들어지는데, 10여 명 규모의 사무소 조직과 비슷하다. 그 외에도 기술연구, 안전진단, 구조도면(BIM포함) 등을 전담하는 '소'를 각각 두거나 아래와 같이 본부로 묶는 경우도 있다. 경우에 따라 각종학회나 분야별 교수 전문가, 해외 구조설계사무소 등에서 기술자문을 받을 수 있도록 연계해두고 있다. 경영과 기획 일을 맡는 기획실 혹은 경영지원팀을 둔다. (위 조직도 참고)

사무소마다 직급체계는 조금씩 다르지만 보통의 경우 사원, 대리, 과장, 차장, 실장, 소장 등의 직급을 두고 있다. 각 직급은 2~3년 정도 마다 진급할 수 있는데 설계소의 소장 직급까지 약 12~14년 정도 걸린다.

프로젝트 종류별 각 직급 엔지니어가 하는 일

사례1. 기흥 역세권 아파트 신축공사

지상 39층 지하 2층의 주상복합아파트 6개 동을 신축하는 프로젝트이다. 최근에는 대부분의 아파트가 이렇게 40층 가까운 고층으로 지어진다. 방과 방 사이에 콘크리트 벽체를 두어 바닥 슬라브를 지지하는 구조가 많은데 구조형식 관점에서 벽식 아파트라고 부른다. 대부분의 벽식 아파트는 중력하중이나 바람, 지진과 같은 횡력을 잘 버틸 수 있는 벽체가 많아 건물을 구조계획 하는데 큰 어려움이 없다. 경험할 수 있는 유사한 프로젝트도 많아서 상대적으로 구조설계 난이도는 낮다.

1. 김○○ 실장

저는 구조설계 전체를 총괄하고 일부 중요한 부분은 직접 설계합니다. 기획설계단계에서는 건축평면에서 구조적으로 비합리적이라고 생각되는 부분을 발췌해 좀 더 효율적인 건축계획 방향을 제시합니다. '계단실과 엘리베이터가 있는 코어벽체를 단순한 네모 형태로 바꾸는게 더 경제적이다'와 같은 예를 들 수 있습니다.

기본설계단계부터는 발주처가 요구하는 일정보다 늦지 않도록 적절한 인원을 투입해서 효율적으로 프로젝트가 진행되도록 해야합니다. 팀원의 설계결과물(구조설계조건, 구조평면도, 구조해석 모델링, 부재설계 등)이 적절한지 또는 오류는 없는지 검토하고 잘못된 내용은 수정하도록 조언합니다.

왼쪽_
6개동이 배치된 아파트
오른쪽_
완공후 예상 건물 외관

2. 조○○ 과장

구조설계 실무에서 과장직급은 행동대장 격입니다. 기획설계단계에는 건축도면을 가지고 이 건축물에서 구조 관련하여 고려해야 할 항목들을 정리합니다. 예를 들면,

- 건축평면에 그려져 있는 벽체 중에서 콘크리트로 해야 할 것과 벽돌로 쌓아서 시공해야 할 벽체를 구분해야 한다.
- 지상 층에 있는 콘크리트벽체 위치에 지하 층에서는 자동차 통행로가 생긴다면 그 벽체는 벽돌이나 경량 칸막이로 변경해야 한다.
- 아파트 평면에 계획된 벽체가 바람이나 지진과 같이 수평으로 작용하는 하중을 지지하기에 부족해보이면 대책을 세워야 한다.

위와 같은 항목들을 김 실장님과 그리고 다른 팀장들과 함께 모여 적적한 해결방안과 설계 진행방향을 의논합니다. 합의된 내용은 설계에 참여하는 모든 사람들이 공유할 수 있게 지침서처럼 작성하여 팀원들에게 배부하고 교육합니다.

프로젝트가 본격적으로 진행되면 가장 먼저 그동안의 협의내용과 담당자의 설계의도를 잘 반영한 구조평면도를 작성합니다. 그 다음은 구조평면과 설계조건을 반영한 구조해석모델링을 만들고 해석된 결과를 바탕으로 부재를

설계하는 순입니다. 아직 실무경험이 부족한 팀원이 해야 할 일의 내용과 순서를 알려주고 결과물을 검토합니다.

3. 김○○ 사원

아직 실무경험이 부족해 김과장님이 하시는 일의 일부를 돕습니다. 구조설계 방법을 배워가면서 단일부재(슬라브, 보, 기둥, 벽체 등 개별부재)를 설계합니다. 그리고 구조도면이 작성되면 구조계산서와 일치하는지 도면검토 일을 합니다.

사례2. 롯데월드타워 신축공사

지상 123층, 건물 전체높이 555m의 국내 최고층 프로젝트이다. 정해져있던 구조설계 기간만 3년이고, 설계된 내용을 계속 조금씩 변경했기 때문에 설계시작부터 최종 설계완료까지는 7년이 걸렸다.

이런 초초고층 건물은 국내에 사례가 없었기 때문에 설계경험이 많은 해외의 구조설계사무소에 기획설계와 기본설계 단계를 맡긴다. 국내사 책임하에 업무가 진행되던 실시설계단계에서는 10명 정도의 엔지니어가 함께했다. 이런 난이도 높은 프로젝트는 어느 정도 경력이 있는 직급들로 설계팀을 구성한다.

1. 정○○ 소장

전 구조설계 전체를 총괄합니다. 기획, 기본설계 단계에는 해외 구조설계사무소에서 보내오는 설계내용을 검토하고, 국내기준에는 적합한지 설계내용에 오류는 없는지 확인합니다. 팀장들 중에서 누가 어떤 일을 언제까지 해야 할지 결정하고 일을 배분합니다. 그리고 담당자가 확신이 없거나 경험이 없어 설계진행이 어려운 부분은 직접 교육하거나 토론을 통해 문제가 되는 부분의 해결

왼쪽_
16층 철골조 바닥 시공 과정
오른쪽_
석촌 호수 측에서 바라본
완공된 타워

책을 찾습니다.

경험이 많이 요구되는 중요한 작업은 직접 해야 합니다. 중요한 위치의 구조계획이나, 시공 순서를 고민해야하는 복잡한 상세도를 그립니다. 어떤 부재를 설계하는데 새로운 구조설계 방법이 적용되면 그 과정을 정리해서 후배들에게 알려줍니다. 하루 일과의 대부분은 사무실 내부 또는 외부에서 회의하는 일입니다.

2. 김○○ 실장

프로젝트 팀원 중 가장 바쁜 직급입니다. 정 소장님과 같이 해외 구조설계사무소 설계내용도 검토하고 사무실에서 결정한 설계조건들을 팀원들에 전달합니다. 제가 맡은 구조설계일도 하면서 팀장으로서 일을 효율적으로 할 수 있게 구성원들의 경력과 성향에 맞춰 배분해야 합니다.

팀원들이 설계 진행 중 어려움을 겪는 문제는 같이 해결하고 필요하면 정 소장님과도 상의합니다. 정규 근무시간에는 후배들 결과물을 검토하다보니 정작 제가 하고 있는 일은 못하는 경우가 많아 다른 직급에 비해 야근이 잦은 편입니다.

3. 배○○ 과장

김 실장님이 배분해준 구조설계파트를 진행합니다. 구조해석모델을 작성하고 건물을 구성하고 있는 슬라브, 보, 기둥과 같은 각각의 단위부재를 설계하는 것이 주 업무입니다. 팀장님들이 설계하는 부분에 필요한 기준을 찾고 정리하는 일, 상용 프로그램이 제공하지 않는 부재설계는 엑셀 등을 이용해 프로그래밍 해야 합니다. 구조도면과 구조계산서를 비교해서 잘못 그려졌거나 구조설계자의 의도와 다르게 반영된 곳은 없는지 확인합니다.

이러한 초고층 프로젝트는 구조 엔지니어라면 누구라도 한번은 경험하고 싶어 한다. 상징적인 건물의 구조설계에 참여했다는 자부심도 있을 것이고, 초고층에만 적용되는 특별한 구조설계개념들도 경험하게 될 것이다. 하지만 꼭 좋은 측면만 있는 것은 아니다.

자부심은 7년이라는 긴 인고의 시간을 요구한다. 제법 큰 프로젝트의 설계기간도 길어야 1년 정도인데 비해 7년은 정말 길고 지루한 시간이다. 사회적으로도 관심이 많아 현장에서 벌어진 사소한 문제도 크게 부각되어 설계자에게 스트레스를 준다. 그리고 과장직급 이하의 비교적 경력이 짧은 엔지니어는 긴 설계기간동안 구조설계 전반을 경험하기 어렵고 부분적인 구조계획이나 부재설계만을 경험할 수도 있다.

사례3. 파크원 정밀안전진단

파크원은 지하 7층, 지상 69층 건물로 지하층 골조가 거의 완성되었으며 지상층은 코어벽체만 10층 정도까지 시공된 상태였다. 정밀안전진단의 목표는 시공하다가 중단된 건물을 다시 공사해도 이미 시공된 골조의 안전에 문제가 없는지 확인하는 것이었다. 앞서 소개한 안전진단업무 내용과 같이 먼저 현장을 조사하고 조사된 내용을 반영한 구조해석으로 건물이 안전한지 평가했다. 현장조사는 2인 1조로 3개조가 참여했다.

1. 안○○ 소장

저는 정밀안전진단업무 전체를 총괄합니다. 먼저 현장조사 해야 할 위치를 선정하고 몇 명의 인원이 조사지역을 어떻게 나누어서 언제까지 조사할지 결정합니다. 현장을 조사하다가 사람의 접근이 어려운 곳이 있거나 구조체에 문제가 있는 곳이 발견되면 현장조사 위치를 바꾸거나 더 추가할지 결정합니다. 결함이 있는 부재를 발견하면 구조체의 중요도와 현장여건을 종합하여 보수 또는 보강방법을 결정합니다. 팀원이 작성한 보고서를 검토하고 수정합니다.

2. 손○○ 과장

제 역할은 현장조사 팀을 운용하는 것입니다. 현장경험이 부족한 엔지니어에게 진단장비 사용법을 교육하고 주의사항을 전달합니다. 이미 시공된 바닥판이나 기둥, 벽체에 생긴 균열을 조사하고, 콘크리트가 강도를 발휘하는지 테스트하며 철근탐사기로 철근배근상태를 조사합니다. 건물이 기울어져 있는지 바닥판이 꺼져있는 곳은 없는지 측정합니다. 철골조의 경우 녹슨 곳은 없는지 접합된 부분에 이상은 없는지를 조사합니다. 현장조사 후에는 매일 사무실로 돌아와 조사된 내용을 보고서 형태로 정리해둡니다.

이 현장에서는 콘크리트가 떨어져 나간 슬라브와 콘크리트 강도가 설계치 보다 낮고 폭이 큰 균열이 있는 기둥이 발견되었습니다. 심하게 처져있는 슬라브와 녹이 많이 슬어있는 철판 등이 나왔습니다. 이렇게 별도로 구조검토가 필요한 부분은 상세한 구조해석으로 현재 구조물이 안전한 상태인지 또 보강이 필요한 것인지 검토합니다. 현장조사 내용과 구조안전성 평가 결과를 취합

왼쪽_
코어벽체 기울기 조사
오른쪽_
철근탐사기로 바닥슬라브 하부 배근 조사

해서 정밀안전진단보고서를 꾸립니다.

3. 소○○ 사원

손 과장님에게 조사하는 위치와 장비사용법을 배우고 경력이 많은 선배와 한 조를 이뤄 현장조사를 나갑니다. 일과시간 전에 현장조사를 마무리하고 사무실로 돌아와 그날의 현장조사결과를 보고서 형태로 정리해 놓습니다. 현장조사결과를 정리한 자료는 구조도면과 일치하는지 확인하여 손 과장님이 안전성 평가자료로 활용할 수 있도록 전달합니다. 손 과장님이 안전성을 평가한 결과를 보고서 형태로 정리합니다.

사례4. LG사이언스파크 현장기술지원

지상 9층, 지하 3층의 연구소 건물 6개동을 공사하는 기간 중 12개월간 현장에서 발생하는 구조적인 문제를 해결해주는 프로젝트다. 공사 초기에는 현장 요청 내용이 많아 3개월간 배차장이 현장에 머물며 일했다.

이 현장은 땅을 파내려가면서 동시에 지하층 골조를 시공하는 탑다운 공법을 적용했다. 안전한 시공을 위해 매일 그날의 시공계획에 대해 시공, 토목, 건축, 구조분야 전문가들이 현장에 모여 토론하고 문제점이 있으면 해결책을 논의했다.

왼쪽_
지하층 시공 중 현장 사진
오른쪽_
완공 후 예상되는 건물 외관

1. 류○○ 소장

현장에서는 구조도면을 다시 확인해 달라는 질문과 시공을 좀 더 수월하게 할 수 있는 상세로 변경해 달라는 요청이 많습니다. 이러한 요청에 잘 대응하기 위해서는 프로젝트 전반에 대한 지식이 필요하고 현장상황을 충분히 머릿속으로 그릴 수 있는 경험도 필요합니다. 배 차장이 먼저 답변서를 작성하면 그것이 설계기준에 맞는지, 구조적으로 불안전한 부분은 없는지, 시공이 더 편한 방법은 없는지 등을 조언합니다. 필요하면 경험이 더 많은 선배와도 의논합니다.

2. 배○○ 차장

공사초기 3개월은 현장에 머물면서 매일 회의하고 문제가 발생한 부분은 필요하면 직접 현장을 확인했습니다. 나머지 9개월은 본사에서 이메일로 요청사항을 접수하고 현장 확인이 필요하면 1주일에 한번 정도 현장을 방문하는 방식으로 일했습니다. 현장기술지원은 시공방법까지 고려한 아이디어가 필요하기 때문에 현장경험도 필요합니다. 답변서는 직접 작성하지만 반드시 류 소장님과 협의한 후에 보완된 의견서를 현장에 전달합니다.

나이가 들어서도 계속 일할 수 있다

구조설계는 건물을 사용하는 사람들의 안전을 보장해주는 매우 중요한 분야다. 그러나 안전이라고 하는 것은 눈으로 직접 볼 수가 없다. 건물의 뼈대도 마감재로 가려져 직접 눈으로 보기 힘들다. 이렇게 일반인들이 구조설계가 무엇인지 잘 모르기 때문에 그 중요도에 대한 인식이 부족하다. 그래서 엔지니어에게 돌아오는 보상이 일의 중요도나 난이도에 비해 작은 편이다. 하지만 사용 중이나 시공 중인 건물이 무너져 많은 생명을 앗아가는 사례가 누적되고 불안감을 느낄만한 지진도 직접 경험하면서 안전에 대한 인식과 요구가 점점 더 커지고 있다. 최근에는 설계 내용을 심의하는 단계에서 구조안전을 평가하는 단계가 2단계나 더 늘었으며, 중요도가 있는 건물은 구조 엔지니어가 시공을 안전하게 하고 있는지 직접 확인하도록 하는 법이 제정되었다.

또한, 이제는 안전뿐만 아니라 거주자가 사용하기는 편안한가에 대한 요구도 점점 더 커지고 있다. 이런 추세라면 장래는 구조기술자에 대한 사회적인 관심도 더 커지고 구조 엔지니어의 역할도 더 많아질 것이다. 그리고 무엇보다 지금과 같은 고령화 사회에서 나이가 들어서도 자기만의 전문적인 일을 계속 할 수 있다는 매력이 있다.

구조설계분야 직업을 가지려면

가장 중요한 것은 구조와 관련된 탄탄한 기본지식이다. 학교에서 배우는 기본과목을 충분히 고민하면서 깊이 공부하는 게 좋다. 많은 사람들이 구조설계는 정답이 있어서 해석만하면 정해진 답을 찾을 수 있다고 생각한다. 구조계산이라면 맞는 말이겠지만 구조설계는 그렇지 않다. 구조설계는 설계조건이 주어지면 선택할 수 있는 여러 대안들 중에서 가장 합리적인 안을 선택하는 과정의 연속이다. 그 과정에서 거래처나 사무실 선·후배들을 설득해야할 일도 많다. 가능한 어떤 자리에서든 발표도 많이 해보고 토론하는 연습도 많이 해서 자기의 설계논리를 잘 표현하는 능력을 키우면 좋겠다. 그리고 해외 프로젝트 또는 국내 프로젝트도 해외사와 협업하는 경우가 많다. 영어회화 능력은 자기의 역할을 더 넓히는데 필요하다.

구조설계는 궁극적으로 좋은 건축물을 만들기 위해 필요하다. 건물이 안전하다는 것만으로 좋은 건축물이 되는 것은 아니다. 안전하면서도 멋진 외관을 구현해줘야 하고, 안전하면서도 기계나 전기 설비가 지나갈 수 있도록 바닥이나 벽체에 구멍을 뚫어줘야 한다. 즉, 구조뿐만 아니라 건축의 다른 분야에도 관심을 가져야 좋은 구조설계를 할 수 있다. 특히 건축디자인에 대한 관심은 멋진 구조디자인을 하는데 도움이 될 것이다.

Q1_ 연봉이 얼마인가요?

서울 지역의 경우, 대학원을 졸업한 신입사원의 초봉이 3000만 원 내외입니다.

Q2_ 업무강도는 어떻나요?

업무강도와 야근은 구조설계사무소마다 차이가 있습니다. 필자가 소속해 있는 설계본부의 경우를 예로 들어 보겠습니다.
구조설계 진행 상황에 따라 업무강도가 달라지는데, 계획설계나 기본설계단계와 같은 설계 초반에는 강도가 높지 않다가 실시설계에 접어들면 강도가 상당히 높아집니다. 실시설계단계가 전체 업무량의 약 60% 정도인데 전체기간을 평균해보면 개략 일주일에 2~3일 정도는 야근이 있습니다. 야근은 보통 9~10시까지 하고, 주말과 휴일엔 특별히 급박한 프로젝트가 있는 경우에만 출근합니다.

Q3_ 학생 때 배운 '건축'을 많이 활용하고 계신가요?

역학과목이나 구조설계와 관련된 과목은 100% 활용됩니다. 건축구조설계를 위해서는 건축 전반을 이해해야하기 때문에 구조 이외에 건축계획, 설비, 시공과 같은 과목도 구조계획을 하는데 활용됩니다.

Q4_ 구조설계사무소에는 어떻게 취업하나요?

대부분의 구조사무소는 구조설계일이 어느 정도 적성에 맞는 신입사원 채용을 원하기 때문에 교수님의 추천으로 직원을 뽑는 경우가 많습니다. 물론 원하는 회사에 직접 지원서를 내거나 한국건축구조기술사회 홈페이지 구인/구직 게시판을 통해서 취직하는 경우도 있습니다.

Q5_ 구조설계를 하려면 대학원을 꼭 나와야 하나요?

대학원은 가능한 일찍 다녀오는 것이 좋겠습니다. 학부과정만 공부한 것으로 구조설계 일을 못하는 것은 아닙니다. 그러나 구조설계 경력이 쌓여 모든 의사결정을 직접 해야 할 때가되면 대학원에서 추가로 공부한 것들과 한 분야를 깊이 공부해본 경험이 자기 역량을 발휘하는데 꼭 필요해질 것입니다.

Q6_ 해외 구조설계사무소는 어떤가요?

우리나라와 같이 일할 기회가 많은 미국 구조사무소의 경우를 예로 들면, 먼저 규모면에서 여러나라에 사무소를 두고 있는 구조사무소들은 전체 직원수가 몇 천 명에서 만 명이 넘는 경우도 있습니다. 그리고 단일 사무소인 경우 큰 규모 사무소는 직원수가 50~100명 정도입니다. 대부분 프로젝트는 구조설계일과 Peer Review인데, 국내와는 다르게 구조설계에 현장기술지원업무가 포함되어 있습니다.

우리나라 엔지니어들도 미국 구조사무소에 꽤 많이 진출해 있는데, 대부분 미국에서 박사학위를 취득하고 구조사무소에 취직한 경우입니다. 연봉은 미국 내 전체 공학계열 엔지니어들 사이에서 중간정도로 알려져 있습니다. 미국 역시 근무시간은 회사 또는 개인의 성향에 따라 차이가 많습니다. 야근을 자주하는 사람도 있고 거의 하지 않는 사람도 있지만 일정이 촉박 할 때는 거의 매일 야근하기도 합니다.

Q7_ 외국회사와 협업하는 일이 많나요?

회사마다 주로 수행하는 프로젝트 종류는 조금씩 달라도 외국회사와 협업하는 경우는 많이 있습니다. 국내에 지어지는 대형 혹은 특수 건축물, 해외에 짓는 건축물, 외국에서 들여오는 설비로 가동되는 공장과 같은 프로젝트 또는 건축주가 외국회사인 경우는 해외 건축설계 또는 구조설계사무소와 협업하게 됩니다. 그래서 영어회화 능력이 부족하면 일하면서 불편함을 느낄 것입니다. 미리미리 준비해두는 게 좋습니다.

Q8_ 건설회사에 4~5년 정도 근무하다 구조사무소로 이직하는 것은 어떨까요?

처음부터 구조사무소 개업 혹은 구조기술사가 목표였다면 추천하고 싶지 않습니다. 건설회사와 구조사무소에서 하는 일이 완전히 다르기 때문에 경력으로 구조사무소에 입사하더라도 신입사원처럼 일을 배워야합니다. 주변에 나이가 같은 동료들과도 자꾸 비교하게 될 것입니다. 물론 건설회사에서 경력사원으로 오는 사람들이 가끔 있습니다. 하지만 이분들은 회사에 다니면서 본인의 뚜렷한 성향이나 목표가 생겨서입니다. 상황은 힘들어도 본인의 의지로 극복합니다. 하지만 구조사무소 개업을 목표로 하고 계신 분이라면 구조사무소에서 첫 출발을 할 것을 추천합니다.

Q9_ 구조전문가가 취득할 수 있는 자격증엔 어떤 것이 있나요?

건축구조기술사가 있습니다. 기술사사무소를 개설하려면 반드시 취득해야 합니다. 직장에 다니면서 준비하면 평균적으로 4년 정도 성실하게 공부해야 합니다. 직장생활하면서 매일 몇 시간을 꾸준히 공부한다는 게 생각보다 어렵습니다. 시험을 볼 수 있는 경력이 되면 바로 시작하는 것이 좋습니다. 학교 다닐 때 공부한 것들을 아직 잘 기억하고 있고, 무엇보다 결혼하고 아이가 생기면 육아부담까지 있어서 시간 내기가 더 어려워집니다.

Q10_ 구조설계사무소에 여학생들도 많이 지원하나요?

네, 많이 지원합니다. 필자가 근무하는 회사의 여직원 비율은 현재 30% 정도이고 점점 더 늘어나는 추세입니다. 구조 엔지니어링은 성별에 따라 업무능력의 차이가 나는 것이 아니기 때문에 여성들도 자신의 역량을 충분히 발휘할 수 있는 직업입니다.

친환경 건축물의 설계

에너지 컨설턴트

최정만

패시브 건축물설계

패시브 건축이란?

패시브 건축물은 쾌적하면서 에너지도 적게 사용하는 건축물을 의미한다. 기존 건물이 삶을 담는 공간과 그를 위한 디자인이 우선이었다면 패시브하우스는 결로, 곰팡이, 열손실량 등을 최우선으로 고려한다.

이는 앞으로 인류가 사용하는 에너지를 획기적으로 줄여야 한다는 당위성도 있지만, 작게는 건축물이 가지는 의미를 삶의 질적 측면에서 찾으려는 경향이 반영한 것이기도 하다. 이 건물은 사실상 난방에너지가 거의 필요 없을 정도로 성능이 뛰어나다.

패시브 건축물의 원리

패시브 건축물은 한마디로 "열을 가둔 집"이다. 우리가 겨울동안 바닥이 따뜻하도록 난방을 하는 이유는 외벽으로 빼앗기는 열이 많이 때문이다. 패시브 건축물은 창문을 포함한 외피의 단열 성능을 극대화하여 열 손실이 거의 없도록 만들어진 건물이다. 또한, 뛰어난 성능의 창문은 햇빛을 최대한 들여오되 빠져나가지 않도록 하는 역할도 하고 있고, 이런 자연열을 모아서 별도의 난방이 거의 필요 없도록 설계된 건물이다. 또한, 여름을 위한 조치도 필요하다. 열이 한번 들어오면 빠져 나가기 어려운 구조이기 때문에, 태양에너지가 창문의 통과하기 전에 걸러내는 외부 차양장치가 추가된다.

패시브 건축물의 필요성

이 일련의 과정은 기존 건축설계에 몇 가지가 더해져야 하는데, 가장 중요한

왼쪽_ 광주서창동
패시브하우스
오른쪽_ 패시브 건축물 외부
차양 사례

것은 열이 새지 않도록 하는 조치이다. 기존 건축물은 알게 모르게 부분적인 열 손실이 많았다. 마치 실금이 가서 물이 서서히 빠져 나가는 그릇과 다를 바 없었다. 그릇을 아무리 보기좋게 만들어도 내용물이 새면 의미가 없듯이 우리가 지금껏 살아왔던 건물이 이와 다르지 않았던 것이다.

새지 않는 그릇을 만드는 데는 꽤 섬세한 설계가 요구되는데, 이는 지금까지 미적인 목적보다는 재실자가 살면서 느낄 수 있는 불쾌감을 미리 걸러내려는 목적이 강하다. 이를 위해 겨울철 취약 부위에서 실내 온도가 쾌적범위 내에 들어오는지를 따져야 하고, 적절한 공기질 유지를 위해 환기설계 등이 필요하다.

이것이 꼭 필요한 이유는 멀지 않게 찾을 수 있다. 최근에 지어진 아파트에서 흔히 볼 수 있는 유리창의 결로 현상과 곰팡이 등이 그 예이다. 적지 않은 비용을 지불하고 구입한 집에서 아침마다 뿌연 김이 서린 창문을 보는 것은 그리 기분 좋은 일이 아니다. 밖도 잘 보이지 않지만, 결로수가 흘러내려 바닥을 상하게 하는 경우가 다반사이기 때문이다. 곰팡이는 어떤가? 곰팡이는 냄새와 더불어 시각적 불편함도 있지만, 호흡기 질환의 근본적 원인이기도 하다. 이러한 모든 현상은 그동안 디자인 즉, 모양과 재료의 독특함에만 몰입해

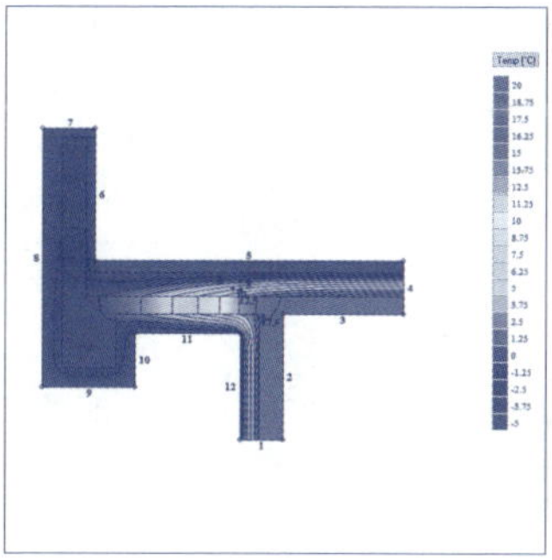

왼쪽_ 패시브하우스 파라펫 열교해석
오른쪽_ 최신 아파트의 결로현상

온 건축설계 탓이었다. 패시브 건축물은 이러한 현상을 모두 제거해야 하므로 설계단계에서 여러 가지 시뮬레이션이 추가되고, 이를 현실화하기 위해 많은 디테일을 그린다. 이러한 노력의 결과가 '진정으로 건축주가 쾌적한 삶을 영위할 수 있는 건축물'로 탄생되고, 입주 후 그들로부터 고맙다는 말을 들을 수도 있어 건축가로써 보람 있는 건물이라고 할 수 있다.

이 패시브 하우스에 적당량의 신재생에너지를 추가하면 이른바 제로에너지건축물이 될 수도 있다. 건축물 자체에서 에너지를 전혀 사용하지 않는 이 건축물은 화석연료의 고갈을 대비해서 우리나라에서도 앞으로 의무적으로 도입하도록 하고 있고, 나라를 떠나서 인류가 반드시 도달해야 할 목표이기도 하다. 또,한 우리는 이것을 최대한 경제적 비용에 공급해야 할 의무가 있다. 패시브 건축물은 이 제로에너지건축물 의무화를 위해 꼭 필요한 필수 요소이기도 하다.

친환경 건축물 컨설팅

우리 자체적인 설계 외에도 타인이 설계한 건물이 이런 목적에 부합하도록 하는 컨설팅 업무도 하고 있다.

세종선거관리위원회 제로에너지청사

친환경 대중교통의 이용

친환경 건축물이란?

우리는 자연이라는 절대적이고, 유한한 자원 속에 살고 있다. 우리는 결코 지구의 주인이 아니며, 전체 우주에서는 티끌과도 같은 존재임을 인지하는데서 출발해야 한다. 이를 위해서 작게는 지구상에 존재하는 수많은 종들이 건축행위로 말미암아 사라져 멸종되는 것을 최대한 막아야 한다는 인식에서 시작한 것이 친환경 건축물이다.

그러므로 친환경 건축물은 인간을 하나의 종으로 보고, 타 종과의 공생을 추구하는 건물이라고 볼 수 있다. 즉, 건물의 외피를 기준으로 안쪽으로는 인간이라는 종의 보존, 밖으로는 인간 이외의 모든 종의 보존을 위해 노력하는 건축물이다. 이 때문에 친환경 건축물 컨설팅에서 다루는 분야는 매우 넓다. 어찌보면 한 명의 전문가가 이를 모두 다루는 것이 무리라고 느껴질 정도로 광범위한 분야이기도 하다.

친환경 건축물 컨설팅 업무 범위

크게 나누어 볼때, 일곱 가지 범주에서 친환경 건축물을 다루고 있다. 이를 짧게 나마 소개하면, 다음과 같다.

a. 토지이용 및 교통: 대지가 개발해도 되는 땅인지, 아니면 보존해야 하는 땅인지를 가리는 생태학적 가치와 이동수단의 에너지 소비를 최대한 억제하기 위한 대중교통 접근 용이성을 평가
b. 에너지 및 환경오염: 건물이 준공 후 얼마만큼의 에너지를 사용하게 되며, 이를 줄이기 위한 에너지절약 성능, 에너지를 생산하기 위한 재생에너지 사용비율, 사용 자재를 만들기 위해 사용되는 혹은 제품 그 자체가 오존층 파괴 물질을 사용했는지의 여부를 가리는 지구온난화 방지 등을 평가
c. 재료 및 자원: 시공단계에서 자재를 얼마큼 경제적으로 설계했는지를 보는 자원절약분야, 공사 중 폐기물관리 방법 및 배출최소화 방안, 사용단계에서의 폐기물(쓰레기)분리수거 용이성, 그리고 재활용의 용이성을 평가
d. 수자원: 빗물이 해당 대지의 토양에 얼마큼 흡수되는지, 상수 절감을 위한 각종 조치를 했느지를 평가
e. 유지관리: 시공 단계의 현장관리, 사용단계에서의 건물관리 용이성, 합리성 평가
f. 생태환경: 대지 내 자연 녹지공간 면적, 외부공간의 녹지조성 방법 및 접근성, 벽면 녹화 등 외피의 생태적 기능과 다양한 생물이 서식할 수 있는 생태적 공간이 어떻게 조성되었는가를 평가
g. 실내환경: 공기, 열, 음, 빛환경 등 인간의 쾌적에 영향을 미치는 여러 요소의 강도를 평가

이처럼 폭넓은 분야에 대한 컨설팅업무를 포함하고 있으며, 이것이 올바른 과정을 거쳐 적용되고 있는지, 그렇지 않다면 어떤 것을 보완해야 하는지, 이것

건축물에너지 등급 표시

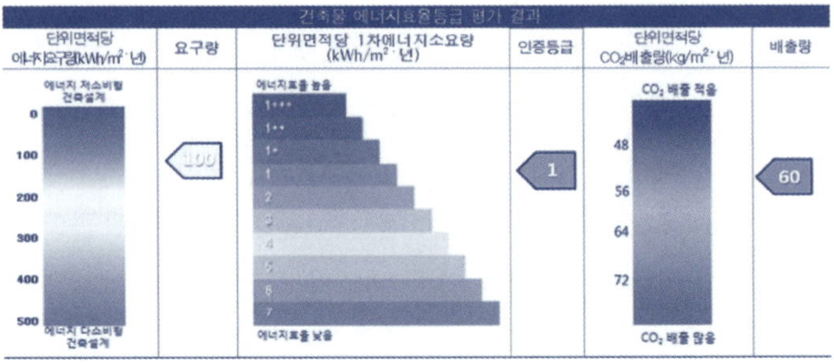

을 적용하는데 있어서 가장 경제적인 방법은 무엇인지를 상의하고 변경하게끔 하는 모든 행위를 친환경 건축물 컨설팅이라고 칭한다. 이 업무에는 위에서 이야기한 열교해석, 공기질평가 등을 포함하여 창문, 외벽, 지붕 등의 열 손실과 획득량을 고려하여 완공 후 건물 전체에서 소비되는 에너지량도 미리 검토하게 되는데, 이렇게 도면상태에서 완공 후 건축주가 에너지비용으로 지출해야 될 양을 미리 알게 됨으로써 좀 더 경제적인 건물을 만들 수 있도록 도와주는 역할이다. 이 검토 내용은 국가가 운영하는 에너지효율등급평가와도 관련이 있다.

에너지효율등급제도는 건물이 사용할 것으로 예상되는 에너지량을 평가하여 등급을 부여하는 제도로, 등급이 높을수록 에너지를 적게 사용할 가능성이 높다는 의미이며, 이런 건물은 사회적으로도 도움이 크기 때문에 국가적으로 여러 가지 혜택도 주고 있다.

친환경 건축물 컨설팅의 필요성

보기 좋은 떡이 먹기 좋다는 속담이 있지만, 현대 건축은 이 말이 더 이상 통용될 수 없다. 겉보기에 좋은 건물이 저절로 자연친화적이고, 저에너지가 될 수는 없기 때문이다. 이는 건축물이라는 것이 시각적 요구사항도 있지만, 이른

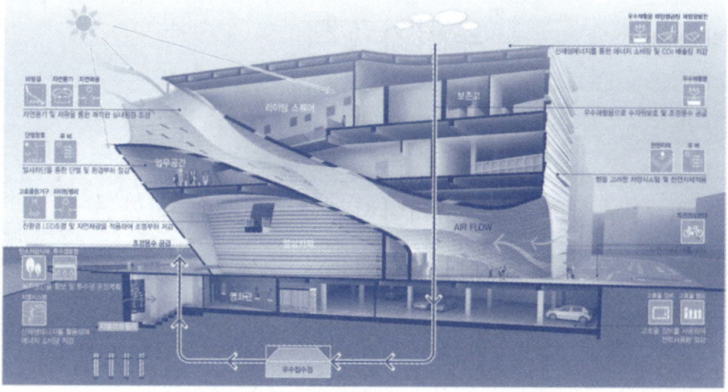

친환경 건축물 컨설팅의 결과물

바 기능적인 면도 함께 존재하기 때문이다. 이것이 다른 예술 분야와 비교되는 면이기도 하다. 특히 최근에 들어와서 지속가능한 지구를 위한 각계의 노력에 건축분야가 동참을 하면서, 이를 도외시할 수도 없고, 그래서도 안된다는 인식이 자리 잡으면서 건축주 스스로 친환경 건축물을 요구하는 사례가 늘어가고 있다. 이에 따라 과거 디자인특화와 마찬가지로 설계/시공단계에서 친환경 건축물로의 완성을 돕는 컨설팅이 필수적으로 요구되고 있다.

chapter 2 우리의 조직

우리 사무소는 크게 저에너지건축물설계와 친환경 컨설팅, 두 가지 부서로 나뉘어 있다. 전체 조직 규모는 매우 작지만, 작은 조직의 특성상 모든 직원이 한 가지 일에만 매달리는 것이 아니라 그 분야의 다양한 업무를 모두 수행하고 있다. 물론, 작은 조직은 넓은 시각을 가질 수 있고 일정 시간이 지나면 깊이와 너비를 모두 가질 수 있다는 장점이 있지만, 업무의 강도는 센 편이다.

본래의 업무와 관련된 국가연구과제도 같이 수행하고 있기 때문에 최근에는 연구전담부서도 만들려 하고 있다. 각 부서는 5명이며, 개인적으로 큰 회사를 만들고 싶은 생각이 없기 때문에 당분간 이 인원으로 운영할 생각이다.

그러나 최근 본의 아니게 러시아, 동남아 국가 등지에서 친환경/저에너지건축물에 대한 요구가 있어, 아는 지인을 통해 설계나 컨설팅, 그리고 친환경 건축물 설계기법에 대한 교육까지 업무의 영역을 확장하고 있다. 이 부분 역시 하나의 전담부서를 만들어야 하는지 고민 중이다. 특히, 이들 국가와의 교류는 사무실 자체의 미래로도 필요하지만, 우리나라의 친환경 건축물 관련기술이 선진국에 비해 결코 뒤지지 않고 있다는 반증이라 여러모로 집중하고 싶은 분야이기도 하다. 물론 지금 당장 회사의 매출로 이어지는 것은 아니지만 우리가 길을 닦아 놓으면 후배들의 매출로 이어질 수도 있다는 믿음도 있기에 더욱 그렇다.

러시아 대학과의 교류

직업의 비전

현대 건축은 크게 두 가지 방향을 설정하고 있다. 한 가지는 녹색건축이며, 또 다른 하나는 제로에너지건축이다. 이 두 가지 설정은 모든 선진국에서 LEED, BREAM, DGNB 등 그 이름만 다를 뿐 그 구성은 대동소이하다. 이 말은 이 두 가지 키워드에 건축의 미래가 있다는 사실을 증명한다. 결국, 건축의 모든 관련 분야는 이 두 가지 목적을 채우는 쪽으로 흐를 것이고, 이는 이미 현실로 다가와 있다. 그러므로 이 키워드가 가진 미래 시장은 매우 크고, 활발히 움직일 것이다.

우리나라도 2025년부터 단계적으로 제로에너지수준의 건축물을 의무화하자는 로드맵을 발표하였다. 즉, 현재의 건축시장 규모의 100%가 언젠가는 제로에너지, 친환경 건축물로 이동할 것이라는 예상이 충분히 가능하다. 그러므로 이 직업군의 비전은 밝다고 볼 수 있다.

년차	저에너지건축설계	친환경 컨설팅
1~2	각종 소프트웨어 숙달기간, 디테일 수정 (캐드, 열교분석, 에너지샵, ECO2 프로그램, BIM툴)	각종 소프트웨어 숙달기간, 문서작업 (캐드, G-SEED 매뉴얼, 에너지샵, ECO2 프로그램, 설비기기 운영 체계)
3~4	설계 보조, 각종 해석, 디테일 작성	인증 문서 작성, 컨설팅 업무 보조
5~6	설계 업무 주관, 해석에 대한 판단과 해결책 제시	컨설팅 업무 주관, 설계변경에 대한 방향제시
6~9	건축주 상담, 설계방향 제시, 관리업무	의뢰인 상담, 관리업무

연차별 주요 업무내용

제로에너지빌딩 인증 제도

ZEB등급	에너지 자립률
1등급	100% 이상
2등급	80% ~ 99%
3등급	60% ~ 79%
4등급	40% ~ 59%
5등급	20% ~ 39%

그러나 현재 시점에서 이를 수행할 전문가의 숫자는 그리 많지 않다. 오히려 극히 적다고 해도 과언은 아니다. 대학에서도 이를 위한 전문 분야의 교육체계를 갖추지 못했으며, 실무 분야에서도 사정은 그리 녹록치 않다. 그러므로 이 직업을 위한 빈자리는 당분간 계속 열려 있을 것이며, 누구나 노력만 한다면 그리 어렵지 않게 시장에 진입할 수 있다는 장점도 있다.

이런 인력난으로 인해 정부에서도 전문가 집단의 발굴과 시장활성화를 위해 2017년부터 "ZEB리더스클럽"이라는 임시 모임을 운영하고 있다. 이 모임은 제로에너지빌딩과 관련된 각계의 전문가들이 서로 정보를 보다 쉽게 교환하고, 왕성한 교류를 통해 각자 분야의 영역을 확장시키려는 목적으로 만들어졌다. 그러나 이 역시 절대적으로 인원이 많지 않다. 그만큼 이 시장이 이제 막 시작된 것이라는 것을 증명하고 있으며, 그만큼 미래는 열려 있다고 볼 수 있겠다.

특히 올해는 LH가 주관하여 세종, 김포, 오산에 임대형 제로에너지단독주택단지를 300세대 넘게 건설할 예정이며, 귀농귀촌 패시브하우스단지를 전국 5개 지역에 걸쳐 건설할 목적으로 사업자 모집을 하였다. 하지만 이를 수행할 전문인력이 부족하여 경쟁률은 그리 높지 않았다.

이처럼 제로에너지건축물에 대한 수요는 계속 늘어갈 수 밖에 없을 것이므로, 이 직업군이 필요로 하는 인력도 지속적으로 증가할 것이다.

친환경 직업군의 시장 현황

현재 3,000㎡ 이상의 공공건축물은 에너지효율등급인증과 녹색건축인증을 의무화하고 있기 때문에 이 시장의 규모는 꽤 안정적이다. 매년 꾸준한 수요가 있기 때문이다. 여기에 더해서 대형 지자체에서는 민간건축물까지 그 의무를 확대하고 있고, 여기에 동참하는 자치단체가 늘어가고 있기 때문에 시장은 계속 커질 전망이다. 또한, 이 두 가지 인증 외에도 건축물관련 각종 인증을 모두 이 직업군에서 소화를 하고 있는 형편이라 수요는 충분하다고 볼 수 있다.

이 인증 외에 "바람길 조성, 일조 시간, 도로 소음, 자연 환기, 자연 채광, 실내 공기질, 생태 공간" 등 건축물와 관련된 각종 환경분석의 업무까지 더해져 이 업역에서 처리되는 분야는 매우 넓다고 볼 수 있다.

전국적으로 이 업무를 한다고 알려진 회사는 약 2~300여 개라고 하지만, 자격증을 기반으로 하는 업역이 아니기에 그 정확한 숫자는 파악되고 있지 않다. 최근 관련 단체(한국친환경건축컨설팅협회)가 설립을 준비 중이므로, 이 단

주거부문 국내 인증 및 평가항목

에너지절약	거주 편의
에너지절약형친환경주택성능평가	장애물 없는 생활환경
건축물에너지효율등급	건강친화형 주택건설
에너지절약계획서	교육환경 보호에 관한 계획
녹색건축인증	범죄예방환경설계
제로에너지건축물인증	결로방지계획

임대형 제로에너지
주택단지

체를 통해 비교적 정확한 시장의 상황을 알 수 있을 것으로 보인다.

회사의 대부분은 다른 직업군과 마찬가지로 대부분 수도권과 대도시에 집중되어 있으나, 아직 그 수요에 비해 회사의 수가 많다고는 볼 수 없기 때문에 이 역시 몇몇 회사에 업무의 쏠림현상이 있다.

이와 관련된 회사는 경영의 관점에서 볼 때, 외주비용(업무를 타회사에 아웃소싱을 하는 비용)이 거의 없기 때문에 매출대비 지출이 적다는 장점이 있어 수주가 안정적이면 회사의 운영도 큰 어려움이 없다. 이로인해 평균 연봉은 건축설계사무소와 비교해 다소 높게 형성되어 있는 편이다.

인증업무의 경우, 국가가 정한 기준에 부합여부만을 가리기 때문에 전문지식 없이도 해당 업무를 3~5년 정도 수행하면 인증관련 업무를 처리하는데 부족함이 없다. 그래서 이직율이 비교적 높고, 퇴직 후 관련 회사를 만드는 경우가 늘어가고 있다. 하지만 인증의 범위를 넘어서는 컨설팅의 경우는 그 양상이 다르다. 컨설팅은 특정 기준을 맞추는 것이 아니라 여러 가지 전문적 분석을 통해 그 결과를 도출하는 과정이 필요하기 때문에 고가의 전문적인 소프트웨어와 인력이 필요하다.

현재 우리나라의 관련회사는 주로 인증업무에 집중하고 있기는 하나,

이는 아직 시장이 형성되고 있는 초기단계라는 반증이기도 하다. 인증업무가 깊은 전문지식을 필요로 하지 않는다는 것은 오로지 가격경쟁으로 흐를 수 있다는 의미도 있기 때문에, 시간이 흐르면 컨설팅영역과 같은 고부가가치를 만들어 내는 쪽으로 시장이 움직일 것이고, 이를 위해서는 해당 전문분야의 지식을 갖출 필요가 있다.

친환경 분야는 매우 독특한 분야이다. 대학에서 학부과정으로 친환경건축 또는 제로에너지건축물을 가르치는 과가 없기 때문이다. 즉, 전공은 없는데 직업군이 있는 독특한 분야이다. 이는 친환경 분야가 어느 한 분야 (건축, 기계, 전기, 제어)만 알고 있어서는 될 수 없는 것이기도 하고, 시시각각 전 세계적으로 새로운 기술이 지속적으로 등장하고 있기 때문이기도 하다.

그러므로 대학에서 이를 전공하기는 어렵다. 결국 건축분야의 전공자가 이 시장을 이끌어 갈 수 밖에 없는데, 건축을 전공했다고 해서 바로 이 분야로 들어 올 수 있는 것도 아니다. 물론 우리와 같은 사무소에 들어오면 비교적 체계적으로 업무를 배울 수는 있으나, 이것 역시 개인 차가 존재한다.

이 분야의 진로를 생각하고 있는 사람이 있다면, 무엇을 준비해야할지 꽤 오랫동안 고민을 해 보았다. 필자는 극히 우연한 기회에 이 직업을 선택했고 후회를 한 적도 없지만, 필자 역시 이를 위해 체계적으로 어떤 순서를 따라 여기까지 온 것은 아니기 때문이다. 그러므로 이것은 극히 한 쪽으로 치우친 조언일 수도 있기도 하거니와, 이 시간에도 이 분야의 기술은 계속 변하고 있기 때문에, 결국 각자가 별도의 관심을 가져야 준비를 했다고 이야기할 수 있을 것 같다.

일단 졸업 후 설계사무소에 입사해 친환경/제로에너지 관련 공부를 개인적으로 해 볼 수도 있다. 그러나 설계사무소는 과거와 다르게 매우 많은 업무를 처리하고 있는 게 현실이다. 비록 많은 일이 디지털화되어서 보다 손쉽게 일을 할 수 있는 환경이기는 하나, 건축설계업무는 본질적으로 조율의 업무다 보니 사람의 손이 꼭 필요하다. 바쁜 업무를 하면서 여러 가지 친환경 건축물을 위한 각종 시뮬레이션과 서류작업을 한꺼번에 처리하기란 여간 어렵지 않다. 또한, 이를 처리하고 싶어도 일정 시간 이상의 교육을 받아야 하고 교육을 받은 이후에도 꾸준히 관련 분야의 세미나 참석 등의 공부가 필요하다.

건축물이 요구하는 성능이 계속 높아져가고 있기 때문에, 건축물이 친환경적인 요소를 제대로 갖추기 위해서는 별도의 컨설턴트가 필요한 것이 현실이고, 또 협업을 하면 확실히 더 나아지는 것을 쉽게 알 수 있다. 물론 디자인도 잘하고, 생태 녹지, 물 관리, 실내 공기질, 자원 재활용 등 친환경에서 요구하는 각종 지식을 두루 갖춘 디자이너가 있다면 더할 나위 없겠지만, 현실적으로 불가능에 가깝다. 이는 자동차를 디자인하는 사람이 엔진설계까지 하는 것과 같기 때문이다. 현대에 들어와서 이 분야는 하나의 독립된 전문영역으로 여기지고 있으며, 국가적으로도 G-SEED AP라는 전문가 집단의 자격제도로 나아가고 있다.

그러므로 일반 건축설계사무소에서 이와 관련된 업무를 배우고, 공부한다는 것은 쉬운 일은 아니다.

환경대학원 진학

많은 대학 건축과에서는 환경과 관련된 전문 대학원이 개설되어 있으며, 이 분야의 전문가가 되기 위해서 우선적으로 고려해볼 만한 방향이 될 수 있다. 그러나 모든 대학원이라는 것이 그렇듯이 친환경전반에 걸친 지식이라기보다는 보다 세부적인 전공이 정해진다는 것을 명심해야 한다. 하지만 범위는 상대적으로 좁더라도 훨씬 깊이 있는 공부를 할 수 있기에, 특정 분야에 관심이 있다면 1순위로 고려할 수 있다.

국가가 만든 무료 교육 수강

여러 해 전부터 이 분야의 관련 전문가를 배출하기 위해 국가는 여러 가지 국비지원 무료교육 프로그램을 만들어 왔다. 대표적인 것으로 재직자를 위한 대한건축사협회 친환경 아카데미와 학생을 위한 한국건설기술교육원의 녹색건축전문인력양성과정이 그것이다.

친환경 아카데미는 매우 범위가 넓고 심도가 깊어, 이 분야에 대한 지적 욕구를 충족시키고 남을 정도이다. 연 4회 정도 개설되며, 한 과정이 거의 두 달에 가깝다. 그러므로, 재학 중에는 쉽지 않겠지만 방학때를 이용해서 수료해놓으면 도움이 될 수 있는 과정이다. 한 수강생의 후기가 이 교육을 이해하는데 더 많은 도움이 될 듯 하여 옮겨 놓는다.

> "대학교 내에서 우연히 본 [친환경건축전문인력양성과정] 포스터, 정말 기대가 되었고, 들어 보니 기대 이상으로 만족스럽습니다. 대학교육과정에서는 맛보기 정도의 수업내용이 항상 아쉬웠습니다. 또한 같은 길을 가고자하는 동기들을 만나기 어려웠습니다. 이 과정을 통해 녹색건축에 대해서 많은 것을 배우고 갑니다. 이 교육과정이 모든 과정을 배운 것이 아니라 극히 일부분을 알아가는 것이라 생각하고 더욱 더 노력하며 전진하겠습니다. 교육을 들으며 생각한 것은 강사님들이 녹색건축의 공통적인 큰틀 안에서 각자의 주관이 녹여져 있다는 것입니다.
>
> 녹색건축인증 등 각종 인증에서 높은 점수를 받는 것도 좋은 일이지만, 녹색건축의 필요성 그것에 대한 자신의 주관이 들어가 있을 때 비로소 진정한 의미의 녹색건축이라고 생각합니다. 현업에 계시는 강사님들의 연륜과 경험이 녹여져 있는 강의는 제가 가고자 하는 길의 가이드가 되었습니다. 강의를 원활하게 진행하게끔 도와주신 모든 분들에게도 감사함을 전하고

AURIC 홈페이지에서 각종 세미나와 친환경 건축에 대한 소식을 접할수 있다.

싶습니다."

이 과정은 친환경 저에너지 건축설계기본, 신재생에너지 기술을 통한 녹색건축설계, BIM 건축설계기술, 저탄소 자원순환형 친환경계획, 에너지절약형 설비기술, 지속가능한 친환경 건축시공, 건물 에너지 실무기술 등 친환경건축의 거의 모든 내용을 다 담고 있으며, 이 교육 이외에도 많은 무료 세미나, 강좌가 활발히 열리고 있다. 각종 세미나에 대한 소식은 「건축도시연구정보센터」 홈페이지의 소식란을 참조하면 된다.

도서

무엇보다 가장 간편한 방법은 관련된 서적을 탐독하는 것이다. 적절한 책을 찾는 것이 쉬운 일은 아니지만 서점을 찾아 여러 책들을 둘러보면 많은 도움이 된다. 개인적으로는 『패시브하우스 콘서트』(배성호, 주택문화사)를 추천하고 싶다.

후배들에게 한마디

친환경건축은 '자연에 대한 올바른 이해'에서 시작된다. 이를 위해 가까운 곳에서 혹은 멀리 여행을 떠나서 자연을 느껴보는 것을 강하게 추천한다. 이 자연의 위대함을 스스로 느꼈다면 앞으로 만나게 될 모든 친환경건축 관련 내용을 이해하는데 큰 어려움이 없게 될 것이다.

건축은 지금까지 자연을 너무 쉽게 생각해 왔다. 창만 내면 바람이 저절로 불어 올 것이라고 생각했고, 나무만 심으면 자연 속의 건물이 될 것이라고 생각했다. 그러나 자연은 항상 같은 위치에 있다. 건물 속으로 자연이 들어오는 것이 아니라 건물이 자연에 다가가야 한다는 것을 모르고 있었다. 공간의 관입, 통경, 매스의 자연스런 분절, 풍경을 담은 건축은 했었어도, 자연이 그 건물을 어떻게 생각하는지를 고민해 본 적은 없었다.

이제 그 자연이 우리를 평가할 것이다. 우리는 과연 어떤 준비가 되어있는지를 돌이켜 보아야 한다.

이를 위해 자연 속으로 들어가자.

Q1_ 연봉이 얼마인가요?

2017년 기준으로 초봉은 퇴직금을 제외하고 2600만원이며, 연차, 능력별로 차등 지급됩니다.

Q2_ 업무강도는 어떻나요?

일이 곧 지식이 분야인지라, 업무의 강도는 셉니다. 다만, 평일에 야근을 하더라도 휴일 근무는 거의 하지 않는 편입니다.

Q3_ 학생 때 배운 '건축'을 많이 사용하고 계신가요?

그럼요. 모든 건축 언저리의 업무분야는 건축 그 자체가 바탕이 될 수 밖에 없습니다. 다만 '건축'의 정의는 사람마다 다를 수 있습니다. 정의하는 범위에 따라 한 편으로는 전혀 상관없을 수도 있고, 다른 한편으로는 완전히 상관 있을 수도 있습니다. 저는 꽤 상관이 있다고 생각하는 편입니다. 비록 배운 것과 실무가 1:1로 대응되는 것은 없더라도, 4년 넘게 고민한 흔적들이 알게 모르게 핏줄을 타고 흐르는 무언가가 있으니까요.

Q4_ 이 업무를 하는데 있어서 본인의 장점이 무엇이라고 생각하시나요?

저의 장점은 "일을 마다하지 않는다"는 것 하나 밖에 없습니다. 어떤 일이든(즐겁지는 않더라도) 결국 끝을 보는 것이 유일한 장점 같아요. "포기하지 않는 근성"이라는 거창한 말과는 어울리지 않는 것 같고요. 그저 어떤 일이 주어졌을 때 거부감 없이 맡은 것이 나중에 큰 도움이 된 것 같아요.

Q5_ 그 도움이라는 것은 구체적으로 어떤 거죠?

예를 들어 신입사원에게 캐드를 가르치라는 일도 있었고, 프로그램을 짜라는 일도 있었어요. 회사 로고 디자인을 한 적도 있고요. 이 모든 것들이 모여서 나중에 친환경 건축물을 위한 열교해석 프로그램의 코딩이라든가, 에너지평가프로그램과 BIM의 연결, 그리고 에너지 모니터링 결과의 홈페이지 연동 작업 등을 모두 혼자 힘으로 해결할 수 있었던 것 같아요. 나중에 건물에너지의 복잡한 수식도 그리 거부감 없이 들여다 본 것 같구요.

Q6_ 학교 때 성적은 좋았나요?

그럴 리가 없겠죠.

Q7_ 우리나라의 전통건축은 자연에 순응하는 모범적인 건축물이라고 들었는데요. 이것이 친환경건축인가요?

전통건축은 그냥 전통건축이죠. 과거를 정의하는 것은 개인의 마음 따라가기 나름일 수도 있으나, 과거를 좋은 어휘로 표현한다고 해서 지금이 더 나아지지 않는 것 같아요. 전통건축이 친환경이다 아니다를 따지기 전에 과거로부터 배울 것을 지금에 잘 적용하는 것이 더 중요한 것 같습니다.

Q8_ 아는 분이 친환경 건축물 인증이라는 일은 무척 단순하고 고되다고 하시던데요. 맞나요?

우리의 고등학교 생활이 고된 것은 목표가 점수에 있었기 때문이었던 것 같아요. 예를 들어 친환경 건축물 우수등급은 인증을 통해 70점을 넘어야 한다고 한다면, 이 점수만을 위한 컨설팅을 하는 업무는 단순하고 고될 수 밖에 없어요. 하지만 점수는 점수대로 도달을 하고, 이 건물이 조금이라도 더 나아지기 위한 고민을 해 볼 수 있다면 그 업무는 곧 취미생활과 다를 바 없는 것 같아요. 당연히 즐기게 될 겁니다.

Q9_ 나중에 이 분야로 개인 사업을 하고 싶은데, 얼마정도 배운 다음에 시작을 하는 것이 좋을까요?

지금 당장 시작하세요. 1년이라도 빨리 시작해야 그만큼 빨리 망하고 정신 차릴 수 있어요.^^ 이 뜻은 모든 영역에서 사업은 항상 리스크가 있다는 의미에요. 준비를 다하고 사업을 시작하지 마시고, 한 템포 빨리 시작하세요. 그래야 그 리스크를 조금이라도 빨리 알 수 있게 되고, 망하더라도 다시 사업을 시작할 때 큰 도움이 될 꺼에요.

Q10_ 취업에 도움이 되는 한마디 해주세요.

주눅 들거나 망설이지 말고 즐기세요. 누가 그대를 평가하든 다 똑같은 사람일 뿐이니까요.

건설 현장에서의 역할

건설회사 건축직

정상룡

필자는 2007년, 삼성물산에 신입공채(건축직)로 입사하였고, 2016년에 대림산업으로 경력직으로 이직하여 근무하고 있다. 건설회사의 현장직무라고 하면 속된 말로 '노가다'를 떠올리는 이들이 대다수겠지만 기본적인 시공품질 및 공정관리에서부터 설계검토, 안전/환경관리, 자재 및 외주발주, 공사 원리관리, 발주처/감리단/인허가청 등에 대한 대외 행정업무 등 다양한 직무를 수행해야 한다. 필자는 11년간 공동주택 현장에서 근무했고 입사 후 초임 대리 때까지 6년간은 3개 프로젝트에서 시공 관리업무를, 과장 진급 전후 3개 프로젝트에서는 공무업무를 경험하였다. 건축전공 졸업생 중 전공을 살려서 사회에 진출하고자 하는 대부분의 선후배들이 건설회사의 기술직으로 취업하였고, 건축설계 전공자에 대해서도 대부분의 메이저 건설사에서는 현장근무를 기본으로 하고 있기 때문에 대형 건설사에 취업하고자 하는 후배들에게 필자가 가장 현실적인 이야기를 해줄 수 있는 경험을 가지고 있다고 생각한다.

입사 11년차 과장이 된 지금, 현직에 있는 기술직 동기들은 현장시공관리, 공무, 품질관리자, 안전관리자, 본사기술부서, 견적팀, 외주구매팀, 사업기획부서, 인사, 주택영업, 입주관리 등 정말 다양한 분야에서 각자의 전문성을 갖고 일하고 있다. 입사 후 진로는 개인의 능력과 성향에 따라 여러 가지 기회가 주어질 수 있고, 기술관련 현장관리 업무에만 국한되는 것은 아니다.

건설회사에서 선호하는 인재는 기본적인 건설 기술지식을 바탕으로 조직생활에 대한 적응이 빠르고 주어진 역할에 대한 강력한 추진력을 가진 사람이라고 할 수 있다. 보수적인 업무환경의 영향으로 상사의 지시에 대한 정확한 이해와 이행이 개인 업무역량에 대한 평가 기준이 되고, 직무에 따라 차이는 있으나 창의적이기 보다는 피동적인 업무가 많다. 그래서인지 상명하복의 문화에 익숙하고 업무목표 성취에 대한 추진력을 가진 ROTC 출신을 선호하는 경향이 크다.

최근 세계적인 건설경기의 침체로 인해 신입사원 채용을 하지 않은 기업이 상당수이고, 메이저급 건설사의 신입채용 또한 큰 폭으로 줄어든 상태이며 기존 직원들에 대한 희망퇴직을 진행하고 있는 기업도 상당수이다. 건설은 경기와 정부정책에 매우 민감한 산업으로서 인력운용의 유연성 확보를 위해 필요인력 중 다수를 경력직으로 채용하고 있으며, 기업별로 많게는 현장인력의 60~70%를 현장 계약직으로 고용하고 있다. 바늘구멍과 같은 취업의 기회를 얻기 위해서는 일반적인 스펙(자격증, 외국어, 해외연수 등)보다는 리더십이 부각될 수 있는 대내외 활동과 사회활동을 통한 구체적인 추진성과가 필요하다고 생각된다. 삼성물산의 동기와 후배들 중 상당수가 건축기사가 없거나 외국어 등급이 없는 것을 보면 객관적인 스펙만이 건설사 취업의 절대 조건은 아니라고 생각된다.

필자는 메이저 건설사에서 수평 이직한 케이스이다. 각 사(삼성물산, 대림산업)별 특징도 있고 장단점도 있으나 두 회사를 경험하고 느낀 이 업에서 가장 중요한 원칙은 '사람이 먼저다'라는 것이다. 협력사 근로자들에 대한 명확한 작업지시와 효율적인 인력관리, 동료 직원과의 신뢰와 조직력, 상사와의 소통, 설계/감리/발주처 담당자와의 치열한 협상 등 다양한 상황에서 인간관계를 통한 업무가 이루어지기 때문이다.

건설현장의 건축 시공직 직원의 역할은 건축물을 직접 짓는 노동력을 제공하는 것이 아닌, 공사에 투입되는 인력과 자재, 공법을 효율적으로 관리하는 것이다. 하나의 프로젝트가 끝나려면 "저 빌딩, 아빠가 지었다"라고 말하는 사람이 수천, 수만 명이 생기게 되는데, 현장에서 일하는 근로자들을 얼마나 체계적으로 관리하였는지 여부가 프로젝트의 성공과 실패를 결정하는 가장 큰 요인이 된다. 또한, 현장에서 수시로 발생하는 기술적인 문제를 해결하는 데에서 오는 짜릿함과 더불어 스스로 계획해서 실천하고 그 일정대로 일이 추진되는 것에 보람을 얻을 수 있는 직무이다.

매일 새벽 5시, 습관적으로 알람소리에 깨어 불 꺼진 어두운 거실에서 홀로 앉아 꼬질꼬질하게 먼지로 얼룩진 근무복으로 갈아입는다. 냉장고에서 막 꺼낸 차가운 우유를 마시면서 어둠을 뚫고 출근한 뒤 아침, 아니 새벽조회를 하고, 하루 종일 현장을 땀나게 돌아다니다가 다른 이들이 퇴근할 시간에 사무실에 들어와 밀린 서류업무로 야근을 시작한다. 결국, 달과 별을 보면서 돌아와 새근새근 잠들어 있는 사랑하는 아들의 머리를 쓰다듬어 주고 조용히 옆에 누워 잠드는, 그런 삶에 만족해야 하는 근무조건이지만, 타 업종에 비해 상대적으로 높은 연봉으로 보상해주고 현장 내 다양한 인간관계 속에서 재미를 찾고 위로를 주고받을 수 있는 그렇게 사람냄새가 나는 직업이다.

7월 1일 자로 300인 이상 사업장에 시행될 주 52시간 초과 근무금지로 인해 앞으로는 출근 시간의 조정과 야근 지양, 휴일에 대한 철저한 준수 없이는 법 기준을 충족할 수 없는 상황이 되었고, 이에 대해 각 기업별로 다양한 방식의 시뮬레이션, 대책을 수립중이며 건설업에서도 상당히 큰 변화가 예상된다.

Part1. 건설회사 기술직무 상세

일일 업무 스케쥴

2008년, 추위가 한창이던 1월의 어느 날, 6개월 간의 신입사원 양성교육을 수료하고 발령받은 첫 현장은 강남구 신사동의 ○○아파트 재건축 현장이었다. 집이 인천인 이유로 새벽 4시 50분에 감은 눈으로 일어나 5시 10분에 집 앞으로 오는 광역버스를 타고 현장에 6시 30분에 도착하고 나면, 따뜻한 커피 한 잔의 여유도 없이 아침조회를 진행해야 했고, 하루 종일 현장을 발로 누비다가 오후 늦게 사무실로 돌아와서는 작업일보, 검측서, 기성물량산출, 본사보고

자료 작성 등의 밀린 서류업무를 해야 했다. 그렇게 야근을 마치고 막차를 타기위해 서둘러 나와서 집에 도착하면 거의 새벽 1시가 되었던 그 때를 되돌아보면 아무것도 모르는 신입사원이었기 때문에 인내하고 버텨낸 것이라는 생각이 드는 기억이 많다.

대부분의 메이저 건설사는 자체적인 업무 프로세스를 정해서 지키고 있다. 삼성물산의 경우 건축직의 하루일과는 아래와 같이 진행된다.

오전 6시30분	사무실 도착, 원할 경우 아침식사, 업무준비 및 작업자 조회참석 독려
오전 6시 50분	아침조회(주로 대리 이하 직급의 기술직 직원이 조회를 진행한다. 주로 아침체조, 주요안전구호 제창, 금일 위험작업 공지, 기타 공지사항 공유 등으로 이루어진다.)
오전 7시	TBM(Tool Box Meeting) 공구상자에 앉아서 금일 작업내용을 공유하고 안전사항에 대해 공지하는 시간을 의미하는 용어로 업체별, 공종별로 둥글게 모여서 업무내용을 나누는 하루 중 가장 중요한 시간이라고 할 수 있다.
오전 8시	작업일보 작성(금일 진행예정인 공사에 대한 각 업체별 작업내용과 투입인원, 장비를 정리하여 현장소장 승인을 받아 감리단에 제출한다.)
오전 9시 ~ 11시	오전 현장 패트롤(담당구역을 돌아보며 공사진행 현황파악, 작업자 투입사항 확인, 지시사항에 대한 확인 및 Feed back, 품질/안전 점검 등 건축기사의 가장 중요한 임무를 수행한다.)
오전 11시	품질안전 공정회의(공사팀장 주관, 전 협력사/ 기술직 직원회의, 작업진행 사항 공유, 업체 간 간섭사항 조정, 주요 안전관리사항

공지 등)

오후 12시 ~ 1시 점심식사(대부분 현장 내 함바식당을 운영하거나 외부에 지정 식당을 두고 식사를 한다.)

오후 1시 오후 TBM실시(식사 후 업체별, 공종별로 모여 오후 업무내용 공유)

오후 1시 ~ 3시 오후 현장 패트롤(오전 패트롤과 마찬가지로 현장을 돌아보며 품질, 안전, 공정을 관리하는 행위의 업무로 건축기사의 가장 중요한업무라고 생각하면 된다.)

오후 3시 비공식적이지만 휴게시간을 보통 융통성 있게 갖는다. 근로계약 내에도 현장근무직은 오전, 오후에 각 30분의 휴게시간을 반영하도록 되어있다. (본사는 5시 퇴근, 현장은 6시 퇴근 기준이 적용된다)

오후 5시 직원회의(현장소장 주관, 일일 공사에 대한 실적/ 명일 작업내용 공유, 현장전체의 목표 설정/ 업무지시, 업무 외 공지사항 전파 등)

오후 6시 계약 상의 퇴근시간, 하지만 일반적으로는 저녁식사 시간

오후 9시 평균 퇴근시간 (삼성물산의 경우 야근에 대한 수당은 평일 교통비로 지급하지만 대부분의 건설사는 야근수당의 지급기준이 없다. 곧 시행될 주 52시간 초과근무 금지법의 강제성과 예외기준 강화로 인해 건설업에서도 이 부분에 큰 변화가 있을 것으로 보인다.)

신입 건축기사가 알아야 할 시공 외 3대 기초실무

① 구조

- 구조도면 독해능력 향상을 위해 단위세대의 기본배근을 모형으로 제작
- 현장도서 상의 구조일반사항에 대한 세부 기준 확인, 일반구조 학습
- 모형실습, 구조일반사항 학습을 통해 철근콘크리트 작업에 대한 직접 검측, F/B

② 견적

- 단위세대 골조, 마감재 물량산출 실습 : 도면 독해능력 향상 목적(구조, 건축)
- 물량산출을 통해 투입되는 공종과 시공순서 학습가능
- 외주발주, 기성, 정산시 활용

③ 설계(Shop dwg 작성)

- 건축 설계도면에 불명확한 마감 순서, 디테일에 대한 프리핸드 Shop dwg 작성
- 단면, 평면, 입면 등 다양한 관점에서 도면을 해석하는 능력 배양
- 각종 마감재 발주 시 디테일 검토 활용, 도면 오류 발견 및 개선안 도출

신입 건축기사 기초 기술실무

필자의 두 번째 근무현장은 강북의 재개발 프로젝트로, 금호동 달동네의 주거 정비 사업이었다. 첫 현장에서는 정신없이 실무에 부딪히면서 속성으로 일을 알게 된 반면 이 프로젝트에서는 착공준비 단계인 TF부터 준공 후 입주관리까지 약 3년간, 전체 프로세스를 경험하면서 체계적으로 업무를 배울 수 있었다.

산비탈에 있는 주거지역으로 단지 내 지반의 고저차가 45m에 이르고 아파트 기초 레벨이 단지 전면의 4차선 도로보다 25m 높은 암반지반에 설치되는 여건이었다. 터파기 예측 결과 전체 건축면적 중 1/3의 지반이 기초저면보다 낮았고, 기초 하부 빈 공간을 골조 PIT로 형성하는 내림기초를 적용하여 극복해야 했다. 당시 필자는 내림기초 전체의 공사관리 업무를 맡게 되면서 기본 배근도면만을 갖고 터파기가 진행되는 동안 예상되는 지반레벨을 확인한 후 실시간으로 구조도를 작성, 작업지시를 해야 했다. 또한, 공사 실행산출을 위해 물량 산출작업을 꾸준히 병행하여야 했고, 도면에는 없는 최종 마감을 고려한 골조 시공을 위해 매일 프리핸드로 부위별 디테일을 그려서 정리했다.

평소 신입사원 교육에 관심이 많았던 현장소장님의 의지에 따라 현장 내 동기, 후배 건축직 5명으로 구성하여 구조, 견적, 설계 파트로 나누어 자체적인 교육프로그램을 진행하였고 이런 교육을 바탕으로 지식을 현장 실무에 적용할 수 있어서 기술적으로 가장 많이 배웠던 프로젝트였다.

건축사업부 프로젝트 특성별 분류, 조직도

필자의 세 번째 현장은 국내 최대 규모의 아파트 증축 리모델링 프로젝트였다. 노후 아파트 5개 동의 전후면 골조를 일부 철거한 후 세대당 11평을 수평증축하고 1개 층을 수직증축, 지하 2개 층 주차장을 터파기하여 신설하는 프로젝

프로젝트 특성별 분류(플랜트를 제외한 건축, 주택 부분)

① 건축사업부

- 일반건축 : 주변에서 흔히 접하는 오피스 빌딩 건축분야
- 하이테크 : 전자, 반도체, 바이오 등 첨단산업의 인프라를 구축하는 분야로 공기 단축을 통한 제품생산, 판매를 목적으로 하여 돌관공사로 진행
- 초고층 : 높이 300m 이상의 빌딩시공을 말하며, 세계에서 가장 높은 빌딩은 국내업체인 삼성물산이 건축하였음 (부르즈 할리파/ 828m)

② 주택사업부

- 신축 : 재개발, 재건축, 택지개발 등 일반적인 공동주택 신축 분야를 말함
- 리모델링 : 주거환경 개선을 위한 개보수 공사를 통칭하며, 최근 수직, 수평, 지하주차장을 증축하는 리모델링 실적이 늘어나는 추세

③ 건설사 일반 조직구성

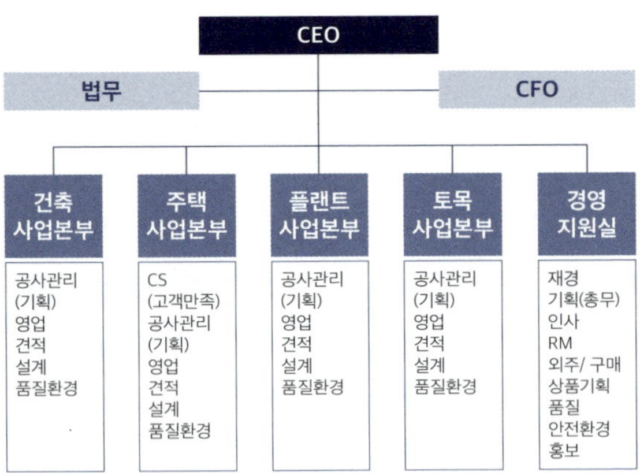

트로 일반 아파트 신축공사와는 개념이 다른 가설계획과 공사수행계획이 필요한 현장이었다. 특히 15층짜리 기존 아파트의 골조가 남아있는 상태에서 동 사이의 공간을 10m 이상 터파기하여 지하주차장을 형성해야 했기 때문에 어렸을 때 모래사장에서 막대기를 꽂고 넘어지지 않게 모래를 긁어가는 놀이와 같이 지반 안정을 위한 터파기 계획과 각종 흙막이 보강 설계가 치밀하게 수립되지 않으면 좁은 부지 내에서 공정과 안전관리가 혼재되어 정상적인 공사 수행이 어려운 여건이었다. 이를 선제적으로 극복하기 위해서 지하공사 공정을 단축하고 보강 가시설을 최소화하기 위해 터파기 착수 전에 기존 아파트의 기초와 흙막이 CIP의 H-beam을 연결하여 보강하는 HBM이라는 공법을 개발하여 적용하였고, 아파트 증축부위의 선행을 위해 보강파일을 선 시공하는 Pile-up공법을 개발하여 공정단축에 성과를 만들었다. 더불어 생소한 분야에 대한 기술적인 이해도를 갖고자 '리모델링 사업관리사'라는 민간 자격을 공부하고 취득하였다.

건설회사 기술직 직무(공무)

필자의 네 번째 현장은 위례신도시 내 경기도 시공사가 발주한 공공주택 건설 프로젝트였으며 대림산업과 컨소시엄으로 운영되었고 필자의 회사가 주간사였다. 주택 공무는 회사별로 차이는 있겠으나 1,000세대 미만의 중소규모의 프로젝트에는 홀로 배치되어 전체 현장공무(행정)업무를 하게 된다. 처음 공무업무를 하면서 느낀 장점은 흙먼지 속에서 협력사 작업자들과 싸우지 않아도 되는 것과 내일의 날씨를 확인하지 않아도 된다는 것이었다. 다만, 허리디스크가 재발했고 시력이 매우 나빠졌으며, 스트레스를 믹스커피로 푸는 바람에 푸짐한 뱃살을 얻게 되었다.

공무업무는 착공, 설계도서 검토, 공사실행 편성검토, 외주업체 선정, 현

현장 기술직 직무범위

① 공사관리 : 건축직 대다수가 수행하게 되는 업무로 현장 공사 진행 간 공정관리, 설계검토, 시공검측, 기성금관리, 공사서류작성 등을 담당한다.

② 공무 : 착공, 공사실행 편성, 외주업체 선정, 원가관리, 인허가 사항 대관 업무, 대 감리 업무, 대 발주처 업무, 민원 관리, 변경계약 및 정산, 도급 정산, 준공 인허가 등 현장 내 행정업무를 처리한다.

③ 품질관리자 : 자재검수, 자재시험, 시공품질 검수, 법적 서류 작성 등 공사 품질관리를 위한 활동을 한다.

④ 안전관리 : 안전기사를 보유한 건축직 일부는 안전관리 업무를 수행하기도 한다.

⑤ 설계관리 : 현장 설계도서 검토, 오류 수정 등 전반적인 관리, 설계사 업무협조, 공종별 주요디테일 작성, 준공도서관리 등의 업무를 수행한다.

건설사 특성별 분류

① 종합건설사 : 일반적으로 건설회사라 불리는 시공사로 매년 발표되는 시공능력에 따라 순위가 정해지며, 이를 근거로 1, 2, 3군 등으로 분류된다.

② 신탁사 : 건축주의 역할을 대리하여 수행하는 건설관련 기업으로 신탁수수료를 받고 프로젝트 재무, 분양 등을 지원하고 건축주로부터 위임받아 시공관리 업무를 수행한다.

③ 전문건설사 : 하청사로 부르는 전문건설 수행업체를 말하며, 종합건설사 직영공사 외의 공종에 대해서 공사를 도급/위임 받아서 수행한다.

장 원가관리, 공정 및 환경관리, 인허가 사항 대관업무 수행, 감리 보고자료 제출, 발주처 업무협의, 인접지역 민원 관리, 협력사 현장운영 및 재무상태 관리, 외주 변경계약 및 정산, 발주처 도급 정산, 준공 인허가, 입주관리 준비 등 프로젝트 전반에 걸친 현장에서의 서류 등 행정업무를 담당한다고 보면 된다. 하지만 시스템이 잘 갖추어진 메이저 건설사일수록 실제 공무업무의 절반 이상은 본사의 보고자료 작성과 같은 사내 업무에 할애되고 있어서 단순 업무강도는 타의 추종을 불허할 정도로 높다고 볼 수 있다.

필자는 날씨, 협력사 수준, 공정간섭 등 외력에 의해 다양한 변수가 발생하는 공사관리 업무보다는 스스로 업무 스케줄의 계획과 실천의 콘트롤이 가능한 공무업무가 더 편하다고 느꼈지만, 대내외 관리업무에 대한 극심한 스트레스로 인해 퇴사를 결심하는 동료도 많았던 것처럼 개인의 성향에 따라서 호불호가 다를 수 있는 직무이다. 다만, 건설기술자로서 현장소장 또는 PM의 역할을 수행하고자 한다면 반드시 경험해야 하는 직무이며, 프로젝트를 넓은 관점에서 바라볼 수 있는 자리가 공무라고 생각한다.

건설사 특성별 분류

2016년 봄, 과장으로 진급하면서 간부라는 새로운 이름을 갖게 되었고 회사생활도 안정되어가고 있었다. 필자의 다섯 번째 현장은 강북의 1,000세대 규모의 재개발 현장이었고 공무팀장으로 근무하게 되었다.

주택가와 초, 중, 고등학교가 인접해 주변민원은 상당했으나 프로젝트 전체 사업비나 공사기간 면으로 볼 때는 상당히 여유가 있어서 매력적인 현장이었다. 착공을 준비하며 바쁘게 지내던 일상 속에서 갑작스럽게 10년차 회사원에게 찾아온다는 고민의 시기, 제2의 사춘기가 찾아왔다. 그 즈음 삼성물산은 이전 1년 여간 희망퇴직을 통해 필자와 가까웠던 동료들을 비롯하여 천여 명의 직원들이 회사를 떠나고 있었고, 필자도 30대 후반인 지금이 삶의 변화를 가져와야하는 시기라고 생각하고 사회생활의 중반기를 새롭게 준비하려는 고민을 하기 시작했다. 그리고 좋은 기회가 생겨서 대림산업으로 이직하게 되었다.

삼성물산과 대림산업은 국내 메이저 건설사로 양사의 조직, 문화의 차이가 크지 않을 것으로 예상했었으나, 이직 후 회사별로 조직문화가 상당히 차이가 있다는 것을 느꼈다. 삼성물산은 삼성그룹이라는 거대한 조직 안에서 시스템으로 움직이는 기업으로 설명이 되는 반면, 대림산업은 건설이 주력인 그룹 내의 위치에 따라 그 중요성에 의한 무게감이 크며, 직원들 간의 신뢰와 효율로 기업을 운영하고 있다고 느꼈다.

이직 후 1년이 지난 지금, 새로운 조직에서의 문화가 익숙해지기 시작하였고, 사내 시스템과 프로세스에 대한 이해를 충분히 하였다고 생각하지만 회사생활을 통해 형성되는 인적 네크워크가 부실하여 업무 추진에 있어서 도움을 받지 못하는 경우가 크기 때문에 적극적으로 배우고 소통하여 전문 경력직으로서의 역할을 다해야겠다는 생각을 한다.

Q1_ 연봉이 얼마인가요?

메이저급 건설사의 초봉은 4천만 원 중후반대로 현장수당을 포함할 경우 5천만 원대가 됩니다. 각사마다 특성이 있으나 대부분 누적연봉제를 채택하고 있고, 과장의 경우 연봉수준은 6천만 원 후반대(현장수당 제외)입니다. 연봉 수준은 다 직종 대비 평균이상이지만 근무시작이 오전 7시 이전이고 오후 6시 업무 종료 이후에도 야근이 잦은 특성, 휴일수당으로 보상을 하지만 격주 토/일요일 근무(삼성물산은 1개월 중 공휴일 포함 휴일 중 2일 선택근무, 대림산업 등 메이저 건설사는 4주 중 6일 선택휴무)를 해야 하는 점을 고려하면 시간당 임금수준으로는 그렇게 높다고 보이지는 않습니다.

Q2_ 업무강도는 어떠한가요?

돈을 쓸 시간이 없어서 돈을 모을 수밖에 없는 직업입니다. 현장 근무의 특성상 휴일 근무는 필수이며, 주간에 이루어지는 현장 관리 속에서 서류업무를 병행해야 하는 관계로 야근이 잦을 수밖에 없습니다. 또한, 작업을 독려하고 착수를 준비하기 위해 직접 육체적인 노동을 해야 하는 상황도 자주 발생하고, 다양한 특성을 가진 근로자들과 어울려서 업무를 조율해야 하는 관계로 사람과 소통에 능하고 동적인 업무를 선호하는 분들에게 적합한 직무입니다.

Q3_ 학생 때 배운 '건축'을 많이 사용하고 계신가요?

학부 때 배운 건축 시공학 등의 전공 관련 지식을 적지 않게 사용하고 있으나 학문이 아닌 실무로서의 기술지식이 필요한 관계로 필자와 같은 경우는 앞에서 말씀드린 것과 같이 신입사원 시절 실질적으로 학습했던 구조, 견적, 설계에 대한 기본이해 과정이 회사생활에 큰 도움이 되었습니다. 또한, 리모델링과 같이 생소한 분야에 대한 이해를 위해 해당 자격증(리모델링 사업관리사)을 취득하는 등 현업에서도 지속적으로 학습하고 배워야 하는 것이 엔지니어로서의 기본 소양이라고 생각합니다.

Q4_ 근무지는 선택이 가능한가요?

근무지의 선택은 쉽지 않다고 보면 됩니다. 건설업의 특성상 전국 단위의 사업을 하는 종합건설사의 경우 수도권과 지방을 구분하지 않고 인력을 운영하기 때문에 회사에서 특정 프로젝트에 적합한 구성원을 배치하기 위해 주거지에 대한 배려 없이 발령을 받아야 하는 경우가 다수입니다. 서울을 제외한 대부분의 현장이 인근 아파트나 빌라를 전월세로 임차하여 숙소를 운영하여 직원 복지에 활용하고 있습니다. 일반적으로 프로젝트 수행기간이 2~4년임을 고려하면 결혼 후에는 주말부부로 살아가거나 현장을 따라 주거지를 이동하기도 합니다.

Q5_ 해외를 나가는 경우도 있나요?

저는 주택사업부에 소속된 이유로 해외근무는 하지 않았지만 대부분의 일반건축, 플랜트 사업부에 있는 동기들은 해외현장 경험을 가지고 있습니다. 해당 국가의 지역적 특색과 한국과의 거리 등을 고려하여 단계별 급지로 나누어 해외근무 수당을 추가 지급

합니다. 제 주위에는 아이가 초등학교 입학하기 전에 해외로 발령을 받아 가족들 모두 이주해서 사는 것을 희망하는 사람들이 많고, 개인적으로는 몇 년 내 좋은 기회가 오면 해외근무를 지원하고 싶은 마음입니다.

Q6_ 건설회사는 군대문화라고 하는데 맞나요?

건설회사라서 생긴 특성이라고 하기보다는 구성원 자체가 남성이 90%이상이고 대부분 군대를 경험했기 때문에 생긴 구조적인 특성이라고 보면 될 것 같습니다. 다만 최근에는 여직원의 비율이 늘어가고 있고, 예전보다는 조금은 조직 문화가 부드러워지고 합리적으로 변해가고 있다고 느껴집니다.

Q7_ 건설사가 비전이 있나요?

건설업은 그 어떤 산업보다 경기를 심하게 타는 업종입니다. 2000년 초 부동산 호황에 따라 다수의 건설사들이 공격적으로 주택분양을 하여 큰 수익을 올렸으나 리먼브라더스 사태 이후 경기가 침체되면서 엄청난 물량의 미분양으로 인해 다수의 건설사가 부도가 나는 시련의 시기를 보내기도 했습니다. 2010년을 전후해서는 해외 플랜트 호황에 따라 블루오션으로 인식되면서 기술력을 갖추지 못한 다수의 업체가 무리한 수주를 통해 해외진출을 하였고, 지난 2014년 전후로 부실수주, 기술력 부족, 플랜트 경기 침체 등이 맞물리면서 모 기업은 1조 원에 육박하는 영업손실을 내기도 했습니다. 앞으로의 건설 경기에 대해서는 여러가지 의견이 있지만, 노동집약의 중공업이 미래산업에서의 경쟁력을 갖기는 쉽지 않을 것을 상식적으로 알 수 있을 것 같습니다. 다만, 현재 남북한 간의 협력분위기 속에 경협 협의가 진행되는 도중 가장 많이 상승한 주식이 건설업종인 것을 보면 북한에 대한 토건 인프라사업을 통해 국내 건설업에 제2의 부흥기를 기대하는 분위기가 있습니다.

Q8_ 중도 퇴사하거나 이직한 사람들의 이후 진로는 어떤가요?

건설사, 공기업, 신탁사, 감리사, 설계사, 공무원 등 직무를 살려서 이직하는 경우가 다수이지만 전혀 다른 분야로 진출하여 일하는 동료도 많습니다. 전문건설사 개업, 공인중개사무소, 부동산개발업 등의 개인사업을 하는 경우도 많으나 건설경기에 따른 리스크는 예측이 불가능하기에 철저한 준비가 필수입니다.

Q9_ 건설사 취업을 위해 쌓아야 하는 스펙은 무엇인가요?

건설사 기술직의 경우 영어성적보다는 리더십을 더 중요한 평가기준으로 보게 됩니다. 앞에서도 말씀드린 바와 같이 ROTC 장교 출신의 졸업생을 선호하는 이유가 개인보다는 조직의 능력이 중요하고, 업무 추진력을 가장 중요한 기술역량으로 삼는 산업이기 때문입니다. 개인의 리더십을 개발하고 들어낼 수 있는 활동을 하기를 추천하며, 들어가고 싶은 회사에 기회를 만들어 인턴 또는 현장실습을 하는 것을 추천합니다.

Q10_ 건설사에 취업하고 싶은 후배에게 한마디

건설회사의 건축직은 노가다가 맞습니다. 가끔은 직접 망치질도

해야 하고 먼지 먹으면서 빗자루로 청소도 해야 하고 근로자가 싼 분변도 직접 치우기도 합니다. 근무시간 중에 2만보 이상 걷는 것이 당연하고 녹초가 된 몸으로 사무실에 들어와서는 야간에 밀린 서류와 검측서를 만들어야 합니다. 하지만 주어진 권한 내에서 업무를 스스로 추진해 가며 성과를 만들어 내는 보람이 있고 금전적으로도 충분히 보상을 해줍니다. 활동적인 직무이기 때문에 팀워크를 바탕으로 뭉쳐서 재미있게 근무할 수 있습니다. 건설사 취업을 준비하고 있는 후배들에게 하고 싶은 말은 상상하지 말고 대학생활 중에 최소 한 달 이상 현장에서 실습을 하라는 것입니다. 경험을 통해 나의 성향, 인생의 목적과 부합하는지를 확인하고 확신할 때 건설사 입사 후에도 어려움을 견딜 수 있는 힘이 될 것입니다.

건축전공자의 또 다른 재능 S·Pace Shifter

도시재생 전문가
최순섭

건축이전의 '건축'행위_ 도시재생

건축설계를 배우고 싶은 학생들이 건축학과에 진학한다. 4년 또는 5년 동안 그들은 건축의 학문, 지식과 설계방식 그리고 관련 기술을 배운다. 특정 대지에서 건물을 설계하는 과정에서 이론적, 전략적, 기술적 방식들을 다양한 용도의 건축물 설계과정을 통해 학습하는 것이다. 그리고 비로소 5학년이 되었을 때 자신만의 관점으로 대지와 프로그램을 제안하고 모델과 패널을 포함한 최종 프리젠테이션 결과물까지 만들면서 일반적인 건축학 교육과정을 마무리하게 된다.

특히, 학생들은 5학년의 이런 과정을 가장 힘들어한다. 대지와 프로그램을 선택하는 근거와 논리를 찾는 것을 가장 힘들어하고, 설계방향과 전략을 제안하는 것도 어려워한다. 매우 자유로운 상황에서 자신이 판단해야 하는 것들이 많아짐을 버거워하는 것이다. 이는 건축과정에서 기획에 해당하는 부분이기도 하다. 학생들이 백지상태에서 건축화의 타당성을 만들어야 하는 과정과 체계에 대해 집중적으로 건축학과에서 학습되지 않기 때문이다. 대지는 주어지거나 주관적으로 선택하며, 프로그램은 물리적 환경, 통계, 신문기사 등의 단편적인 조사에 따라 제안되는 과정만을 수행한다. 돈과 법의 문제는 덮어두는 경우가 많다.

그러나 현실에서 건축은 근거 없이 만들어 질 수 없다. 건축은 일반적으로 재원, 대지, 용도, 이용자, 지역환경 등 근거와 동기, 이해관계자들이 복잡하게 얽히어 건립의 타당함이 도출되어야 비로소 설계가 시작되는 기회를 얻게 된다. 물론 건축학과가 이 이후의 설계단계의 영역만을 배우는 것이라고 할 수도 있지만, 좋은 건축이 탄생되는 과정에서 올바른 기획의 과정이 중요함은 누구도 부인 못할 것이다. 도시재생은 그렇기 때문에 건축 전공자들에게는 감성

건축학과 커리큘럼
(한국교통대학교
건축학부
건축학전공)

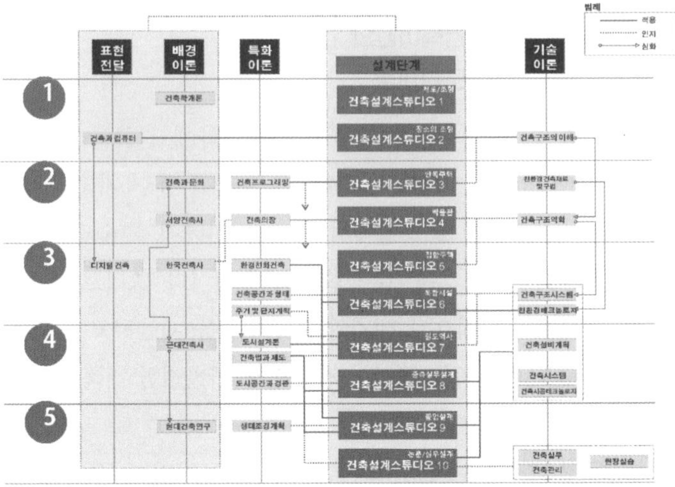

적인 슬로건이 아닌 현실과 현장에서 좋은 건축을 만들기 위한 기획의 기회가 될 수 있는 것이다. 지역을 진단하여 해결책으로서 특정의 장소와 공간을 사람들과 함께 제안하는 과정에서 건축화의 근거가 마련되기 때문이다. 결국, 건축 이전의 건축행위들을 통해 재원, 대지, 용도 및 이용자 등의 근거를 찾고, 실행과정까지 계획하는 것이 건축을 공부한 사람에게 도시재생을 해야 하는 명분과 책임이다.

'발굴'과 '구축'의 순환체계 만들기_ 도시재생 사업의 과정

2013년 말, '도시재생 활성화 지원에 관한 특별법(이하 도시재생 특별법)'이 제정되고 2014년 13곳의 선도지역을 시작으로 2016년 2차 도시재생 사업지역을 33개로 확대하면서, 도시재생 사업의 전체적인 틀이 정리되기 시작하였다. 현재(2018년)에는 도시재생 뉴딜사업으로 전환되어 사업유형이 더욱 세분화되었지만, 활성화계획 수립과 실행 중심의 사업진행은 동일하다고 할 수 있다.

우선, '도시재생 특별법'과 관련 지침에 명시된 것 같이, 지자체에서는 전체지역을 대상으로 '도시재생 전략계획'을 수립하게 된다. 그리고 가장 쇠퇴도가 높은 지역을 대상으로 '도시재생 활성화계획'을 수립한다. 지자체에서 수립한 활성화계획은 공모와 여러 차례의(관문) 심사를 통해 선정되며, 선정된 활성화계획은 도시재생특별위원회의 심의를 거쳐 최종 법정계획으로서 인정받게 되는 것이 도시재생 사업의 일반적인 과정이다.

활성화계획을 수립하는 과정은 행정과 주민조직의 체계를 구축하는 것부터 시작된다. 즉, 도시재생사업을 전담할 행정부서를 구성하고, 외부전문가로서 총괄 코디네이터를 선정하며, 타 부서와 협력할 수 있는 협의체(회)를 구성한다. 이와 함께 사업대상지의 주민들과 여러 관련 단체들을 발굴하여 참여를 독려하여 민간협의체를 조직하게 된다.

이후에는 실제로 컨설팅사와 지자체가 중심이 되어 계획을 수립한다. 물론 주민들과 민간조직의 참여가 강조되기는 하지만, 현실적으로 계획 수립 과정의 효율성을 위해 현장에서는 전문가와 행정에서 진단한 자료를 토대로 주민과 협의하면서 사업이 제안된다. 도시재생 뉴딜사업에서도 전체의 틀은 이와 마찬가지이다. 단, 2017년에 진행된 사업선정 과정에서는 사업계획서를 통해 공모와 평가가 진행되었고, 선정 이후에 활성화계획을 수립하는 과정으로 진행하는 것에서 차이가 있다. 물론, 도시재생사업 선정 이후와 도심의 통과 이후에도 주민협의체 및 사업협의체의 등과 논의를 통해 현장에 맞게 활성화계획은 수정된다. 그동안 사업선정에 맞춘 과정에서 놓치고 간 것을 다시 되돌아보기도 하고, 처음 계획수립을 시작하였을 때와 달라진 현재의 상황들을 반영해야 하기 때문이다. 이러한 수정과 함께 정해진 세부사업들은 동시에 진행된다. 행정에서는 세부사업 진행을 위한 부지매입, 사업예산 집행 등의 역할

도시재생 사업 추진의 일반과정
(근린재생형 도시재생
사업시행 가이드라인,
국토교통부, 2016.3)

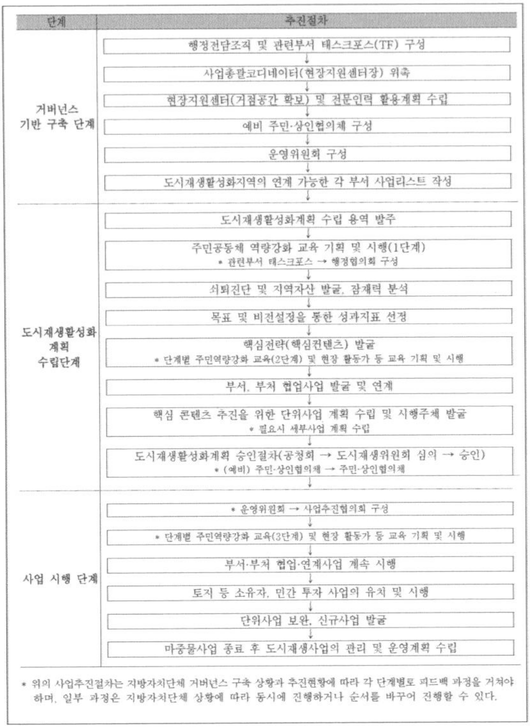

을 주로 맡으며, 중간지원 조직인 (현장)지원센터와 컨설팅사에서는 주민교육과 협의체 운용, 주민공모사업 등과 같은 활동(소프트웨어) 위주의 세부사업 등을 실행한다. 또한, 총괄 코디네이터는 주로 행정과 중간지원 조직, 주민들 사이에서 중립적이며 객관적으로 사업이 진행될 수 있도록 자문하고 의견을 조율하는 역할을 맡게 된다.

이와 같이 도시재생사업의 주된 과정은 활성화계획을 수립하는 것에 집중되어 있다. 그러나 이를 통해서 사람과 조직, 지역의 자원, 연계될 수 있는 재원 등을 발굴하고 사업운영 및 관리주체와 관리방식의 체계를 구축하게 된다.

물론 계획으로서 사업의 테마나 아이템을 구상하는 것도 중요하다. 그러나 이 또한 발굴과 구축의 과정이 자생적으로 순환될 수 있는 지역의 시스템들을 만드는 것 안에서만 유효할 수 있다. 이는 도시재생사업이 '마중물사업'임이 강조되는 이유이기도 할 것이다.

복잡다단(多端)한 직업_ 도시재생 전문가

도시재생이라는 용어는 매우 모호하고 추상적이다. 겉으로는 찬란했던 과거 도시와 지역을 다시 살리겠다는 거창한 포부를 내세우면서, 실제는 이를 위한 다양하고 폭넓은 시설 및 공간계획, 활동 및 사람에 대한 계획, 실행계획 등을 포함한다. 또한, 계획을 실제 진행하는 행위도 포함된다. 그렇기 때문에 여기저기 '도시재생 하고 있다'라는 말들이 오고가지만 서로 다른 역할과 일들을 하고 있는 경우가 많다. 예를 들어 지원센터의 사람들, 현장활동가, 행정 공무원, 컨설팅회사 사람들, 교수, 심지어 주민과 상인들도 '도시재생 하고 있다'라는 말을 심심치 않게 사용한다.

그래서 '도시재생 전문가'라는 직업의 정의는 너무 광범위하여 정확하게 누구를 한정할 수 없다. 굳이 전문가라는 단어를 수용하여 조금 단순화 한다면, 지역에 활력을 주는 계획 및 활동에 관여하는 전문분야의 사람들이라고 그 의미가 공유될 수 있을 것이다. 여기서 전문분야라고 함은, 경영 및 경제, 관광, 도시, 조경, 건축 등이 일반적일 것이다. 이는 도시의 운영, 도시요소들의 계획, 도시의 관리 등에 주로 관여되는 영역들이기도 하다. 그러나 도시재생 일은 명확하게 각 분야의 작업만으로 완성되지는 않는다. 보다 넓고 복합적으로 계획 및 활동에 참여하는 경우가 대부분이다. 즉, 조경을 전공한 전문가가 도시재생 사업 관련 일들을 하였을 때 조경디자인만을 제안하는 것이 아

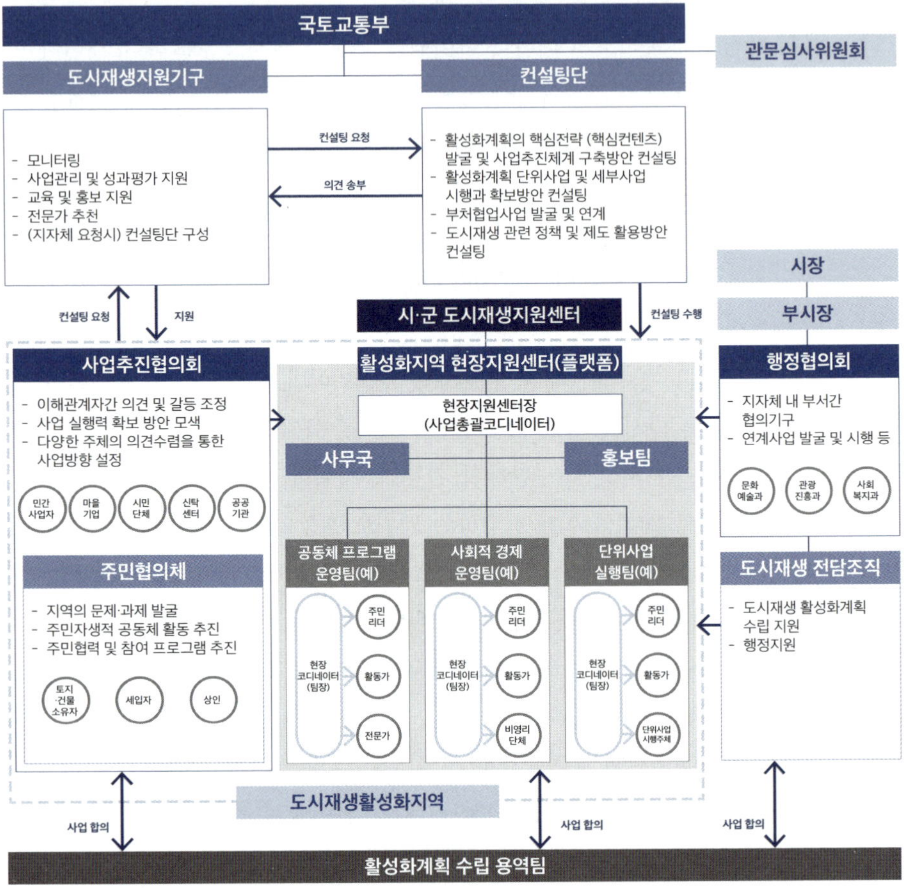

도시재생 사업 관련 조직
(도시재생 사업시행 가이드라인)

니라, 조경가의 관점에서 지역을 진단하고 주민과 행정 뿐만 아니라 다른 분야와 협업을 통해 활성화를 위한 계획을 수립하게 된다.

단, 건축을 전공한 도시재생 전문가로 활동하는 사람들은 현재 그렇게 많은 편은 아니다. 물론 건축학과 교수들이 각 사업의 총괄 코디네이터를 맡는 경우는 많지만, 민간분야에서는 최근에서야 증가하는 추세이다. 이는 최근 도시재생 관련 일들이 늘어나는 경향과 함께, 새로운 시각을 통한 건축의 업역을 확대하여 일을 하고자 하는 젊은 전공자들의 사회진출이 늘어나는 것도 한 이유이기도 할 것이다. 민간 영역에서 도시재생 관련 사업 활동을 수행하는데 이들은 건축을 중심으로 조사, 기획에서부터 시공 및 운영에 이르기까지 계획을 수립하거나 실행하기도 한다.

도시재생의 내부자들_
다양한 층위의 도시재생 전문가들

폭넓은 도시재생 전문가들은 당연히 도시재생 사업 과정에 다양하게 참여하게 된다. 이를 위해 도시재생 사업 추진과정과 이에 관여하는 조직을 살펴볼 필요가 있다. 우선, 문화관광부나 농림축산식품부 등의 중앙부처에도 비슷한 사업들을 주관하기는 하나 도시재생 사업은 공식적으로 국토교통부(이하 국토부)에서 주관한다. 주관이라 함은 도시재생 사업의 재원 및 사업선정 및 관리의 권한과 책임이 있다는 의미이다.

국토부에서 진행하는 도시재생 사업에서, 각 지자체는 전 지역을 상대로 '도시재생 전략계획'을 수립한다. 즉, 각 지역을 도시계획 관점에서 현재 요소와 잠재적 요소들을 분석하고 쇠퇴도를 분석하게 된다. 이를 통해 도시재생 활성화 구역을 정하고, 이 대상구역에 '도시재생 활성화계획'을 수립한다. 이를 국토부에 매년 지원하여 도시재생 사업 대상지로 선정되면 국비를 받아 시비와 매칭하여 활성화 계획을 5년 또는 4년 연차별로 실행하게 된다. 물론, 현재 도시재생 뉴딜사업에 의해 유형과 절차가 다양해졌지만, 각 지역의 활성화계획을 수립하여 국토부나 도에 지원하는 것은 동일하다.

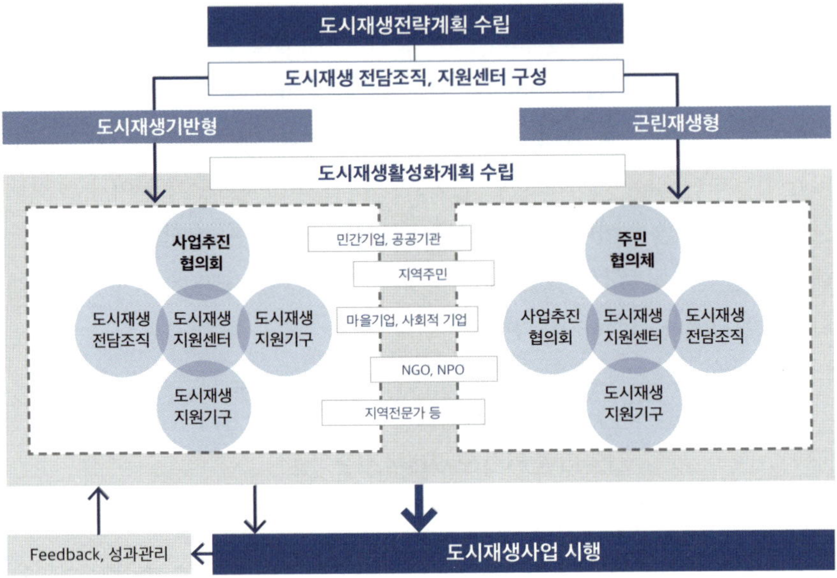

도시재생 사업 진행절차 및 관련주체
(도시재생활성화계획 수립 가이드라인)

따라서 국토부에 이를 담당하는 부처 공무원이 있고, 각 지자체에도 도시재생과 등과 같은 부서의 지자체 공무원들도 있다. 특히, 건축을 전공한 공무원이 이러한 사업에 대한 이해가 크므로 배치되거나 전문직 공무원으로 채용되는 경우가 많다. 또한, 토지주택공사, 자산관리공사, 한국농어촌공사, 건축도시공간연구소 등과 같은 공공기관에서는 국토부와 각 지자체 사이에서 사업의 세부실행 및 관리를 지원하고, 연구나 용역을 통해 제도나 체계를 보완하거나 만드는 작업도 한다. 물론, 건축전공자들이 이러한 기관으로 취업하기 위해서는 각 기관 내의 선발과정을 거쳐야 하며, 자격도 학사에서부터 박사까지 다양하다.

한편, 도시재생 '전략계획'과 '활성화계획'을 실제 작성하는 주체가 필요하다. 제안서와 계획서를 작성하는 민간의 사무소가 주로 이 업무를 맡게 된다. 또한, 계획 선정 이후에도 컨설팅(용역) 업체로서 행정과 협업하여 계획을 실행하기도 한다. 이러한 사무소들의 주된 전공배경은 주로 소장 또는 대표에 따라 특화되는 경우가 많다. 관광, 경영, 조경, 도시 전공자가 대부분이며, 앞서 언급하였듯이 최근 건축분야의 사무소가 증가하고 있다. 충주의 도시재생 전략계획과 광양의 도시재생 활성화계획의 경우, 건축사사무소가 참여한 사례이다. 위 두 지역의 계획을 살펴보면 이전의 엔지니어링 또는 조경 기반의 사무소들과 대비하여 계획에 공간과 용도에 대한 계획이 좀 더 자세하고 구체적으로 기술되어있다. 하지만, 아직까지 타 분야에 비해 미비한 것이 사실이다. 그렇지만, 타 분야의 사무소에도 건축전공자들이 취업하여 도시재생 일을 수행하고 있는 경우도 많고, 독립적으로 수행하는 사무소들이 증가하고 있는 추세이다.

이와 함께 중간지원조직으로 현장지원센터와 지원센터 등과 같은 각 지자체의 조직들에도 도시재생 전문가들이 포진해있다. 중간지원조직이란, 주민과 지자체의 행정 사이에서 다양한 사업실행과 활동을 지원하는 곳이다. 즉, 주민과 접해 있는 조직으로서 전문성이 매주 중요하다. 왜냐하면, 지역의 의견을 수렴하고 현안을 도출하여 참여 전문가들과 계획이 지역의 현실성을 갖도록 지원하기 때문이다. 또한, 계획을 실행하는 주체가 되기도 하므로, 계획가와 활동가로서 전문성을 동시에 가져야 하는 복잡 다단한 일을 주로 하는 사람들이다. 보통 이 조직은 지자체나 사업의 규모에 따라 부서들 규모나 숫자가 달라지지만 일반적으로 센터장을 중심으로 사무국장, 사무원으로 구성된다. 특히, 센터장은 도시재생 사업의 총괄 코디네이터를 겸하기도 한다. 국비와 시비가 동시에 투입되는 도시재생 사업을 객관적이고 현장 중심적으로 진행하는

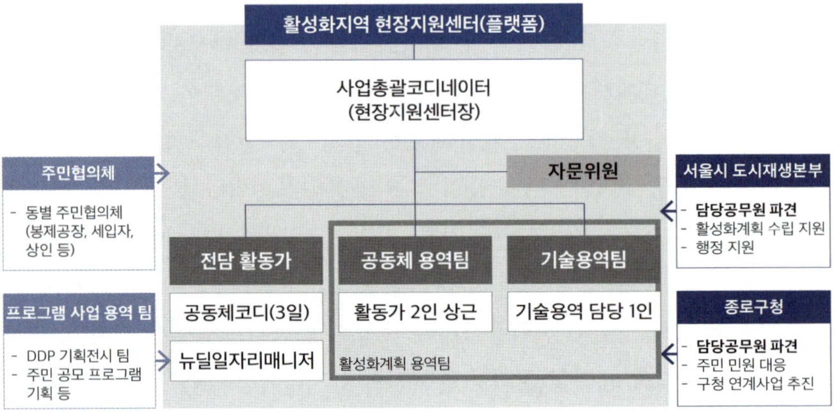

도시재생 사업 현장지원센터 운영조직
(도시재생 사업시행 가이드라인)

총괄업무를 맡게 된다. 현재는 대부분 대학 교수들이 이를 맡고 있으나 도시재생 사업의 경력자들이 증가됨에 따라 점차, 센터장들 또는 전문인들이 이를 맡게 될 것으로 예상된다.

도시재생의 현장인들_
도시재생 '현장 전문가'

도시재생의 현장에서 활동하는 전문가들은 주로 중간지원조직과 이들과 함께 활동하는 사람들이라고 할 수 있다. 즉, 민간사무소의 전문가들은 계획수립을 위해 현장을 방문하고 지역을 조사하며, 다양한 이해관계자들의 의견을 수렴하여 활성화계획을 수립한다. 주로 물리적 계획(하드웨어)과 사람들에 대한 내용(소프트웨어)이 있는데, 하드웨어는 시설 및 환경과 관련된 제안이고 소프트웨어 사업은 지역 주민 또는 운영자 참여 및 활동 활성화를 위한 계획이다. 이

도시재생 현장지원센터의 실무진 회의 장면

러한 일을 하는 사무소의 경우, 일반화하기에는 무리가 있지만 대체로 전문(도시, 건축, 조경 등) 사무소와 비슷하거나 조금 높은 수준의 연봉을 받는다. 그러나 업무는 현장에서 조사, 회의, 설명회 등을 매주 진행하므로 대상지역으로 출장을 수반하게 된다. 또한, 회의 및 설명회 시간이 주민의 참여시간에 맞추다 보면 때로는 퇴근시간이 정해져 있지 않은 경우도 있다. 프로젝트는 두 세 개 정도를 동시에 수행하는 경우가 많기 때문에 일주일에 두 번 이상의 출장과 사무실 근무가 일반적이라고 할 수 있다.

이와 반대로 지원센터에서 근무하는 조직에는 건축석사 이상 또는 실무를 경험한 전공자들이 진출하는 경우가 많다. 이는 이직을 하였거나, 석사 및 박사과정을 통해 관련 분야 전공을 갖게 되면서 자연스럽게 센터로 진출하게 되는 경우이다. 지원센터에서 각 직급의 연봉은 각 급에 따르는 공무원 규정에 준하는 수준이다. 일반 민간사무소 보다는 많지도 그렇다고 적지도 않은 정도의 적절한 수준의 보수 수준이나, 현재는 계약직으로 근무가 경우가 많다. 그러나 현재 개선에 대한 논의가 진행되고 있으며, 반드시 필요한 부분이다.

필자는 총괄코디네이터로서 국토부와 지자체에서 5년간 객관적이고 중립적으로 사업의 총괄관리를 맡긴 경우로서 센터장을 겸임하기도 하였다. 아직 과도기적 단계로서 점차 도시재생 분야를 공부하거나 민간 또는 공공부분에서 경력을 쌓는 전문인들이 이를 대체할 것으로 보이며, 그렇게 되어야 한다고 생각한다.

'도출됨'을 즐기는 기질_ 도시재생 전문가의 재능

앞서 언급하였듯이, 현재 도시재생 전문가라는 정의와 그 역할은 하나의 직능으로 구분할 수 없다. 그러나 분명한 것은 도시재생의 일은 쇠퇴하는 지역과 사람들에게 가혹한 현실을 인지시키고 그 방안은 찾아 '실행'하는데 초점이 맞춰지는 일이고 그래야만 한다. 따라서 도시재생 전문가들은 단어의 의미 이상으로 '지역을 살리는 작업'의 역할과 책임감을 가져야 한다. 그래야 폭넓은 관점과 실행력을 가질 수 있다.

그러므로 건축전공자들이 도시재생의 일을 하기 위해서는 여러 가지의 DNA를 가지고 있어야 한다. DNA라 함은 학습으로만 채워질 수 없는 자신만의 '기질'을 가지고 있어야 함을 의미한다.

우선, 복잡다단함에 호의적인 태도를 가져야 한다. 보통 건축분야에서 법규나 여러 요구사항, 예산 등과 같은 내-외부적 제약조건들에 스트레스 받고, 이것들이 자신의 디자인 작업을 저해하는 것이라고 판단하는 사람들은 도시재생 전문가로서 성장하기 적합하지 않다. 이 보다는 다양한 주변인들과 함께 방법을 해결하려고 즐기는 태도가 필요하다. 물론 현장에서는 매우 힘들다. 그러나 하나씩 등장하는 적을 물리치고 끝내는 '대마왕'까지 깨부수는 과정과 같은 계획을 즐기는 사람이야 말로 도시재생 전문가로서 진정한 DNA를 가지고 있다고 할 수 있다. 예를 들어, 도시재생 사업 대부분은 시설사업을 포함하게 된다. 즉, 거점 또는 공간을 기획 및 계획하는 과정을 포함한다. 자신의 구역에 유리하게 이를 유치하기 위한 주민들 간의 갈등이 빈번하게 일어난다. 충주시 도시재생의 경우도 성내동과 성서동이라는 두 지역 상인간의 갈등이 매우 컸다. 성내동의 경우 유휴 우체국 부지가 있었고, 성서동은 현대타운이라는 주상복합 상업유휴공간이 있었다. 결국은 공공유휴지인 우체국으로 결정하게 되었는데, 이는 소유권의 문제, 기존 상인들의 자발성, 정해진 재원투입의 현실성 등을 종합적으로 고려한 결과였다. 끊임없이 법규, 예산, 매입절차 등의 행정과정, 유지관리 등을 검토하여 주민들에게 사실들을 보여주고 설득하는 과정에서 때로는 욕을 먹기도 하지만, 이것을 피하기 보다 필수적으로 뚫고 나가야 한다는 생각을 견지해야 한다.

또 다른 기질로서, 오지랖이 넓고 호기심이 많아야 한다. 독단적인 사무실에서 작업이 아니라, 현장에서 사람들과 지지고 볶는 과정에서 문제를 해결하고 최종으로 지역진단, 요구사항, 해결책 등을 담은 계획을 만들어야 하기 때문이다. 피상적인 의견과 내용을 계획에 담지 않기 위해서는 지역의 현황과 함께 사람들에 대해 호기심과 넓은 오지랖을 가지고 지역 문제에 대한 근원적 이유와 근거를 찾아야 한다. 때로는 이를 위해 때로는 보이지 않는 사실들을 알아내야 하며, 가끔은 정치와 같은 행위들을 통해 바람직한 방향의 동의를 이끌어내기도 해야 한다. 어느 지역이나 집단 또는 힘 있는 누군가가 존재하기 마련인데, 그 사이의 의견대립은 논리적이거나 합리적인 것에 근거한 경우가 드물다. 특히, 지역특성이 강한 곳에서는 학연과 지연으로 얽혀 있어 의견들의 공개적인 교환이 어려운 것도 사실이다. 사업의 계획을 객관적으로 '바람직하게' 수립하고, 이것을 실행하기 위해서는 이러한 것을 고려하여 '눈치'껏 '작업'해야 하는 경우도 있다. 따로 의견을 듣고, 간접적으로 각색하여 전달하여 공

자발적인 지역에 대한 조사 장면

개적인 회의에서는 합의를 이끌어내는 작업이 필요하므로 사람들과 조직, 환경, 그들의 삶에 대해 알아가야 하는 자세를 가지고 있어야 한다.

이 두 가지의 DNA를 가지고 있다면, 현장은 즐거운 놀이터가 되고 살아 있는 계획들을 도출할 수 있을 것이다. 그리고 자신의 참여로 인해 지역이 점차 개선되는 것을 볼 때에 궁극적으로 도시재생 전문가로서 보람과 희열을 느낄 수 있을 것이다.

지역과 동반성장_ 도시재생 전문가의 교육

석사 및 박사과정을 제외한 건축학과, 관련 전공에서는 도시재생 관련 지식과 경험을 교육하지 않는 것이 일반적이다. 물론 도시재생 관련 활동을 하는 교수가 있는 학과에는 대외활동으로 병행되나, 건축학과에서는 드문 일이기도 하다. 따라서 석사 또는 박사과정을 통해 도시재생 분야로 접근하거나, 민간사무소에서 경력을 쌓는 방법이 도시재생 전문가로서 성장하기 위한 과정의 초입이 될 수 있다.

그러나 무엇보다, 도시재생 전문가로서 역량과 경험은 본격적으로 현장에서 실제 프로젝트들을 진행하면서 쌓이게 된다. 정답이 정해져 있지 않고 현장마다 다른 상황에서 최적의 방법들을 찾는 과정이 도시재생 전문가로서 현장 교육과정이 된다. 도시재생을 전문으로 하는 사무소의 경우, 신입으로 입사할 경우 팀과 함께 현장에 무조건 참여시킨다. 처음에는 계획 보다는 팀의 보조적인 일을 하게는 되지만, 현장의 다양한 회의와 조사에 투입되면서 분위기와 태도, 그리고 일의 방향들을 익히게 된다. 그리고 이후에 다른 프로젝트에 투입되었을 경우에는 자연스럽게 신입이 아니라 경력사원이 되어 기본적인 일들을 처리할 수 있게 된다. 왜냐하면, 일을 통해 '지식'을 배우는 것이 아니라 '지혜'를 배우기 때문이다. 이들은 그 지역과 사람들과 같이 변화하고 성장하게 된다.

단, 자신이 이전에 한 것들을 다른 지역에 동일하게 적용하려는 생각과 태도는 바람직하지 못하다. 주변을 보지 않고 해왔던 것들만 지역에 대입하는 것은 소외된 시설과 장소, 그리고 활동들을 양산하는 결과만을 낳기 때문이다. 지역의 현안과 사람들, 그리고 주변 상황들을 복합적으로 고려하여 최적의 계획을 만드는 것은 현장에서 같이 만들어야 한다. 겸손한 마음으로 같이 성장하면서 배우는 현장의 경험을 받아들일 준비가 되어 있다면 도시재생 전문가로서 성장할 수 있는 가능성은 크다고 할 수 있다.

한편, 이러한 과정을 겪은 사람들은 중간지원조직 또는 공공기관에 경력직으로 입사하기 유리하다. 예전에 어느 지자체의 도시재생 지원센터 사무국장과 사무원을 뽑는 면접심사에 참여한 적이 있었다. 다양한 경험을 가진 사람들이 지원하였지만, 특히 관련 연구들을 수행한 지원자들이 많았다. 그러나 지자체에서는 지원센터가 현장에서 활동하는 것을 강조하여, 바로 투입하여 주민들과 계획과 활동 등을 진행할 적임자를 선정하기를 원했다. 현실적으로 그 사람들을 뽑아 교육을 시킬 시간과 기회를 만들기 어려웠기 때문이다. 결과적으로 도시재생 또는 마을만들기 사업 관련 민간사무소의 경력자를 만장일치로 선정하였다. 결국, 현장의 경험과 경력이 도시재생 전문가로서 성장할 수 있는 강력한 장점이 됨은 틀림없다.

건축의 지식활용_
건축전공의 도시재생 전문가의 장점

건축을 전공하여 도시재생 관련 일들을 하면서 느낀 점은 건축을 설계로만 한정하지 않았을 때 많은 일들을 할 수 있는 능력과 기회가 생긴다는 점이다. 건축을 만드는 과정에서 경험과 지식을 통해 지역문제를 해결할 실마리와 현실성을 높일 수 있다. 건축은 법과 사람, 돈 등과 같은 매우 복잡하게 얽혀있는 요소에 제약을 받고 때로는 활용하여 최적의 장소와 공간을 만드는 작업이다. 즉, 자유롭고 자율적인 작업으로만 볼 수 없다. 따라서 학교에서는 사이트 조사부터 프로그램 제시, 건축을 통한 좋은 공간과 장소를 만드는 과정을 끊임없이 연습하게 된다. 그리고 실무에서는 이를 구체화하는 과정에 투입된다. 결국 이는 지역의 여러 공간과 장소의 문제들을 진단하고 어떠한 프로그램과 물리적 시설들이 들어갈 수 있는지, 또는 그것이 어떠한 예산 확보와 과정을 통해 가능한지를 사전에 검토할 수 있다.

도시재생 사업에서 자칫하면 주민들이 원하는 것만 추진하는 '주민숙원사업'의 바람직하지 않은 해결책에 끌려가지 않으면서, 객관적이고 현실적 관점에서 타당한 근거와 새로운 비젼을 보여줄 수 있는 능력을 건축 전공자들은 가질 수 있다. 또한, 오래된 장소와 건물, 공간의 가치와 새로운 활용방식, 구체화 과정도 검토할 수 있다는 강점도 가지고 있다.

예전에, 청년들의 창업을 지원하여 하나의 장소에 20개 이상의 점포를

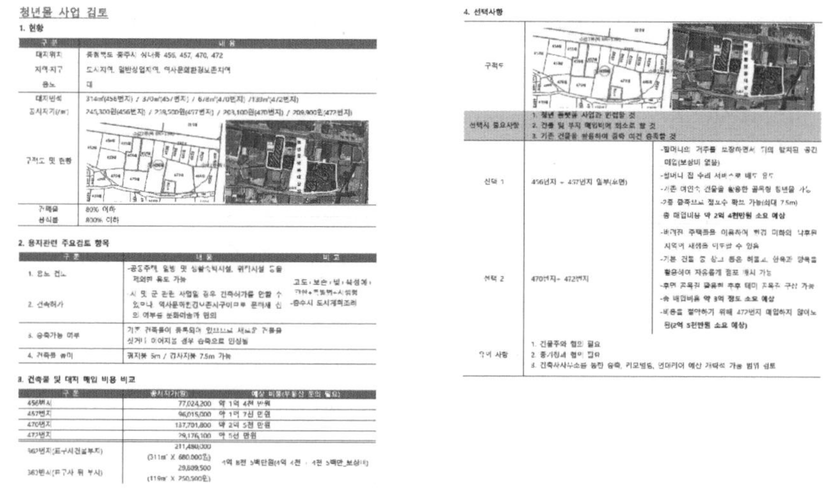

청년몰 사업 검토

1. 현황

구분	내용
대지위치	충청북도 충주시 성내동 456, 457, 470, 472
지역지구	도시지역, 일반상업지역, 역사문화환경보존지역
용도	대
대지면적	314㎡(456번지) / 370㎡(457번지) / 678㎡(470번지) /139㎡(472번지)
공시지가(/㎡)	245,300원(456번지) / 259,500원(457번지) / 203,100원(470번지) / 209,900원(472번지)
구적도 및 현황	
건폐율	80% 이하
용적률	800% 이하

2. 용지관련 주요검토 항목

구분	내용	비고
1. 용도 검토	-공동주택, 일반 및 생활숙박시설, 위락시설 등을 제외한 용도 가능	고도·보존·빛·색성계·가하+특별계+시설계 -충주시 도시계획조례
2. 건축허가	-시 및 군 관련 사업일 경우 건축허가를 안할 수 있으나 역사문화환경보존지구이므로 문화재 심의 여부를 문화예술과 협의	
3. 증축가능 여부	기존 건축물이 등록되어 있으므로 새로운 건물을 신개축 이어지는 경우 증축으로 인정됨	
4. 건축물 높이	평지붕 5m / 경사지붕 7.5m 가능	

3. 건축물 및 대지 매입 비용 비교

구분	공시지가(원)	예상 비용(부동산 문의 필요)
456번지	77,024,200	약 1억 4천 만원
457번지	96,015,000	약 1억 7천 만원
470번지	137,701,800	약 2억 5천 만원
472번지	29,176,100	약 5천 만원
362번지(표구시건설부지)	211,480,000 (311㎡ X 680,000원)	4억 8천 5백만원(4억 4천 + 4천 5백만_보상비)
363번지(표구사 뒤 부지)	29,809,500 (119㎡ X 250,500원)	

4. 선택사항

구분	내용	
구적도		
선택시 중요사항	1. 청년 몰햇을 사업과 관련할 것 2. 건물 및 부지 매입비에 최소로 할 것 3. 기존 건물을 활용하여 증축 여건 충족할 것	
선택 1	456번지 + 457번지 일부(요면)	-할머니의 거주를 보장하면서 기의 방치된 공간 매입(보상비 없음) -할머니 집 수리 서비스로 배려 유도 -기존 여인숙 건물을 활용한 골목형 청년몰 가능 -2층 증축으로 점포수 확보 가능(최대 7.5m) 총 매입비용 약 2억 4천만원 소요 예상
선택 2	470번지+ 472번지	-버려진 주택들을 이용하여 환경 미화와 낙후된 지역에 새생을 [illegible] 수 있음 -기존 건물 중 창고 등은 허물고 한옥과 창목을 활용하여 자유롭게 점포 배치 가능 -후면 골목길 활용해 추후 테마 골목 구상 가능 -총 매입비용 약 3억 정도 소요 예상 -비용을 절약하기 위해 472번지 매입하지 않아도 됨(2억 5천만원 소요 예상)
유의 사항	1. 건물주와 협의 필요 2. 중기청과 협의 필요 3. 건축사사무소를 통한 증축, 리모델링, 인테리어 예산 [illegible] 가능 범위 검토	

지역 활성화 관련 사업 건축대지 및 시설 비교 검토(본인 검토)

만드는 중소기업청의 '청년몰'이라는 사업 유치에 참여한 적이 있었다. 정확히 도시재생 사업의 한 유형은 아니었지만, 세부사업으로서 비슷한 목표와 절차를 가진 사업이었다. 비어있는 건물 또는 대지를 찾아 정해진 예산 내에서 제안해야 했다. 상인들이 원하는 건물은 일반근린생활시설 건물로서 공간적인 매력도 부족하였고, 임대자에 대한 보상비와 리모델링비 등을 고려할 때 청년 창업 공간으로서 부정적 견해를 가지고 있었다. 그래서 찾은 대안이 주변에 버려진 여인숙이었다. 낡은 건물이었지만, 여러 방으로 구성된 공간의 구조, 법적으로 2층까지 증축 가능한 것, 인접한 주차장을 활용할 수 있다는 점, 보상비가 없고 상대적으로 매입비가 싸다는 것, 청년창업공간으로서 특이성을 가질 수 있다는 점 등으로 검토하여 행정에 제시하였다. 다른 대안으로서 행정이 소유한 나대지를 활용한 2층의 컨테이너 건축물들도 검토하기도 하였다. 빠른 시간 내에 이와 같은 대안들을 검토할 수 있었다는 것은, 결국 건축의 지식들을 활용하여 대지에 적용되는 법, 대략공사비, 공간계획 등 다양한 차원의 검토를 진행할 수 있었기 때문이었다. 결국, 건축에 대한 지식은 상인과 주민들, 때로는 행정의 요구에 대해 객관적 평가를 할 수 있게 할 뿐만 아니라 대안까지 발견하여 검토할 수 있는 능력까지 제공한다.

진정한 건축인_ 진정한 도시재생 전문가

도시재생 전문가가 되기 위해서는 아이러니하게도 우선 건축을 확실히 배워야 한다. 반론을 제기하는 사람들도 있겠지만 본 필자의 주관에 따르면 이것이 확실하고 지속적으로 관련 일을 존중받으면서 할 수 있는 방법이기도 하다. 건축을 제대로 알지 못하고 도시재생 일을 한다면 그 선무당이 지역사람들을 잡을 수 있다. 건축의 과정에서 지식들과 방법들을 제대로 알고 타분야 까지 관심을 갖고 경험하고자 하는 부지런함을 갖춰야 한다. 이를 위해 다양한 서적들을 통해 확장된 지식과 관점을 얻어야 한다. 그리고 관련 사무소들의 인턴을 통해 현장경험도 쌓는 것을 권장한다. 이를 통해 지역을 이해하는 날카로운 관점과 실행의 에너지를 학생시절부터 키워나가야 한다. 과거에는 도시재생 관련 일을 자연스럽게 하게 되는 경우가 많았지만, 현재 여러 사업들과 프로젝트들이 많이 진행되기 때문에 미래의 도시재생 전문가들에게는 차근히 자신의 집중된 역량을 키우는 것이 가능하다. 졸업 이후에는 석사 및 박사를 통해 전문지식을 쌓을 수도 있고, 관련 사무소에 취업하여 일을 시작할 수 있을 것이다. 석사 및 박사를 거친 전공자들은 연구기관, 공공기관 또는 센터로 갈 수 있는 기회가 많아질 것이다.

이외에 민간분야에서 도시재생 전문가로서 성장하기 위해서는 건축사자격증 취득을 강력하게 추천한다. 따라서 건축사사무소에 취업하여 실무를 어느 정도 익히고 건축사를 취득할 수 있는 자격이 주어진 후 도시재생 관련 일들을 하거나, 이러한 일들을 하는 건축사사무소에 취업하는 것을 권장한다. 이는 건축업역의 확대 측면에서 도시재생 일들을 하는 건축사사무소가 많아져야 하는 이유이기도 하지만 근본적으로 건축의 좋은 일들이 여기서부터 시작되기 때문이기도 하다. 건축을 제대로 알고 할 수 있는 적법한 전문가가 도시재생 사업 과정에 개입되어 '좋은 건축'을 기획하는 기회를 얻게 된다면 건축영역이 풍부해질 뿐 아니라 좋은 건축의 일들이 만들어지는데 기여할 수도 있을 것이다. 따라서 많은 젊은 건축전공자들이 단단한 건축실무를 쌓고 추후에 지역의 일들을 병행할 수 있는 건축사사무소를 창업하는 것을 권장하는 것이다. 물론 이러한 목표를 가진 전공자들은 실무수련 기간 동안 도시재생 또는 지역의 프로젝트에 대한 관심의 끈은 놓지 않아야 한다.

결국은,
지역의 시간과 공간에 관여하는 전문가

앞서 이런 저런 이야기를 듣고도 아직도 건축을 전공한 도시재생 전문가의 업무와 업역이 무엇인지 잘 이해가 되지 않는다면, 다음의 역할을 하는 사람이라고 단순화 할 수 있을 것이다.

"지역의 S·Pace Shifter"

지역의 '공간_Space'(건물 단위 뿐만 아니라 장소, 또는 구역)을 바꾸는 작업을 통해 쇠퇴하는 '속도_Pace'를 바꾸거나 역전시키는 전문인들이다. 이러한 작업들에 흥미가 있는 건축전공자들이라면 충분히 도시재생 전문가로 성장할 수 있는 의지는 있는 것이다.

그리고 독립적이고 주관적인 디자인을 즐기는 설계코드보다는 끊임없이 근거와 정보들을 지역에서 다양한 사람들과 함께 찾고, 이를 통해 도출되는 계획을 만들고 싶은 사람에게 적합한 직업일 것이다. 그리고 과거의 것을 소중히 여길 줄 아는 건축전공자들이 충분히 흥미와 보람을 찾을 수 있는 직업일 수 있다. 유명한 건축가가 되겠다고 건축학과에 진학하여 교육과정에서 설계에 재능이 없다고 좌절하고 그만두는 관행적 일탈에서 벗어나, 건축을 더 넓게 활용하여 지역에 기여할 수 있는 전문인으로 성장할 수 있는 새로운 기회가 될 것으로 확신한다.

Q1_ 연봉이 얼마인가요?

도시재생 전문가의 영역은 매우 넓습니다. 우선 민간사무소에서는 일반 건축사사무소보다는 높은 연봉을 받으실 수 있을 겁니다. 통계로서 정확히 이야기 할 수 없으나, 경험으로 이야기하면 대략 연봉 500만원 내외 정도를 더 받을 수 있다고 할 수 있습니다. 그리고 공공기관 및 연구소는 자체 기준에서 판단하시면 됩니다. 일반적으로 다른 직업에 비해 많이 받는 편으로 알고 있습니다. 지원센터의 경우, 각 급 공무원 기준을 적용하기 때문에 본봉은 적을 수 있습니다. 하지만 수당 같은 것을 합치면 건축사사무소보다 비슷하거나 높은 수준일 것입니다.

Q2_ 업무강도는 어떻나요?

민간사무소의 업무강도는 높은 편입니다. 현장 출장과 함께 계획도 수립하고, 발표자료도 만들어 주민, 행정과 협의도 해야 하기 때문입니다. 또한, 현장이 지방이 많기 때문에 이동에 많은 시간을 쓰기도 합니다. 회의가 늦게 끝나는 경우도 있어 새벽에 들어가기고 합니다. 하지만 새로운 지역을 답사하고, 그 지역의 음식과 볼거리를 즐기는 것을 좋아하는 사람들에게는 일과 취미의 경계가 불분명 하기 때문에 이를 즐기는 사람들을 많이 보았습니다. 지역의 지원센터에 근무하는 경우에도 자주 현장에 나가게 됩니다. 물론 지역에 있으므로 오랜시간을 나가지는 않고, 회의나 협의, 활동에 주로 참여하게 됩니다.

제 경우에는 현재 학교에 근무하고 있기 때문에 시간을 쪼개서 도시재생 사업에 관여하고 있습니다. 당연히 현장출장이 많고요,

많은 회의와 활동에 참여합니다. 하지만 학교와 같이 할 수 있는 수업 및 연구활동 등을 찾아서 연계할 수 있는 장점도 큽니다.

Q3_ 학생 때 배운 '건축'을 많이 사용하고 계신가요?

물론입니다. 사이트 조사하는 방식과 대지에 적법한 건물 규모와 적정 프로그램을 검토하는 단계에 건축지식을 활용합니다. 또한 지역의 옛 건축물들이 가지는 가치를 활용측면에서 가늠해 볼 수 있는 역량도 건축을 전공하였기 때문에 가능한 것입니다. 또한 도시재생 전문가로서 실제 지역건물을 설계하는 과정에서 예리하고 현실적인 조언을 해 줄 수도 있죠. 좋은 건축이 탄생하기까지 지원하는 역할을 수행할 수 있습니다.

Q4_ 지금 현재 교수이신데 왜 도시재생 전문가라고 하시나요?

제 관심분야가 '지속가능한 건축과 도시'라는 주제였는데, 지역의 여러 마을사업들에 관여하면서 지역 활성화 사업들에 관심을 갖게 되었습니다. 지역사업이라는 것이 다양한 이름의 형태로 발주되는데, 보통 예산은 투입하되 계획은 주민, 행정, 컨설팅 회사, 전문가 등이 같이 수립하여 실행하는 것이었습니다. 여기에는 시설도 만들어야 하고, 운영자도 키워야 하고, 비용도 고려하여 콘텐츠를 개발해야 했습니다. 그래야 지속가능한 장소로서 살아남거든요. 그러면서 자연스럽게 도시재생 사업에도 관여하게 되었는데, 4년 넘게 하고 있습니다. 현재 제가 총괄 코디네이터이기는 하지만, 건축을 전공한 관점에서 지역을 살리기 위한 계획과 실행, 활동들을 주민 및 행정, 컨설팅 회사들과 함께 하고 있습니다.

Q5_ 주민 및 행정기관과 갈등을 경험하는것이 힘들지 않나요?

물론 힘이 듭니다. 모두 원하는 방향과 이해관계가 다르니 갈등이 무조건 존재하는 것이 도시재생 일입니다. 진짜 복잡한 힘들이 작용하여 계획을 '수립하게 하고' '실행하게 하는' 작업입니다. 하지만 반대로 강요된 계획이 아니라 좋은 사람들이 주도하여 바람직한 방향의 지역계획이 수립되는 과정과 결과에 무한한 보람을 느낄 수도 있습니다. 하지만 점차 주민들의 역량들이 높아지면서 '스마트'한 계획이라면 다들 이해하고 지지하고 참여해 주십니다. 그리고 직접 만들어가면서 함께 한다는 소속감도 그러한 힘든 과정을 견딜 수 있는 동기가 되기도 합니다.

Q6_ 도시재생 전문가라는 자격증이 있나요?

그런 자격증은 없는 것으로 압니다. 물론, 각 지자체에서 여러 교육을 통해 주는 비슷한 자격증은 있지만, 실제 도시재생 활성화 계획과 실행에 참여하는 주체에 관련된 법적인 자격증은 없습니다. 건축을 전공한 사람들에게는 도시재생 전문가가 되기 위해서는, 건축사자격증이 취득하였으면 좋겠다는 것이 제 개인적 생각입니다. 건축사라는 전문인이지만 병행하여 지역계획을 할 수 있는 사람, 그리고 지역의 건축물을 재생하는데 탁월한 능력을 가진 전문인들이 더욱 증가해야 하는 것이죠. 물론 자격증 없이도 센터, 연구기관, 공공기관, 민간사무소 등에서 관련 일들을 각자의 위치에서 할 수 있지만, 보편적으로 민간사사무소의 지역 일에 대한 관심과 사업에 대한 참여가 확대되어야 한다는 것입니다. '건축 외연의 확대로서 도시재생'을 외치고 있습니다.

Q7_ 낙후된 건축물 재생도 도시재생 전문가의 일인가요?

넓은 의미에서는 그럴 수도 있습니다. 하지만 지역에 낙후된 건축물을 재생해야 하는 이유와 근거, 또는 큰 그림으로서 계획을 만드는 사람이 좀 더 도시재생 전문가에 가깝습니다. 건축물을 재생함으로써 지역과 주변 사람들에게 어떠한 좋은 점과 가치가 있는 지를 묻고 다양한 이해 관계자들과 그렇게 되는 과정에 참여하는 사람들이죠. 결국, 다양한 사람들과 융합되어 물리적인 재생도 같이 고민할 수 있는 사람이어야 합니다. 개인적인 건축물을 재생하는 것만으로는 부족한 부분이 있지 않나 생각합니다.

Q8_ 이 직업의 비전은 어떤가요?

공공기관, 연구기관을 제외하고도 용역으로서 도시재생 관련 일들은 앞으로도 많아질 것입니다. 정해진 법정 계획수립 일 뿐만 아니라 다양한 차원에서 세분화된 사업들도 공공을 중심으로 많아 질 것입니다. 아시겠지만, 공공에서 만든 일은 그냥 주민이 자체적으로 실행하게 두지 않습니다. 중간지원조직으로서 각종 지원센터와 컨설팅회사 등과 같이 진행합니다. 따라서 센터든 회사이든 전문가 집단은 필요합니다. 특히, 자신의 이름을 걸고 유명한 건축가가 되기를 원하는 비전보다는, 지역에 기여하면서 회사도 운영할 수 있는 도시재생 전문가가 되는 것이 훨씬 수월한 시대가 올 것입니다. 공공재원이 투입되어 어느 정도 사업들이 안정화 되었을 시기에는 민간의 여러 사업들도 분명 많아 질 것으로 생각됩니다. 지역을 진단하고 지역을 활성화하는 계획과 실행경험 노하우를 가진 전문가는 끊임없이 필요할 것입니다.

Q9_ 다른 직종과 교류가 있나요?

복잡다단한 일을 하는 직업이다 보니 당연히 많습니다. 물론 건물을 만드는 과정에서도 많은 협력업체가 있죠. 전기, 기계, 소방, 구조 등 말입니다. 도시재생 일들은 좀 더 큰 범위의 업종들과 협업해야 하는 경우가 많습니다. 지역을 진단하였을 때 필요한 전문가 계획참여가 도출되기 때문에 도시계획, 조경, 경영, 관광 등 미리 정해져 있지 않는 경우가 많아요. 지역에 따라, 상황에 따라, 요구에 따라 다양한 직종과 협업을 해야만 종합적인 활성화계획이 나올 수 있습니다. 따라서 평소에도 비슷한 생각과 태도를 가진 다양한 직종의 전문가들과 끈끈한 네트워크가 있어야 합니다.

Q10_ 소극적인 성격인데 도시재생 전문가가 될 수 있나요?

물론입니다. 도시재생의 일, 또는 지역을 살리기 위한 일은 하나의 역할과 직종으로 결코 진행될 수 없습니다. 다양한 위치에서 공동의 목표를 공유하면서 각각의 역할을 충실히 이행해야 계획이 작동합니다. 현장이 아니라, 연구소나 공공기관, 센터 등에도 도시재생 관련 일들을 하시는 분들이 많습니다. 이들은 현장이 잘 돌아갈 수 있도록 다양한 정책, 행정, 관리 등 업무를 진행합니다. 독립된 작업을 하는 것이 아니라 현장의 상황을 고려하는 것이 무엇보다 중요하므로 조금은 각 조직 내에서도 특화되어 있다고 생각하시면 됩니다. 따라서 자신의 성향에 따라 도시재생 일에 참여하는 위치와 역할을 찾으시면 됩니다.

PART II

나는 건축을 기반으로 다른 분야의 전문가가 되었다

대학 4년(설계는 5년)의 교육과정을 끝내고 일반적으로 진출하는 설계회사, 시공회사, 구조회사를 다니다보면 생각했었던 것보다 건축이 아닌 다양한 직업들을 선택해 살아가는 사람들이 많다는 것을 알게 된다. 누구는 변호사 사무소를 개업해서 얼마를 번다더라, 누구는 변리사로 성공했더라 등 아는 사람들로부터 부러운 이야기를 듣게 된다. 종종 업무 파트너로 만나게 되는 반가운 일도 생긴다.

이 책을 처음 기획하고 있던 2015년, 월드뱅크와 도시계획 관련으로 업무 협의를 할 일 있었는데 월드뱅크에서 온 일행 중에 한국인이 있었다. 너무 반가워서 금세 친해졌는데 한참을 이야기하다 보니 건축을 전공한 사람이었다. 너무 궁금했다. 도대체 어떤 인생을 살고 어떤 공부를 하면 이러한 국제기구에서 일할까라는 생각이 들었다. 결국 나의 궁금증도 해소하고 독자들에게 알리기 위해 시즌1 저자로 참여시켰다.

이후, 지인들을 통해서 건축을 전공한 사람 중에 지금은 건축이 메인이 아니더라도 간접적으로 조금이라도 건축을 활용하고 있는 사람들을 수소문하기 시작했다. 호텔을 운영하는 디자이너, 해외 부동산 개발투자회사원, 북 디자이너 등등... 생각보다 다양한 직업들이 있음을 알게 되었고 페이스북 페이지를 통해 소개했다.

이번 파트에는 이와 같은 건축을 직·간접적으로 활용하여 일을 하고 계신 분들의 이야기를 담았다. 페이스북에 소개한 많은 직업들 중에 팔로워들의 반응이 좋고 소개하면 좋을 것 같은 직업을 선정하였다. 건축을 전공한 사람들이 도전하기 어려운 법률공부를 거쳐 건축 분쟁 전문 변호사가 되신 분과 건축 특허를 전문으로 하는 변리사의 이야기를 담았다.

또, 외국에서는 인기 직종이지만 우리나라에서는 '꾼' 소리를 듣는다는 부동산 디벨로퍼, 공대생들이 잘 꿈꾸지 않는 금융업에 진출하여 주택시장을 분석하는 부동산 애널리스트의 이야기도 담았다. 그리고 건축을 전공한 사람이라면 한 번쯤은 꿈 꿔봤을 건축 사진가를 소개하고, 마지막으로 공연예술 분야에 건축을 접목한 공연예술 무대기술팀도 소개한다.

건축을 전공한 변호사는 어떤 일을 할까?

변호사
유정우

변호사의 업무는 의뢰인이 필요로 하는 법률서비스를 제공하는 것이다. 의뢰인이 일반적으로 필요로 하는 변호사의 법률서비스는 크게 두 가지로 나뉜다.

하나는 송무업무로서, 이는 민사사건에서의 소송대리인 또는 형사사건의 변호인과 같이 의뢰인을 대리하여 소송을 수행하는 업무이다. 다른 하나는 자문업무로서, 이는 변호사가 자신의 전문지식, 논리, 분석력 등 제반 지적 역량에 기반하여 의뢰인의 질의에 대한 의견을 제시하거나 문제 해결을 위한 상담 등과 같은 컨설팅 업무이다.

한국 사회는 법치주의를 근간으로 하고 있기 때문에, 모든 산업이 법령의 규정 체계 하에서 이루어진다. 법치주의와 이에 따른 개별 산업과 법령 간의 직, 간접적인 연계성은 직접 특정 산업의 실무자로서 업무를 수행하거나 변호사로서 송무업무나 자문업무를 수행하기 전까지는 당연하고 추상적인 개념으로만 느껴질 여지가 높다. 그런데 막상 특정 산업의 업무를 직접 수행하거나 변호사로서 송무업무나 자문업무를 수행하면 개별 산업이 어떻게 법령의 체계에 따라 산업이 구체적으로 형성되고 수행되는지, 그리고 그러한 직, 간접적인 연계성이 과연 어떠한 실질적인 의미를 지니게 되는지를 분명히 알게 된다.

예컨대 주택건설사업의 경우, 국토의 계획 및 이용에 관한 법률의 체계에 따라 수립된 도시기본계획 및 도시관리계획, 지구단위계획에 부합하는 토지이용계획 하에서, 건축법, 건설산업기본법, 주택법 등 관련 법령이 정한 체계에 따라 공사도급계약, 사업계획승인, 착공신고, 입주자모집공고, 사용검사와 같은 일련의 사업이 진행되고, 또한 위 각 법령 및 법령의 위임을 받은 고시, 예규, 지침 등에 따라 그 업무의 내용이 구체적으로 한정되는데 이러한 구체화 과정에서 자연스럽게 규제가 이루어지는 것이다.

변호사는 이러한 개별 산업의 수행 과정 또는 개인의 일상생활에서 의뢰인이 필요로 하는 업무처리 등 각종 법률서비스를 제공하는 업무를 수행하는데, 변호사가 합리적이고 효과적으로 업무를 수행하기 위해서는 개별 (산업) 분야에 관한 전문 지식, 법리에 관한 깊이 있는 이해, 논리적이고 분석적인 사고능력이 필요하다. 이는 산업의 고도화, 세분화의 정도가 점차 높아지고 변화의 주기가 짧아지는 사회 추세를 감안하면 그 필요성이 더욱 절감되는 것이기도 하다.

변호사가 수행하는 법률서비스의 예

가. 송무업무의 개념 및 그 절차에 관하여 (민사소송을 중심으로)*

1) 민사소송의 개념

민사소송이란 사법상의 권리, 의무 관계에 관한 사인간의 분쟁을 법원이 국가의 재판권에 의해 법률적·강제적으로 해결·조정하기 위한 일련의 절차를 의미한다.

여기서 사인이란 국가 또는 지방자치단체를 제외한 민간의 자연인, 법인을 의미하는 개념이다. 예컨대, 대한민국 또는 서울특별시는 사인에 해당하지 아니하고, 유정우와 같은 민간의 자연인, 주식회사 삼성전자와 같은 민간의 회사는 사인에 해당한다. 서울특별시장은 행정청으로서 사인에 해당하지 아니하고, 다만 서울특별시장 지위에 있는 사람이 서울특별시장의 지위와 무관한 사안에 관계되는 경우에는 사인으로 본다.

이러한 사인 간의 권리, 의무에 관한 규범을 정한 것이 사법(私法)이고, 사법상의 권리, 의무 관계에 관한 다툼이란 말 그대로 사인 간에 발생하는 권리, 의무에 관한 분쟁을 의미한다. 사법의 예를 들자면 민법, 상법 등을 들 수 있다.

---

* 이하, 법제처의 '찾기쉬운 생활법령정보' 내용 참고

2) 민사소송의 절차

소송 절차는 3심제를 원칙으로 하고, 일반적으로 민사소송은 아래 순서와 같이 진행된다. 대여금 반환 청구소송의 예를 들어 설명하면 아래와 같다. 소를 제기한 당사자를 원고라 하고, 소를 제기당한 당사자를 피고라 한다.

① 원고의 소장접수

원고는 청구 내용을 정리한 소장을 법원에 제출한다.

> 예) 원고는 피고에게 금 1억 원을 빌려 주었는데 피고가 갚지 아니하므로 위 대여금 반환을 청구한다.

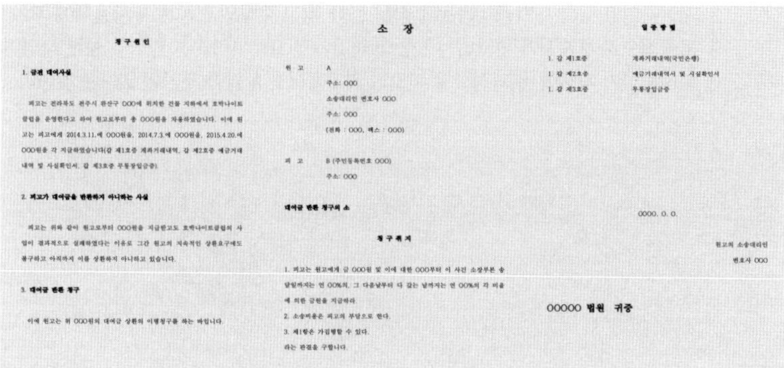

소 장

원 고 A
주소: OOO
소송대리인 변호사 OOO
주소: OOO
(전화 : OOO, 팩스 : OOO)

피 고 B (주민등록번호 OOO)
주소: OOO

대여금 반환 청구의 소

청 구 취 지

1. 피고는 원고에게 금 OOO원 및 이에 대한 OOO부터 이 사건 소장부본 송달일까지는 연 OO%의, 그 다음날부터 다 갚는 날까지는 연 OO%의 각 비율에 의한 금원을 지급하라.
2. 소송비용은 피고의 부담으로 한다.
3. 제1항은 가집행할 수 있다.

라는 판결을 구합니다.

청 구 원 인

1. 금전 대여사실

피고는 전라북도 전주시 완산구 OOO에 위치한 건물 지하에서 호박나이트클럽을 운영한다고 하여 원고로부터 총 OOO원을 차용하였습니다. 이에 원고는 피고에게 2014.3.11.에 OOO원을, 2014.7.3.에 OOO원을, 2015.4.20.에 OOO원을 각 지급하였습니다(갑 제1호증 계좌거래내역, 갑 제2호증 예금거래내역 및 사실확인서, 갑 제3호증 무통장입금증).

2. 피고가 대여금을 반환하지 아니하는 사실

피고는 위와 같이 원고로부터 OOO원을 지급받고도 호박나이트클럽의 사업이 결과적으로 실패하였다는 이유로 그간 원고의 지속적인 상환요구에도 불구하고 아직까지 이를 상환하지 아니하고 있습니다.

3. 대여금 반환 청구

이에 원고는 위 OOO원의 대여금 상환의 이행청구를 하는 바입니다.

입 증 방 법

1. 갑 제1호증 계좌거래내역(국민은행)
1. 갑 제2호증 예금거래내역서 및 사실확인서
1. 갑 제3호증 무통장입금증

0000. 0. 0.

원고의 소송대리인
변호사 OOO

OOOOO **법원 귀중**

소장 양식

② 소장부본 송달

법원은 소장 내용을 심사한 뒤에 보정사항이 있으면 원고에게 보정명령을 내리고, 별다른 보정사항이 없으면 원고가 제출한 소장의 부본을 피고에게 송달한다.

예) 소장에 기재된 피고의 주소가 잘못되어 송달이 이루어지지 아니하여, 법원은 원고에게 피고의 주소지 확인을 위한 보정명령을 내린다.

③ 피고의 답변서 제출

피고는 원칙적으로 소장부본을 송달받은 날로부터 30일 이내에 원고의 소장 청구내용에 대한 피고의 주장을 정리한 답변서를 제출하여야 한다. 피고가 소장부본을 송달받은 날로부터 30일 이내에 답변서를 제출하지 아니하는 경우, 법원은 피고가 원고의 청구를 모두 인정한 것으로 간주하고 변론을 거치지 아니하고 판결할 수 있다.

예) 피고는 답변서로 왜 피고가 원고에게 1억 원을 지급할 이유가 없는지를 주장한다.
이 사건에서 피고는 원고로부터 1억 원을 지급받은 사실 자체는 인정하나, 위 금원이 대여금이 아니라 투자금이라는 주장을 한다. 피고 주장의 논지는 투자실패에 따른 손실은 궁극적으로 투자자가 부담하는 것인데 피고가 원고로부터 투자받아 시행한 사업이 실패하였기 때문에, 결과적으로 피고가 원고에게 반환할 투자금이 없다는 것이다.

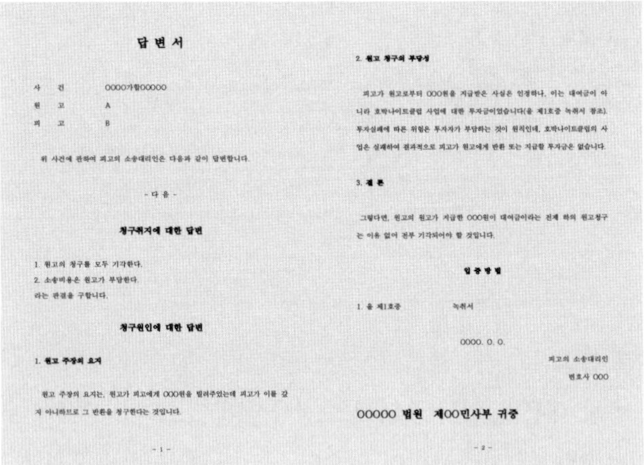

답 변 서

사 건 OOOO가합OOOOO
원 고 A
피 고 B

위 사건에 관하여 피고의 소송대리인은 다음과 같이 답변합니다.

\- 다 음 -

청구취지에 대한 답변

1. 원고의 청구를 모두 기각한다.
2. 소송비용은 원고가 부담한다.

라는 판결을 구합니다.

청구원인에 대한 답변

1. **원고 주장의 요지**

원고 주장의 요지는, 원고가 피고에게 OOO원을 빌려주었는데 피고가 이를 갚지 아니하므로 그 반환을 청구한다는 것입니다.

\- 1 -

2. **원고 청구의 부당성**

피고가 원고로부터 OOO원을 지급받은 사실은 인정하나, 이는 대여금이 아니라 호박나이트클럽 사업에 대한 투자금이었습니다(을 제1호증 녹취서 참조). 투자실패에 따른 위험은 투자자가 부담하는 것이 원칙인데, 호박나이트클럽의 사업은 실패하여 결과적으로 피고가 원고에게 반환 또는 지급할 투자금은 없습니다.

3. **결 론**

그렇다면, 원고의 원고가 지급한 OOO원이 대여금이라는 전제 하의 원고청구는 이유 없어 전부 기각되어야 할 것입니다.

입 증 방 법

1. 을 제1호증 녹취서

OOOO. O. O.

피고의 소송대리인
변호사 OOO

OOOOO 법원 제OO민사부 귀중

\- 2 -

답변서 양식

④ 쟁점정리 및 변론준비절차 (제1회 변론기일)

피고가 답변서를 제출하는 경우, 법원은 이를 원고에게 송달하고 소송의 당사자에게 특정일까지 각자의 주장과 증거를 정리하여 제출할 것을 요구한다.

변론준비절차에서는 사건의 쟁점, 당사자의 주장과 증거, 당사자가 법원에 신청할 증거가 무엇인지를 정리한다. 제1회 변론기일을 포함한 변론기일에서는 당사가 신청한 증거방법에 관한 채택여부가 결정되고, 각 신청한 증거방법에 따른 재판절차가 진행된다. 예컨대, 감정신청이 채택된 경우 감정절차가, 증인신청이 채택된 경우 증인신문절차가 진행되는 것이다.

> 예) 이 사건의 경우, 피고가 원고로부터 1억 원을 지급받은 사실 자체는 인정하기 때문에 과연 위 금원이 대여금인지 아니면 투자금인지 여부가 우선적인 쟁점이 된다. 또한, 대여금이 아닌 투자금이라고 인정될 경우 과연 피고가 투자에 실패하였는지 여부, 피고가 실패하였다는 투자가 과연 원고와의 합의 하에 이루어진 투자인지 아니면 피고의 독단적인 투자인지 여부, 그 외 피고에게 투자실패에 따른 손해를 부담시킬 귀책사유(예컨대 피고의 불법행위 등)가 있는지 여부 등이 쟁점이 된다. 법원은 당사자의 주장에 따라 제1회 변론기일에서 사건의 쟁점을 정리하고 당사자에게 자신의 주장에 대한 증거를 제출할 것을 요구한다. 당사자가 법원에 증거를 신청하는 경우(예컨대 증인 신청), 법원은 그 채부 여부를 판단하여 필요가 있다고 판단하면 이를 채택한다.

⑤ 변론기일

주장과 증거는 변론기일에서 진술하여야 하고, 법원의 직권판단사항 이외의 주장과 증거는 이와 같이 변론기일에서 진술한 주장과 증거만이 법원의 심리 대상이 된다.

예) 원고와 피고 모두 자신의 주장을 변론기일에서 진술하고, 법원은 원칙적으로 당사자의 주장 범위 내에서 판단을 한다. 원고는 피고에게 지급한 1억 원이 대여금이라는 사실을 입증하기 위해서 1억 원을 지급할 당시 동석하였던 A에 대한 증인신문을 신청한다. 법원은 원고의 주장사실 증명을 위한 증인신문이 필요하다고 보아 증인을 채택하고 증인신문기일을 지정한다. 지정된 증인신문기일에서 원고와 피고 모두 증인신문을 한다. 증인 A는 위증을 하지 아니하겠다는 선서 하에 자신이 알고 있는 1억 원의 지급 경위에 관한 사실을 증언한다.

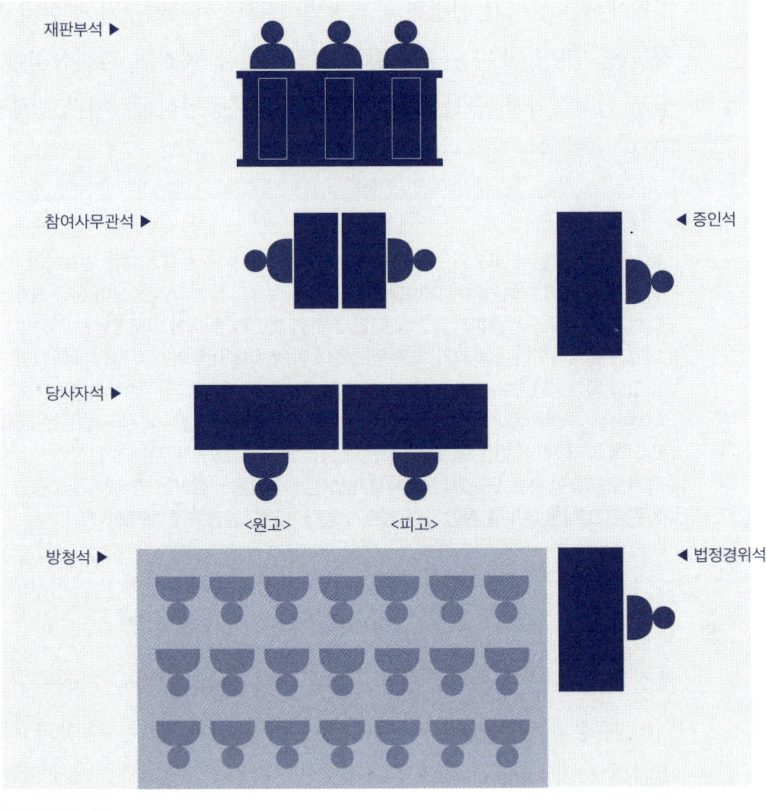

민사법정 개략도

⑥ 변론종결

당사자 쌍방의 주장과 증거가 모두 정리된 경우, 법원은 변론을 종결하고 판결선고기일을 지정하여 판결을 선고한다. 또한, 법원은 변론 과정에서 재량에 따라 사건을 조정에 회부할 수도 있고, 재판상 조정 또는 화해로 분쟁을 해결할 수도 있다. 판결이 아닌 조정, 화해는 당사자 일방이 이의를 제기하는 경우 성립하지 아니하고, 이 경우 판결의 방식으로 분쟁이 해결된다.

> 예) 법원은 원고와 피고에게 더 이상 주장할 사항이나 제출할 증거가 있는지를 확인한다. 당사자 모두 더 이상의 주장이나 증거가 없다고 하면 법원은 변론을 종결하고 판결선고기일을 지정한다.

⑦ 판결선고

법원은 판결선고기일에 판결을 선고한다. 이로써 1심 소송절차가 종결하고, 당사자가 1심 판결에 불복하는 경우 1심 판결을 선고한 법원에 판결문을 송달받은 날로부터 14일 이내에 항소장을 제출하여야 한다. 이 경우, 항소심 법원에서 항소심 절차가 진행된다.

> 예) 법원은 원고가 피고에게 지급한 1억 원이 대여금이라고 판단하여 원고의 청구를 인정하는 판결을 선고한다. 피고는 제1심 판결에 불복하여 항소장을 제출한다.

⑧ 항소심(제2심) 진행절차

기본적으로 1심 진행방식과 같다. 다만, 항소심은 1심 판결에 대한 불복절차이므로, 항소한 당사자는 항소이유를 구체적으로 적은 항소이유서를 제출하여 1심 판결의 어느 부분이 어떻게 잘못되었는지를 구체적으로 논증하여야 한다. 항소심 역시 법원의 재량에 따라 사건이 재판상 조정 또는 화해절차를 거칠 수 있고, 조정 또는 화해(당사자가 이의를 제기하지 아니하는 경우), 항소심 판결 선고시 항소심 소송절차가 종결한다.

⑨ 상고심(제3심) 진행절차

항소심 판결에도 당사자가 불복하는 경우, 항소심 판결을 선고한 법원에 판결문을 송달받은 날로부터 14일 이내에 상고장을 제출하여야 한다. 상고심은 법률심으로서 항소심 변론종결시까지 진술하지 아니한 주장이나 증거를 새로이 제출할 수 없고, 심리미진, 법리오해, 재판절차의 위법사유 등과 같은 법리적 사항만을 심리한다. 상고사건 가운데 상고이유에 관한 주장이 법이 규정한 특정한 사유를 포함하지 아니한다고 법원이 판단하는 경우, 심리를 하지 아니하고 상고기각의 판결을 내릴 수도 있다. 이를 심리불속행 기각이라고 한다. 상고심 판결이 선고되는 경우, 사건이 종결하고 판결이 확정되어 별도 재심절차가 진행되지 아니하는 이상 당사자가 더 이상 동일 사건에 관하여 다툴 수 없다.

나. 건설업 관련 분쟁의 예

건설업 관련 법률서비스의 종류와 양은 매우 다양하다. 또한, 건설기술적 사안에 국한되지 아니하고 다방면의 깊이 있는 법리적 지식을 요하는 경우가 많다. 건설업 관련 일반 분쟁의 예를 들자면 아래와 같다. 아래 분쟁들에 관한 소송업무 역시 위에서 설명한 민사소송절차의 틀에 따라서 이루어진다.

1) 공사도급계약에 관한 제반 분쟁

— 공사도급계약의 해제 또는 해지에 관한 분쟁

과연 당사자 일방에게 계약의 해제권 또는 해지권이 발생하였는지, 계약이 해제 또는 해지에 따른 원상회복, 기성공사대금 또는 손해배상액

을 어떻게 산정할 것인지 여부 등

참고: 계약 해제, 해지의 개념

계약이 해제(解除)되면 유효하게 성립한 계약이 처음부터 아예 체결되지 아니한 것과 같게 된다. 그렇기 때문에, 계약이 해제되는 경우 계약당사자는 이미 수행된 계약부분을 원상회복, 즉 계약이 없었던 것과 같이 되돌려야 할 의무를 부담하게 된다. 계약이 해지(解止)되면 당해 계약은 해지 시점부터 효력을 상실한다. 즉, 계약의 해지 역시 해제와 마찬가지로 계약의 효력을 상실시킨 다는 점에서는 동일하나, 계약 해제가 계약의 효력을 소급적으로 소멸시키는 효과를 내는 데에 비하여 해지는 오직 장래에 대하여만 효력이 발생한다는 근본적인 차이가 있는 것이다. 계약 해지는 장래에 대하여만 효력이 발생하므로 해지 이전 시점까지 수행된 계약 부분의 원상회복에 관한 문제가 발생하지 아니한다.

— 적정 공사대금의 산정에 관한 분쟁

간접비 및 공사이윤 등을 포함한 적정 건설원가가 얼마나 되는지, 선급금(도급인이 수급인의 구체적인 시공 이전에 미리 지급하는 공사대금)이 얼마나 되고 과연 환급 대상이 되는지, 기성고율이 어떻게 되고 이에 따른 기성공사대금이 얼마나 되는지, 설계변경 또는 계약조건의 변경이 있었는지 및 이에 따른 추가공사대금 또는 감액공사대금이 얼마나 되는지 여부 등

참고: 설계변경과 관련된 분쟁

공사도급계약은 도급인의 입장에서는 계약 당시 예정한 공사목적물을 시공하기 위한 목적으로 체결하는 것이고, 수급인의 입장에서는 도급인이 제시한 성상에 해당하는 공사목적물을 완성하고 그에 대한 대가를 지급받기 위

한 목적으로 체결하는 것이다. 즉, 공사도급계약으로 정한 공사대금은 계약으로 정한 설계내용 및 기타 계약조건에 따라 수급인이 이를 시공하는 데에 따른 대가에 해당하는 것이라고 볼 수 있다.

그런데, 건설공사는 그 특성상 계약 당시의 설계내용 및 계약조건 그대로에 따라 시공이 이루어지는 경우가 드물고, 대부분 실제 시공 과정에서 설계변경, 물가변동 또는 계약조건 변경이 이루어지면서 공사가 완성된다. 그렇기 때문에 계약금액과 수급인이 실제로 완성한 공사목적물 간의 대가관계에 불균형이 발생하는 것이고(계약금액은 계약 당시 예정한 공사목적물에 대한 대가에 해당하는데, 설계변경 및 계약조건 변경에 따라 완성된 실제 공사목적물의 성상은 계약당시 예정한 공사목적물과 상이하기 때문이다), 설계변경, 물가변동 또는 계약조건 변경에 따른 공사대금 정산의 문제가 실무상 많이 발생한다. 이러한 유형의 분쟁에서는 설계변경 등에 따른 증액 공사대금 또는 감액 공사대금이 얼마인지 여부가 분쟁 해결과정의 기본적인 사실관계가 된다.

— 부가가치세 관련 분쟁

부가가치세 납부 주체가 과연 누구인지, 부가가치세 면제 또는 환급 대상이 되는 건설사업인지 여부 등

— 공사기간에 관한 분쟁

지체상금이 얼마나 되는지, 손해배상액 예정으로서의 지체상금이 과연 과다한 것은 아닌지, 공사가 예정된 공사기간 내에 완성되지 못한 것이 과연 계약당사자 누구의 귀책에 기한 것인지 여부 등

2) 집합건물의 관리, 분양계약 및 하자 관련 분쟁

— 공동주택의 관리에 관한 자문 및 송무

— 분양계약상 약정 불이행에 따른 분쟁

— 집합건물의 하자보수에 갈음하는 손해배상 청구 소송

참고: 집합건물의 하자보수에 갈음하는 손해배상 청구 소송

건축물이 하자 없이 시공되는 것은 현실적으로 매우 어렵다. 대부분의 건축물에는 설계도면 및 관련 법령이 정한 기준과 달리 시공된 미시공, 변경시공의 하자, 또는 균열, 누수, 결로, 침하, 파손 등과 같은 여러 개별 하자가 발생하기 마련이고, 그렇기 때문에 하자발생사실 자체는 우선 논외로 하고 다만 얼마나 많은 하자가 발생하였는지, 또는 발생한 하자의 성격이 어떠한지(예컨대 사람의 생명, 신체에 영향을 미치거나 기능상, 미관상 현저한 지장을 초래하는 중대한 하자인지 여부 등)가 문제되는 것이다. 집합건물의 하자보수에 갈음하는 손해배상 청구 소송이란, 집합건물을 구성하는 개별 구분건물의 소유자(입주자 등)들이 당해 집합건물에 발생한 하자를 이유로 하여 분양자 또는 시공사, 보증사를 상대로 하자보수에 갈음하는 손해배상을 청구하는 소송을 의미한다. 이러한 소송은 1990년대 중, 후반부터 시작되어 현재에 이르기까지 전국적으로 수 천 건이 제기되었고 앞으로도 계속될 것으로 보인다.

3) 도시정비사업조합 관련 자문 및 송무 업무

— 재개발/재건축의 도시정비사업 관련 일체의 자문 및 송무

— 재개발/재건축조합과 시공사 간의 공사대금 정산 소송

참고: 도시정비사업조합 관련 자문 및 송무

공동주택의 재건축, 재개발은 임의로 할 수 있는 것이 아니라 토지 등 소유

자가 정비사업조합을 설립하고 시공사를 선정하며 관리처분계획을 세우는 등 도시 및 주거환경정비법이 정한 일련의 절차에 따라 이루어진다. 대단지 아파트의 정비사업은 사업비가 수 천억 원에 달할 정도로 대규모의 사업이고 다수당사자의 이해관계가 얽혀 있어 추진위원회 및 조합 설립, 시공사의 선정, 사업시행인가, 토지 등의 수용 및 매도청구, 관리처분계획, 준공 후 시공사와의 공사대금 정산, 조합청산 등 정비사업의 단계별로 여러 유형의 분쟁이 발생한다.

4) 기타 건설산업 관련 자문 및 송무 업무

— 부동산 사업시행 관련 일체의 자문(인·허가, PF, 신탁 등)

— 사업시행에 따른 기반시설의 무상귀속 관련 분쟁

— BTO·BTL 등 민간투자사업 관련 분쟁

— 국가를 당사자로 하는 계약에 관한 분쟁(간접비 청구소송 포함)

— 건설공사의 공동수급체 관련 분쟁(공사비 원가산정업무 포함)

— 건설공사의 하도급 관련 분쟁

— 건설노무 관련 분쟁

— 건설보증 관련 분쟁

— 건설공사의 설계, 감리 관련 분쟁

5) 건설환경 관련 분쟁

— 소음, 진동, 일조, 조망, 사생활침해 등에 따른 환경피해 관련 자문 및 송무

— 환경기준치에 미달하는 건설자재 시공 등에 따른 손해배상 청구소송

참고: 소음, 진동, 일조, 조망, 사생활침해 등에 따른 환경피해 관련 자문 및 송무

— 환경권과 인격권에 대한 가치가 점차 높게 인정되고 그에 대한 보호의식 역시 높아지는 추세이다. 이에 따라 인근 공사현장에서 발생하는 소음, 진동 등을 이유로 당해 공사현장의 시행사 또는 시공사에게 손해배상을 청구하는 소송, 인근 건물로 인하여 발생한 일조, 조망, 사생활침해 관련 피해보상을 청구하는 소송과 같은 환경권 관련된 분쟁이 점차 많아지고 있고, 그 손해액 산정방식 역시 정교화하고 실질적인 피해보상에 근접하고 있다.

직업의 비전

변호사는 지속적으로 공부하고 사고하는 직업이다. 그리고 공부와 사고를 멈추는 순간 변호사로서의 역량은 정체되거나 점차 퇴화한다. 사회가 점차 고도화 및 다분화되고 변화 속도가 빨라지기 때문에, 변호사가 전문 지식을 습득하는 공부와 분석적이고 논리적인 사고를 하지 않는다면 의뢰인들이 원하는 최적의 법률서비스를 제공하기 어렵게 되기 마련이다. 이미 과거의 기존의 경험과 지식만으로 의뢰인이 원하는 수준의 법률서비스를 제공할 수 있는 시대는 지났다고 보인다.

또한, 변호사는 기본적으로 담당변호사 개인의 역량에 따라 그 결과가 크게 달라지는 직업이기도 하다. 물론 변호사 자신이 속한 조직의 규모, 체계, 수행업무의 성격에 따라 변호사 개인이 습득할 수 있는 경험이 달라지는 부분이 있지만, 변호사는 기본적으로 조직의 힘보다는 개인의 재능과 노력에 따라 스스로의 능력과 업무 결과를 직접적으로 만들 수 있는 몇 안 되는 전문직에 해당한다. 이는 변호사라는 직업이 지닌 가장 큰 비전이다. 이유는 주변 환경이 어떠한 조건에 있는지에 따르기보다는 스스로가 어떻게 하느냐에 따라 자신의 미래를 결정할 수 있기 때문이다.

그렇기 때문에 기본적인 분석력과 논리를 지닌 사람이 관심과 용기를 갖고 지속적으로 전문지식을 습득하고 새로운 아이디어를 내기 위한 사고를 계속한다면 성공한 변호사가 될 수 있다는 비전을 가져도 된다고 본다. 그리고 이와 같이 탁월한 역량을 지닌 변호사는 굳이 스스로를 자랑하지 않더라도 업무 수행 과정에서 드러나는 탁월함으로 인하여 자연스럽게 인정받게 된다.

특별한 업무수행 능력을 지닌 변호사가 되려면 어떻게 하여야 하는지

프로 운동선수 중에서도 르브론 제임스, 리오넬 메시, 배리 본즈와 같이 특별한 재능을 갖고 압도적인 플레이를 보이는 특별한 선수가 있듯이, 변호사 중에서도 특별한 업무수행 능력을 지닌 에이스 변호사가 있다. 예컨대, NBA에서 뛰는 농구선수라면 누구나 탁월한 기량을 지녔다고 보아야 하지만 그 중에서도 특별한 선수가 있는 것과 같이, 대부분의 변호사들이 기본적으로 성실하고 책임감 있고 법리적 지식을 갖춘 상태에서 합리적으로 업무를 수행하는 것과 별도로, 변호사 중에서도 밝게 빛나는 별과 같이 특별한 업무수행 능력을 지닌 소수의 변호사가 있는 것이다.

내가 말하는 변호사로서의 특별한 업무수행 능력이란, 숙련된 기능공과 같이 빠르고 정교하게 일처리 하는 능력을 넘어 서서(물론, 탁월함에는 이러한 능력 역시 포함되어 있다) 분쟁을 창의적이고 입체적으로 해결할 수 있는 능력을 의미한다. 예컨대, 기본 법리에 대한 깊이 있는 이해를 기반으로 하여 사안의 여러 면을 분석할 수 있는 능력, 대부분의 사람들이 바라보는 한 쪽 측면에만 치중하지 않고 사안의 다른 면에 착안하여 아이디어를 낼 수 있는 능력, 평면적이고 단순한 논리에 국한되지 아니하고 관련 산업분야의 전문지식 및 여러 법리를 종합적으로 구성하여 입체적인 논리체계를 만들 수 있는 능력이다.

이러한 전문성, 입체적이고 창의적인 사고능력을 기르기 위해서는 우선 자신의 전문분야에 관심을 갖고 공부를 계속 하여야 한다. 변호사로서 알아야 할 법리적 지식의 양 자체가 많고, 산업의 전문화나 세분화가 점점 더 심해지고 있기 때문에, 공부하고 익히지 않는다면 의뢰인이 원하는 전문적인 수준의 솔루션을 제시하기 어렵다. 이는 프로 운동선수가 지속적으로 트레이닝을 하는 것과 같다. 운동선수가 아무리 탁월한 운동능력을 타고났다고 하더라도 계속해서 연습하고 기량을 발전시키지 않으면 언제부턴가는 더 이상 높은 수준의 퍼포먼스를 낼 수 없는 것과 마찬가지로, 머리가 좋은 사람이라고 하더라도 계속해서 노력하고 지식을 쌓지 않는다면 입체적이고 창의적인 아이디어와 논리를 내기 어렵게 된다.

관심을 갖고 용기를 내어 지속적으로 공부하고 사고하는 것은 쉬운 일이 아니다. 하지만 내가 변호사 업무를 하면서 깨달은 점은 변호사의 전문성은 그 사람의 노력, 재능, 경험, 성향, 관심이 결합하여 나타나는 복합적인 결과라는 것이다. 의뢰인, 특히나 기업실무자로서 이미 해당 산업에 관하여 잘 알고 있는 의뢰인들에게 전문가로서 유의미한 법률서비스를 제공하기 위해서는 변호사가 위와 같은 노력을 하여야 한다는 것이고, 또 내가 알고 있는 소수의 탁월한 변호사 중에서 위와 같은 노력을 하지 않은 사람은 없다는 것이다.

건축을 공부하는 후배들에게

적어도 학부에서 건축을 전공하는 과정에서는 건축 공부에 매진하라는 조언을 하고 싶다. 왜냐하면, 학부 졸업 후 건축관련 직업군에 있는지 여부와 무관하게 건축을 공부하는 과정에서 얻게 된 지식, 논리 등 총체적인 경험들은 자신의 성장에 도움이 되고 또 선택한 직업군을 불문하고 활용되기 때문이다.

다른 전공이 아닌 건축(공)학을 선택한 이유는 건설산업(건축 포함)에 관심이 있기 때문일 것이다. 좋아하거나 관심이 있으면 관심이 없는 경우보다 더 즐겁게 열심히 공부할 수 있다. 이렇게 관심을 갖고 공부하는 과정에서는 자연스럽게 근본 원리에 관한 의문을 제기하면서 논리적이고 입체적인 사고를 할 수 있게 되고, 이러한 공부 과정을 통하여 얻은 지식은 단순 암기형의 죽은 지식이 아니기 때문에 마치 유기체와 같이 다른 경험에도 접목하여 응용이 가능해진다. 그렇기 때문에 건축(공)학과를 졸업한 사람이 결과적으로 건축 이외에 다른 직업을 선택하더라도 그 선택이 어떤 분야이든지 그 선택 전까지 관심을 갖고 공부한 건축 관련 지식은 선택한 분야의 업무수행에 어떤 방식으로든지 긍정적인 영향을 미치게 된다. 게다가 건축과 직, 간접적으로 연관된 다른 직업군의 선택이라면 더더욱 기존 건축관련 지식 전반의 도움을 많이 받게 될 것이다.

결과적으로 졸업 후 다른 직업을 선택하더라도 그 다른 직업의 선택 전까지 건축을 전공하면서 얻게 된 공부방식, 지식 등의 총체적인 경험들은 결코 헛되게 없어지지 않으니, 적어도 자신이 선택한 건축(공)학을 공부하는 중에는 관심을 갖고 열정적으로, 즐겁게 공부하기를 권한다.

Q1_ 연봉이 얼마인가요?

변호사의 연봉은 계약조건에 따라 다르다.

대형 법무법인의 경우 초봉 월 800만 원~1,000만 원 정도 되는 것으로 알고 있다.

Q2_ 업무강도는 어떠한가요?

업무강도는 상대적으로 높은 편이다. 대부분의 변호사들이 야근을 하고 주말에도 출근한다. 물론, 개인별로 업무역량 또는 맡은 업무의 성격에 따라 개별 업무에 소요되는 시간은 차이가 있다.

Q3_ 학생 때 배운 '건축'을 많이 사용하고 계신가요?

건설업에 관련된 자문 또는 송무업무 수행시 건축관련 전문지식이 필요한 경우가 많다.

Q4_ 변호사가 되기 위해서는 어떻게 하여야 하나요?

사법시험을 합격하여 사법연수원을 졸업하면 변호사 자격이 부여되고(사법시험제도의 경우 2017년을 끝으로 폐지됨), 2009년부터 로스쿨 제도가 실시되어 로스쿨을 졸업하고 변호사 시험을 합격해도 변호사 자격이 부여된다. 로스쿨 입학에 관하여는 입학설명회 등 다른 자료를 참고하기를 바란다.

Q5_ 선택하신 직업에 개인적으로 만족하시나요?

어릴 때부터 건축을 좋아하였고 아직도 건설산업에 관한 관심이 많아서 그런지, 민사 법리를 건설산업에 적용하여 사안을 나름의 창의적인 방식으로 해결하는 것에 재미를 느끼는 편이다. 아직까지는 업무 자체를 즐겁게 하고 있고, 직업에도 만족한다.

Q6_ 말을 잘하는 것이 변호사 업무에 도움이 되나요?

단순히 말을 유려하게 하는 달변은 그리 큰 의미가 없는 것으로 보인다. 그보다는 지적 순발력, 전문지식, 분석적이고 논리적인 사고능력이 훨씬 더 중요하다.

Q7 업무를 수행하면서 책임감으로 인해 스트레스를 받지는 않나요?

변호사는 자문업무 수행시 의뢰인의 선택에 영향을 미치는 판단을 하고, 민사사건 수행시 의뢰인의 소송대리인이 되고, 형사사건 수행시 의뢰인의 변호인이 되므로 대부분의 사건에서 높은 강도의 책임감을 갖고 업무를 수행한다. 사람에 따라 다르겠지만 필자의 경우에는 책임감이 스트레스의 원인이 되기보다는 업무수행에 대한 동기부여가 되는 편이다.

Q8_ 변호사는 어떻게 취업하나요?

일반 회사에 취업하는 것과 크게 다르지 않다. 변호사 자격을 취득하기 전에 법무법인 등에서 인턴으로 취업준비를 할 수도 있다. 신입변호사는 대학졸업자 신규채용과 유사하게, 경력변호사는 경력직 채용과 유사하게 취업이 이루어진다. 또한, 변호사는 취업하지 않고 스스로 개업을 할 수도 있다.

Q9_ 변호사도 전문분야를 특화하는 것이 필요한가요?

산업 자체가 갈수록 고도화, 세분화되고 있기 때문에 특정 분야에서 높은 수준의 업무성과를 내기 위해서는 그 분야의 전문성을 지녀야 한다고 생각한다. 전문분야를 특화한다는 것은 그 분야만 알고 다른 것은 모른다는 의미가 아니라, 적어도 특정 분야에 관한 이해도, 지식수준, 업무성과가 그 누구 못지않게 높다는 것을 의미한다.

Q10_ 변호사라는 직업의 비전은 어떠한가요?

비전이라는 자체가 본인이 어떻게 하느냐에 따라 달라지는 것이라고 보인다. 변호사라는 직업 역시 개인의 자질과 노력에 따라 어떠한 변호사가 되는지 여부가 크게 달라지기 때문에 본인이 목표로 하는 변호사 상을 정하고 그에 맞는 변호사 생활을 하면 그 목표에 가까운 변호사가 될 것이다.

건축 좀 아는 변리사

변리사
김록배

재수 시절 대입 응시원서 접수를 앞두고 이러저러한 이유로 원래 희망했던 과를 포기하고 나니 딱히 가고 싶은 과가 떠오르지 않았다. 하는 수 없이 대학 학과 목록에서 과를 하나하나 지워가기 시작했는데 마지막으로 남은 과가 바로 건축과였고, 운 좋게 합격하여 입학하게 되었다.

깊은 고민 없이 선택하긴 했지만 어렸을 때부터 무언가를 만들거나 그림 그리는 걸 좋아했던 터라 처음 접한 건축설계는 꽤나 매력적이었고, 뭔가 횡재한 느낌이었다. 그런데 설계라는 것이 배우면 배울수록 더 어렵게 느껴졌고, 좀처럼 감이 잡히질 않았다. 결국에는 아등바등 애만 쓰다 결국 나에게 맞지 않는 옷임을 깨닫고 찾은 대안이 건축구조였다. 건축구조 전공으로 대학원을 졸업한 후에는 남들 따라 평범하게 대기업 건설회사에 입사했고, 회사를 다니면서 틈틈이 공부해서 건축구조기술사 자격증을 손에 쥐게 되었다.

이후, 좀 더 큰일을 해보고 싶다는 막연한 포부 하나로 잘 다니던 건설회사를 그만두고 특허청에서 사무관으로 공무원 생활을 시작했다. 애초에 공무원으로 끝을 보리라는 포부로 공무원이 되었던 터라 다른 직업에는 전혀 관심이 없었으나, 혹시 모를 훗날을 위해 따두기만 하자는 마음으로 1년간 열심히 공부해 변리사 시험에 합격했다. 그런데 막상 변리사에 합격하고 나니 아무런 준비도 없던 상황에서 그 먼 훗날이 급작스럽게 다가와 버렸고, 결국 변리사 합격증 잉크가 마르기도 전에 7년간의 공무원 생활을 마무리하고 변리사 개업을 하게 되었다.

남들과 달리 먼 길을 돌고 돌아 어딘가에 도착하고 보니 변리사가 되어 있었고, 지금은 변리사라는 직업이 내 인생 마지막 직업일거라 생각하고 있지만, 늘 오늘의 직업이 내 마지막 직업이 될 거라고 양치기 소년처럼 얘기해왔던 터라 이게 끝인지는 나 스스로도 장담할 수 없다.

지식재산 서적과
건축 서적

변리사는 어떤 직업인가?

전통적인 개념에서 재산이라 하면 돈, 부동산, 자동차와 같이 형태를 갖는 것들이 대부분이다. 그러나 산업이 발달하고 고도화됨에 따라 새로운 아이디어나 창작물, 노하우와 같이 눈에 보이지 않는 인간 두뇌 활동의 결과물에 대한 산업적, 재산적 가치가 주목을 받고 있다.

그런데 돈이나 부동산은 그 가치가 얼마나 큰지, 누가 소유하고 있는지, 어디까지가 소유의 경계인지 비교적 명확한 반면, 따로 정해진 형태가 없는 지식재산권은 가치의 크기나 주체, 범위를 일반인이 쉽게 판단하기가 어렵다. 또한, 경계가 모호하다보니 분쟁도 많을 수밖에 없다. 따라서 인간의 두뇌 속 지식을 끄집어내 구체화하고 다듬어 분쟁으로부터 정당한 권리를 지켜줄 전문가의 도움이 필요하다.

그런데 이렇게 무형의 지식에 형태와 경계를 부여하고, 이를 활용해 이익을 창출할 수 있도록 도와주기 위해서는 '재산권'이라는 법률적 영역과 '지식'이라는 기술적 영역의 유기적인 연결이 필요한데, 법률가는 법률가대로 엔지니어는 엔지니어대로 업무의 영역이 명확하게 분리되어 있는 종래의 전통적인 직업군으로는 이러한 업무를 온전히 감당해 내기가 어렵다. 이에 지식재산권의 창출부터, 활용 및 보호까지 전 과정을 책임지고 대리해주는 '기술적 소양을 갖춘 지식재산권 법률 전문가'라는 새로운 직업군이 나타나게 되었으며, 이들이 바로 변리사이다.

변리사의 주요 업무는?

인간의 창작활동에 의한 결과물은 워낙 다양하고 복잡해서 모든 지식재산을 법률에 의해 완벽하게 보호할 수는 없지만, 그래도 법률적 보호망이 상당히 촘촘하게 구축된 편이다.

산업 영역에서는 기술적 사상을 보호해주는 특허와 실용신안, 물품의 독특한 외관을 보호해주는 디자인, 상품(또는 서비스)을 타인의 것과 식별하기 위한 표장을 보호해주는 상표(또는 서비스표)데 대한 법률들이 있고, 문화 영역에서는 저작권에 관한 법률이 있으며, 부정경쟁방지 및 영업비밀보호에 관한 법률도 지식재산을 보호할 수 있는 제도적 장치라 하겠다. 변리사는 이렇게 다양한 지식재산 관련 법률을 취급하고 대리하며 자문해준다.

권리를 만들다 : 출원 업무

주로 고객이 이미 가지고 있는 권리를 보호해주는 여타 법률 관련 전문직과는 달리 변리사의 업무는 권리를 만드는 일부터 시작된다. 변리사는 고객의 머릿속에 있는 아이디어를 끄집어내 법률에 의해 보호받을 수 있는 형식으로 문서화하여 명세서를 작성하고, 심사기관인 특허청에 제출(출원)하여 심사를 요청함으로써 권리를 만들어 내는데 이러한 업무를 출원 업무라 한다.*

* 특허청 소관으로 별도의 심사가 필요한 특허, 상표 및 디자인과는 달리 저작권은 문화체육관광부 소관으로 창작과 동시에 권리가 발생하기 때문에 별도의 심사 절차가 없다.

변리사는 발명자와의 면담을 통해 발명의 내용을 파악한 후 그 발명의 차별성이 부각되도록 권리의 범위를 설정하고, 이를 설명하는 명세서를 작성한다. 그런데 이러한 출원 업무는 단순히 명세서를 특허청에 제출하는 것으로만 끝나는 것은 아니다. 이후 심사관과의 줄다리기 과정이 있는데 이 과정은 명세서를 작성하는 작업만큼 중요한 과정이다. 이 과정에서 권리의 실체와 범위가 확정되기 때문이다. 발명자는 가급적 포괄적이고 넓은 권리를 갖기 원할 것이고, 심사관은 발명자의 사익과 제3자의 공익 사이에서 균형과 형평을 유지하기 위해 권리를 좁히고자 할 것이다. 여기서 변리사는 고객의 편에 서서 심사관의 의견에 반박하고 설득함으로써 최대한 넓은 범위로 권리를 받아내는 작업을 한다. 이렇게 해서 특허증이나 상표등록증과 같은 등록증을 받게 되면 출원에 관한 업무가 마무리된다.

이런 출원 업무는 변리사의 주된 업무 중 하나로 가장 큰 비중을 차지하는데, 매 사건마다 기술분야가 상이하고, 내용이 새롭다보니 매 사건마다 새로운 마음으로 한 문장 한 문장 작성해야 한다. 끊임없이 새로운 사건이 연속

특허심사절차

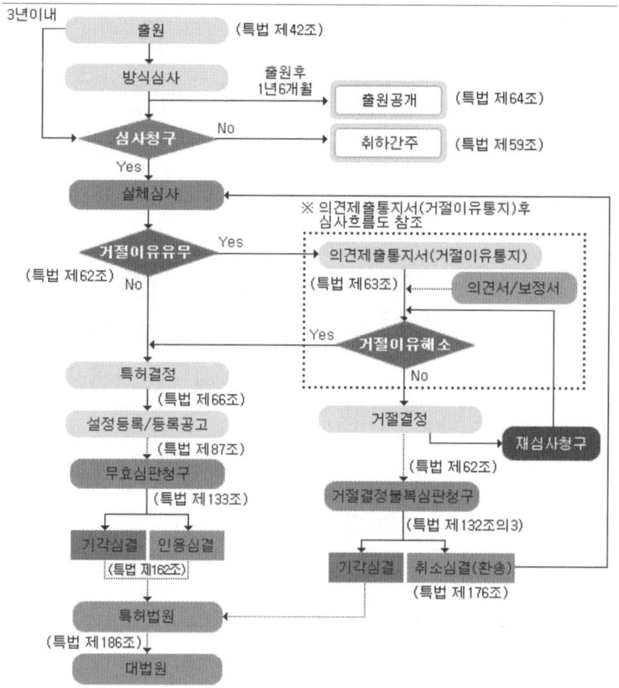

된다는 것은 분명 재미있고 매력적이긴 하지만, 한편으로는 정신적 피로도가 높은 업무이기도 하다.

분쟁을 대리하다: 심판, 소송 업무

지식재산권은 경계의 권리가 명확하지 않고 기본적으로 권리자만 사용할 수 있는 독점적인 권리인데다 정해진 형상이 없어 분쟁이 잦다.

지식재산권, 특히 산업재산권(특허, 실용신안, 디자인, 상표)의 침해가 발생한 경우, 침해금지청구나 손해배상 소송 등의 침해 관련 민사소송은 일반법원에서 이루어진다. 그러나 지식재산권은 권리의 경계가 애매하고, 내용 자체

특허심판절차

가 복잡하여 일반적인 법원에서는 실제로 권리를 침해하였는지 여부나, 권리의 유무효 여부를 판단하기 어려운 경우가 많은데다 산업재산권의 유무효 여부는 등록 기관인 특허청의 처분에 의해서만 정해진다. 따라서 전문적인 기술지식과 경험을 갖고 산업재산권의 발생, 변경, 소멸 및 권리범위에 관한 분쟁을 해결하기 위한 특별행정심판 절차를 거쳐야 하는데, 이를 담당하는 곳이 바로 특허청 소속의 특허심판원이다.

특허심판원의 심결(결정)에 불복하면 고등법원 급의 전문 법원인 특허법원에 소를 제기할 수 있고, 이후 대법원에 상고도 할 수 있으므로 특허심판은 사실상 제1심 법원의 역할을 수행한다. 변리사는 이러한 특별행정심판에 대하여 특허심판원, 특허법원 및 대법원에서 권리자 또는 그 반대쪽을 대리한다.

권리자는 침해품이 자신의 권리에 속한다는 심판을 청구할 수 있고(적극적 권리범위확인심판), 이와 대응하여 침해 주장을 받은 자는 자신의 제품이 그 권리에 속하지 않는다는 심판을 청구하거나(소극적 권리범위확인심판), 권리 자체를 무효시켜버리는 심판을 청구할 수 있다(무효심판). 이러한 심판 절차는 민사소송과 병행하여 청구될 수도 있고, 민사소송 없이 독립적으로 청구되기도 한다.

다만, 일반법원에서 다뤄지는 침해 관련 민사소송 역시 산업재산권 관련 법률과 기술에 대한 이해가 반드시 필요하기 때문에 변리사와 같은 지식재산 전문가의 조력이 필요하고, 변리사법에 의해 이러한 조력이 보장되어 있음

특허법원 재판정

에도 불구하고 현재까지는 변호사 강제주의에 막혀 변리사가 참여하고 있지 못한 현실이다.

분쟁 업무는 대부분 상대가 있는 싸움이기 때문에 상대방의 빈틈을 날카롭게 공략하면서 상대방의 공격을 막아내기 위해 탄탄한 논리를 만들어내야 하고, 심판정(또는 법정)에 출석하여 상대방의 대리인과 치열한 공방을 주고받아야 하므로 매우 역동적이고 흥미진진하다. 대신 분쟁 결과에 따라 고객의 명운이 걸린 경우가 많아 심적 부담도 꽤 큰 편이다.

기술을 거래하다: 기술 거래 및 라이센싱 업무

지식재산권도 엄연한 재산권이기 때문에 거래가 가능하다. 뿐만 아니라 지식재산권은 마치 도마뱀 꼬리와도 같아서 잘라낸다고 줄어드는 게 아니므로 빌려주고, 나눠주는 것도 비교적 자유롭다.

그런데 지식재산권, 특히 특허는 복잡한 기술 용어와 법률적 해석이 마구 뒤섞여 있기 때문에 비전문가의 입장에서는 권리의 실체를 제대로 파악하기 어렵고, 입장에 따라 기대하는 가치의 편차가 크다. 이에 변리사는 법률과 기술에 대한 전문성과 경험을 바탕으로 기술 거래, 기술 이전, 라이센싱 등을 중개하고, 이를 위해 감정이나 평가 업무를 수행한다.

특히, 건설 분야의 경우 설계, 제작, 시공 업체가 대부분 독립되어 있기 때문에 아무리 좋은 특허를 가지고 있다 하더라도 혼자서는 특허기술을 온전히 구현하기가 어려워 기술의 거래나 실시권의 허락이 활발하게 이루어질 수밖에 없다. 기술 거래 관련 업무를 위해서는 법률과 기술 뿐 아니라 회계 관련 지식도 요구된다.

기술 경영을 조언하다: 특허 상표 컨설팅 업무

기업이 새로운 제품을 개발하거나 새로운 분야의 연구를 시작할 때에는 많은 비용과 시간이 투자되는데, 이러한 투자 끝에 막상 뚜껑을 열어보니 이미 다른 사람이 개발해 선점했다거나 유행이 한참 지난 기술이어서 써먹을 곳이 없다면 기업 입장에서는 돌이킬 수 없는 타격을 입을 수밖에 없다.

따라서 신제품 개발과 연구는 돌다리도 두드려보는 자세로 신중을 기해야 한다. 가뜩이나 기술의 사이클이 짧아져 선도 기술을 따라가기도 바쁜데 지식재산권이라는 장벽들이 지뢰밭처럼 도처에 깔려 있으니 치밀한 계획과 전략 수립 없이는 요즘 같은 무한 경쟁 시대에 경쟁력을 갖추기 힘들다. 나의 기술을 지키기 위해 어디에 성을 세울 것인지, 어떻게 물 샐 틈 없이 튼튼하게 성을 쌓을 것인지, 경쟁업체의 공격은 어떻게 막고 어떻게 피해갈 것인지, 경쟁업체의 장벽은 어떻게 무너뜨릴 것인지 쉬지 않고 고민하고 대비해야 한다.

이러한 기업의 활동들을 돕기 위해 변리사는 지식재산과 관련된 기술 흐름을 통계화하고 분석하여 기업의 기술 경영에 전략을 제시해준다. 최신 기술에 대한 지식과 시장 흐름에 대한 이해 없이는 불가능한 업무라 하겠다.

특허 기술동향 분석 그래프

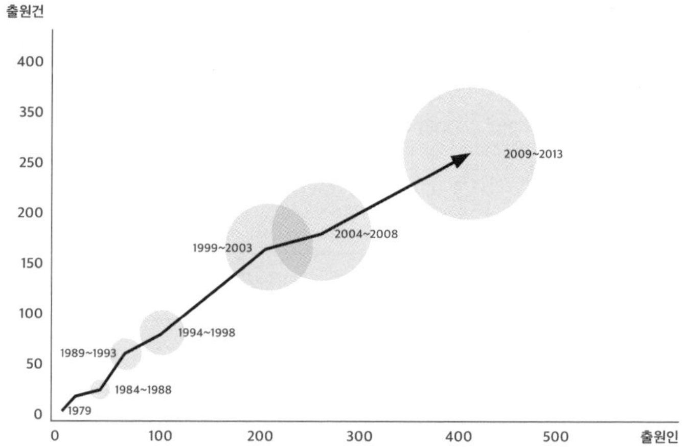

해외 진출을 돕다: 해외 출원 업무

지식재산권, 특히 산업재산권은 산업 발전에 이바지하는 것을 목적으로 하기 때문에 산업이 있는 곳이면 국내외를 가리지 않고, 산업의 뒤를 그림자와 같이 따라다닌다. 따라서 지식재산 관련 업무는 국제 업무가 그 어느 법률 분야보다 빈번하다. 이를 위해 변리사는 해외 각국의 대리인들과 네트워크를 구축하고 협업을 통해 해외에서 권리를 획득하거나(아웃고잉 사건), 해외 고객의 국내 권리 획득(인커밍 사건)을 돕는다. 여타 고시나 자격시험에 비해 높은 수준의 영어 성적을 요구하는 이유이기도 하다.

참고로, 우리나라는 국내 시장에 비해 상대적으로 해외 시장의 규모가 크기 때문에 산업재산권 역시 아웃고잉 사건 비중이 큰 편이고, 직접 해외에 나가 현지 자격증을 취득하여 변리업무를 하는 변리사들도 꽤 있다.

변리사가 되려면?

변리사가 되는 방법은 세 가지가 있다.

<table>
<tr><th rowspan="2">시험명</th><th rowspan="2">TOEIC</th><th rowspan="2">TEPS</th><th colspan="3">TOFEL</th><th rowspan="2">G-TELP</th><th rowspan="2">FLEX</th></tr>
<tr><th>CBT</th><th>IBT</th><th>PBT</th></tr>
<tr><td>일반 응시자</td><td>775점 이상</td><td>700점 이상</td><td>220점 이상</td><td>83점 이상</td><td>560점 이상</td><td>77점 이상 (Level-2)</td><td>700점 이상</td></tr>
<tr><td>청각 장애인</td><td>387점 이상</td><td>420점 이상</td><td>146점 이상</td><td>41점 이상</td><td>373점 이상</td><td>51점 이상 (Level-2)</td><td>350점 이상</td></tr>
</table>

변리사시험 공인 어학성적 기준점수

변리사 시험

가장 일반적인 방법은 변리사 시험을 통한 자격 취득이다. 1차와 2차 시험을 통과해야 하며 최종 합격자는 200명 정도 된다. 1차를 합격하게 되면 같은 해와 그 다음해 두 번의 2차 시험 기회가 주어진다. 시험 과목에 과학과목과 이공계열 전공과목이 포함된다는 것이 다른 법률 관련 전문가 시험과의 큰 차이점이다. 그만큼 변리사에게는 법률 지식 뿐 아니라 기술에 대한 이해가 매우 중요하다.

1차 시험은 객관식으로 특허, 상표, 디자인보호법을 포함하는 산업재산권법, 민법, 그리고 물리, 화학, 지구과학, 생물을 포함하는 자연과학개론 총 8과목으로 이루어진다. 2차 시험은 주관식으로 특허법, 상표법, 민사소송법이 필수 과목이며, 회로이론, 기계설계, 열역학 등 19과목 중 하나를 선택하여 치르게 된다.* 전반적으로 2차 시험의 난이도는 꽤 높은 편이며, 1차나 2차 시험 모두 합격률이 20% 정도 된다.

건축과와 관련된 선택과목은 '콘크리트 및 철근콘크리트공학(보통 '철콘'이라 한다)'이 있는데, 선택과목은 전공과 상관없이 자유롭게 선택이 가능하기 때문에 건축을 전공했다고 해서 반드시 철콘을 선택해야하는 것은 아니다.

* 2018년에 치러지는 55회 변리사시험부터는 선택과목은 따로 합산하지 않고 50점 이상을 받으면 통과되는 Pass or Fail로 제도가 바뀐다.

구분	제1차 시험				제2차 시험			
	대상	응시	합격	합격률	대상	응시	합격	합격률
2010년도	4,122	2,986	605	20.26%	1,371	1,230	244	19.83%
2011년도	3,921	2,868	627	21.86%	1,367	1,228	240	19.54%
2012년도	3,650	2,713	604	22,26%	1,321	1,154	235	20.36%
2013년도	3,473	2,549	620	24.32%	1,288	1,138	222	19.50%
2014년도	3,267	2,528	635	25.11%	1,280	1,148	216	18.81%
2015년도	3,186	2,814	646	22.96%	1,263	1,131	218	19.21%

합격자 통계 (단위: 명, %)

실제로 변리사 시험 통계를 살펴보면 다른 선택과목에 비해 철콘 점수가 매우 낮은 편이라 지레 겁을 먹고 건축 전공자임에도 불구하고 다른 과목을 선택하는 경우가 많은데, 전체 응시자 중 건축과 출신 비중이 워낙 낮다보니 통계적인 착시가 아닌가 싶다. 학부 시절 철근콘크리트 과목 수업을 충실히 들었다면, 공부 소요 시간과 합격 가능성 어느 모로 보나 다른 과목보다는 철콘을 선택하라고 추천하고 싶다.

변호사 자동 자격

두 번째 방법은 변호사가 되는 것이다. 사법시험이나 로스쿨(법학전문대학원) 졸업 후 변호사 시험에 합격하면 일정 요건의 연수를 조건으로 변리사 자격이 주어지는데 현재 전체 등록 변리사의 60% 정도가 이에 해당한다.

과거 법률 관련 유사 직역에서 전문 인력 부족을 보완하기 위해 변호사에게 변리사, 세무사, 법무사 등 자격을 공짜로 주던 구습이 아직 남아 있는 탓이다. 문제는 현실적으로 로스쿨 중 이공계 출신 비중이 매우 낮은데다 그 중에서도 지식재산 관련법을 공부한 비중은 더욱 낮아, 변호사 출신 자동 자격

변리사시험	특허청	변호사	계
2,725명	781명	5,379명	8,885명
30.67%	8.79%	60.54%	100%

등록 변리사 통계 (특허청, 2014.12.31. 기준)

자가 정상적으로 지식재산권 관련 업무를 수행하기에는 무리가 있다. 등록 변리사의 60%를 차지하고 있다지만 실제로는 등록만 하고 변리 업무는 하지 않는 이들이 많은 이유다. 2017년 말 변호사의 세무사자격 자동 취득 제도 폐지를 시작으로 변리사 자격 자동 취득 역시 제도적 변화가 불가피할 것으로 예상된다.

특허청 출신

세 번째 방법은 특허청 심사관이 되어 변리사 자격을 취득하는 것이다. 특허청 5급 이상 공무원 중 특허행정사무(주로 심사 또는 심판 업무)에 종사한 경력이 5년 이상이면 1차 시험 전부와 2차 시험 일부 과목을 면제 받아 변리사시험에 응시할 수 있다.*

그러나 특허청 5급 사무관이 되기 위해서는 변리사 시험만큼이나 높은 관문을 넘어야 하는데다, 아무리 일부 과목을 면제해준다 하더라도 느지막한 나이에 일과 공부를 병행해야 하는 어려움에 더해 그 나이쯤에는 돌봐야 하는 가정이 있는 경우가 많아 시험공부에 전념하기 어려워 합격자 수가 매우 적은 편이다. 최근에는 한 해 합격자가 10명 내외에 불과하여 앞으로 특허청 출신 변리사 비중은 급격하게 감소할 것으로 예상된다.

어떤 방법으로 변리사가 될 것인지는 각자 처한 상황과 취득 후 계획에 따라 자유롭게 선택할 일이다. 그러나 어느 분야든 전문직 종사자가 전문성

* 특허청 공무원 경력자의 경우 예전에는 시험 없이 자동으로 자격이 주어졌으나, 2000년에 자동자격제도가 폐지되었다.

없이 '사'자 타이틀만으로 먹고 살던 시절은 이미 오래전에 지나갔다는 사실을 알았으면 한다. 변리사 시장 자체도 이제는 경쟁이 매우 치열해 기술과 지식재산권 관련 법률에 대한 기본기 없이는 살아남기 어렵다.

건축 전문 변리사?

건축 전문 변리사가 따로 있는 것은 아니다. 변리사의 전문 영역에 따라 전문 변리사 제도를 운영하면 소비자가 보다 쉽게 선택할 수 있고, 더 나은 서비스를 받을 수 있어 바람직하지만 여러 가지 현실적 문제로 인해 아직 실현되지는 못하고 있다.

현재 건축을 전공하여 건설 분야 전문을 내걸고 업을 하는 변리사들이 몇몇 있기는 한데, 실제 변리업 시장에서 건설 분야가 차지하는 비중을 생각한다면 아직도 그 숫자는 많이 부족해 보인다. 건설 분야는 기술 난이도가 낮아 아무나 다 할 수 있다는 건축 비전공자들의 잘못된 인식과 건설 분야만으로는 먹고 살기 힘들 거라는 건축 전공자들의 선입견 때문인 것 같다. 전공자가 건설 시장을 과소평가하여 회피하고, 비전공자에게 앞마당을 내주는 꼴이다.

그러나 실제 일을 하다보면 건설 분야만큼 전공 변리사의 역량이 크게 작용하는 분야가 없다. 워낙 배경 지식의 범위가 넓다보니 건축 관련 기본 지식이나 현장 경험이 없으면 고객이 제공한 정보만으로는 고객의 아이디어를 논리적인 글로 온전히 옮겨내기가 만만치 않다.

개인적으로는 변리사가 스스로 가장 잘 할 수 있는 전문 분야를 적극적으로 알리고 소비자가 객관적으로 선택할 수 있도록 하는 것이 고객 입장에서나 변리사 입장에서나 바람직하지 않을까 싶다. 건축 기술은 건축 전공자가 제일 잘 처리할 수 있는데다 건설 산업에서 지식재산에 대한 수요가 적지 않으니 앞으로 더욱 많은 건설 전문 변리사가 나오기를 기대한다. 내과 환자를 외과 의사한테 맡길 수는 없는 일 아닌가.

경쟁력 있는 변리사가 되려면?

요즘 대부분의 전문직종이 그렇듯이 자격증만으로 경쟁에서 살아남기는 어렵다. 그렇다면 치열한 경쟁시장에서 살아남으려면 어떤 경쟁력을 갖춰야 할까?

우선 고객과의 대면을 즐길 줄 알아야 한다. 변리사 업무는 고객과의 관계에서 시작된다. 먼저 고객을 끌어와야 하고, 상담을 통해 고객이 원하는 바를 정확하게 파악해야 한다. 고객 신뢰의 절반은 상담 때 형성된다고 해도 과언이 아니다. 끊임없이 사람을 만나고 소통을 해야 하며, 가끔은 난처한 얘기도 솔직하게 전할 수 있는 용기가 있어야 하는데, 이런 일이 귀찮고 어렵다면 변리사는 참으로 곤욕스러운 직업이 아닐 수 없다. 변리사 시험, 사법고시, 행정고시 등 각종 고시를 준비하는 또는 준비했던 지인들 중에는 조직 생활이 적성에 맞지 않고, 사람 대면하는 게 껄끄러워서 나름 편안한 직업을 찾던 중에 전문직이 되기 위해 고시를 선택한 사람이 적지 않다. 그런데 오히려 전문직은 모든 인간관계를 조직이 아닌 개인 스스로가 짊어지고 가야하기 때문에 그 어느 조직보다 사람과의 접점이 많은 게 현실이다. 다양한 인간관계를 즐기지 못하거나 최소한 참아낼 수 없다면 매일 매일의 업무가 고단해질 수밖에 없다. 물론 대인관계 기술은 선천적 능력이 중요하다보니 자기 의지로 이겨내기에는 어느 정도 한계가 있긴 하다.

다음으로는 전공 분야에 대한 전문 지식과 경험을 들고 싶다. 고객과의 대면 능력이 다소 서툴러서 당장은 고객이 별로 없더라도 탄탄한 전공지식과 경험으로 무장한 변리사라면 그리 오랜 시간이 걸리지 않아 시장에서 그 실력을 인정받고 안정적 궤도에 오를 수 있다.

출원, 소송, 기술평가, 기술거래, 특허 컨설팅 등 어떤 업무를 하든지 기술에 대한 이해는 필수적이다. 변리사가 제대로 알아듣지 못한다면 고객 입장에서는 한 마디면 될 것을 열 마디 백 마디로 설명해야 하는 번거로움에 답답함을 느낄 수밖에 없고, 과연 사건을 맡겨도 될까 의구심이 앞설 것이다. 고객도 괴롭고 변리사도 괴로운 일이다.

다만, 변리사(변리사 시험 출신)라면 누구나 기술에 대한 기본지식은 웬만큼 다 가지고 있으니 남들도 다 가진 수준의 능력을 경쟁력이라 할 수는 없을 것이다. 경쟁력은 변리사의 눈높이가 아니라 고객이 눈높이에 맞춰야 한다. 건축 전공자의 예를 들자면 최소한 건축기사나 기술사 또는 현장 경험 등을 들 수 있겠다. 물론 전공지식에 대한 지속적인 업데이트도 필수적이다.

필자의 경우 어찌어찌 하다 보니 건설 회사 경력과 건축구조기술사 자격을 갖게 되었는데 이러한 경력은 변리업을 하는데 생각보다 꽤 강력한 무기가 되어 주었고, 다른 분야로 한눈팔지 않고 건설 분야만 주력해도 생계에 지장은 없게 되었다. 물론 업무 처리도 훨씬 수월하다.

고객 대면 능력이나 전공 지식 외에도 해외 업무를 위한 외국어 능력, 기술평가를 위한 회계 관련 지식, 상대를 설득시킬 수 있는 논리력이나 순발력 등도 변리사로서 경쟁력을 갖출 수 있는 좋은 능력이라 하겠다.

후배들에게 한마디_
건축을 생각하다

필자는 건축과 인기가 꽤 높았던 시절에 건축과를 입학했다가 IMF로 건설 경기가 소위 폭망했을 때 졸업해 상투를 잡은 세대다. 그리고 대학 시절 남들 흉내 내며 겉으로만 열정 가득한 '무늬만 건축학도'였던 터라 졸업 후 건축에 대한 애착도 그다지 크지 않았다. 게다가 졸업 후에는 건설시장이 불황이라는 얘기를 십수 년간 줄기차게 들어왔고, 자식이 말을 안 들으면 '건축과 보내버린다'고 겁주겠다는 자조적인 농담도 종종 주고받곤 했었다.

그런데 이상하게도 얼마 전 '말 잘 듣는' 초등학교 3학년 아들 녀석이 커서 건축가가 되고 싶다는 말을 했을 때 전혀 실망스럽지 않은 내 자신을 보고 오히려 당황했던 적이 있었다. 곰곰이 나의 지난날들을 가만히 돌이켜봤더니 건축과를 선택했던 스무 살 나의 결정을 후회한 적도 아까워해본 적도 없었다는 사실에 내 스스로 더 놀랐다.

건축은 공학인데 인문학 같기도 하고, 실용 학문인데 예술 같기도 한 특이한 분야이다. 현재는 정통 건축에서 살짝 벗어난 길을 걷고 있지만 건축만큼 스펙트럼이 넓고, 매력 있는 학문을 찾기는 어려울 것 같다. 경제, 금융, 부동산, 법률, 복지 등 건축이 미치지 않는 영역이 없고, 건축 전공자로서 실력 발휘할 수 있는 자리가 무궁무진하다. 건축, 꽤 괜찮은 학문이다.

아울러 젊은 후배들에게 한 가지 더 해주고 싶은 얘기는 꿈에 대한 강박에서 벗어났으면 하는 것이다. 필자는 오히려 딱히 꿈이 없어서 잘 풀린 사례라고 스스로 위로하며 나름 잘 살아내고 있다. 최선의 목표가 없다보니 차선, 차차선을 차곡차곡 쌓을 수밖에 없었고, 과정이야 안개 속같이 무료하기 그지없었지만 돌고 돌아 다행히 지금은 몸에 잘 맞는 옷을 찾았다.

꿈이 있다면 있는 대로 꿈을 향해 가면 되는 거고, 꿈이 없다면 없는 대로 오늘 하루하루 충실하게 살면 그만이다. 꿈이란 게 갖고 싶다고 억지로 만들어지는 것도 아니고, 맘속에 그리던 꿈이 현실과 같으리란 법도 없다. 꿈으로 인해 스스로 자책하고, 상처받지 않기를 바란다.

Q1_ 연봉이 얼마인가요?

연봉이 5억 얼마니 하면서 해마다 전문직 소득 1위를 차지하고 있는 변리사. 그러나 언론들이 인용하는 국세청 발간 국세통계연보 자료는 변리사 개인의 연봉이 아니라 개인사업자의 평균 연매출액이다. 일반적으로 하나의 사업자에 여러 전공의 변리사를 비롯하여 다수의 직원들이 있는데다 임대료 등 사무실 유지비가 적지 않다는 것을 감안하면 실제 소득 수준은 발표치에 훨씬 못 미친다.

그렇다면 실제 변리사의 소득은 얼마나 될까? 대략 신규 변리사의 경우 연봉이 4-5천만 원, 6-7년차 정도 되면 7-8천만 원 정도 되고, 그 이후에는 완만하게 꺾이면서 연봉 1억 원 안팎이 일반적인 최대치가 아닐까싶다. 변리사의 업무는 처리할 수 있는 한계가 있다 보니 아무리 실력이 훌륭하고, 고객이 많다 한들 소득이 한없이 올라갈 수는 없는 구조이다. 물론 적은 연봉은 아니지만 돈 많이 벌어보겠다고 뛰어들었다가는 실망감이 적지 않을 것이다.

Q2_ 업무강도는 어떤가요?

일하는데 시간과 공간의 제약이 덜한 업무 특성상 언제 어디서든 일을 할 수 있다는 것은 한편으로는 내 시간을 자유롭게 활용할 수 있다는 장점이기도 하지만, 다른 한편으로는 어떤 순간, 어떤 장소에서도 일에서 벗어날 수 없다는 게 단점이기도 하다. 한마디로 '퇴근'이라는 개념이 별로 없다.

그리고 건축 시장도 마찬가지인데 변리업 역시 노력이나 결과물의 품질에 비해 턱없이 낮은 수임료가 문제다. 수임료 수준은 그대로인데 물가는 지속적으로 상승하다보니 수익을 유지하기 위해서는 업무의 강도가 점점 높아질 수밖에 없는 것이 현재의 시장 상황이다. 게다가 변리사 업무는 대부분 똑같은 일이 거의 없고 매번 새로운 서면을 작성해야 하는데다 업무 처리 외에 고객 상담이나 영업 활동도 매우 중요하기 때문에 시간적으로 여유로운 삶과는 다소 거리가 먼 것 같다. 업무량과 소득이 비례한다면 좋겠다만 업무량이 일정 한계에 도달하게 되면 소득의 증가율은 급격하게 떨어진다. 삶의 질을 해치지 않으면서 업무의 강도를 적절히 조절할 수 있는 것도 능력이다.

Q3_ 변리사 업무를 하면서 학생 때 배운 건축을 많이 사용하고 계신가요?

대기업 다니던 시절 건축구조기술사를 취득하고, 얼마 지나지 않아 공무원이 되었을 때 대학 4년, 대학원 2년, 대기업 5년 총 11년 동안 배운 건축은 물론 건축구조기술사도 이제는 더 이상 써먹을 데가 없겠구나 아쉬운 생각이 든 적이 있다. 그런데 막상 변리업을 시작해보니 정통 건축이 아닌 분야에 종사하면서도 학생 때 배운 건축을 가장 많이 활용하는 직업 중 하나가 변리사라는 걸 매일 매일 실감하고 있다. 건축분야 특허가 워낙 다양하다보니 구조역학, 환경, 시공, 심지어 설계까지 학생 때 배운 건축을 알뜰살뜰하게 잘 써먹고 있다. 심지어 학교 다닐 때 배우던 교재들이 아직도 심판, 소송에서 아주 훌륭한 증거자료로 사용되고 있고, 설계한다고 습관적으로 끄적이던 스케치 실력도 고객 상담이나 명세서 도면 작성에 아주 요긴하게 사용되고 있다.

Q4_ 변리사는 해외 진출 기회가 많은가요?

우리나라 기업들의 해외 출원이 계속 증가하다 보니 한국 변리사의 수요 역시 적지 않다. 이에 따라 해외에서 변리사 자격을 취득하여 현지에서 근무하는 경우가 많다. 언어에 대한 부담만 없다면 시도해볼 만하다.

Q5_ 변리사는 후배들에게 추천할만한 직업인가요?

결론부터 얘기하자면 내 아이들이 변리사가 되고 싶다고 하면 말리지 않을 것이다. 변리업은 매 사건마다 성패가 명확하고 업무결과에 대한 성과와 책임이 조직이 아닌 변리사 개인에게 있다 보니, 고객의 반응은 긍정적이든 부정적이든 오롯이 변리사의 몫이다. 고객의 반응은 직접적이고 신속하며 적극적이다. 금전적 보상보다는 업무적인 성취감 차원에서 충분히 매력적이다.

Q6_ 변리사가 되기 위해 로스쿨 진학을 하는 건 어떤가요?

팔이 안으로 굽어서 그런지 몰라도 변리사를 하고 싶다면 로스쿨 보다는 변리사 시험을 보라고 권하고 싶다. 물론 로스쿨 출신으로 변리업을 훌륭하게 해내는 사람도 분명 있다. 그러나 변호사와 변리사 두 마리 토끼를 잡아보겠다고 이도 저도 아닌 중간영역을 서성이다보면 어디서도 환영받지 못할 가능성이 크다. 이왕 진로를 정했으면 선명성을 잃지 않도록 하는 것이 중요하다.

Q7_ 변리사는 정년이 보장되는 직업인가요?

전문직종의 가장 큰 장점은 70세에도 업을 할 수 있는 것이라고 들 한다. 그러나 그건 자기 사업을 할 때 이야기이고, 고용된 상황이라면 정년 문제는 오히려 일반 기업만 못하다. 변리사라는 직업은 꽤 안정적인 직업임에 틀림없지만, 그것이 직장의 안정성까지 보장해주는 건 아니다. 고용 유연성이 매우 높은 직업군 중 하나라 할 수 있다. 한마디로 취업도 쉽고 해고도 쉽다.

다만, 개업비용이 거의 들지 않고, 위험성도 낮은 편이기 때문에 퇴직하더라도 언제든 내 사무실을 열 수 있는 것은 큰 장점이다.

Q8_ 변리사의 앞으로 전망은 어떤가요?

현재 국내 현실은 과도한 경쟁으로 밝지만은 않다. 그동안 존재하지 않았던 새로운 종류의 지식재산이 끊임없이 생성되고, 지식과 정보가 갖는 권력의 크기와 재산가치가 점점 커지는 거시적 흐름을 보았을 때는 지식재산 시장이 지속적으로 성장할 수밖에 없을 것이라고 막연하게 기대해볼 뿐이다. 지식재산 시장의 주체들이 어떻게 대응하느냐에 따라 시장 상황은 매우 유동적이다.

다만, 변리사는 기술과 법률의 융합이라는 특이한 직업군이기 때문에 다른 인력으로 대체가 쉽지는 않다는 점은 긍정적인 요인이라 할 수 있다.

Q9_ 건설회사, 공무원, 변리사 중 어떤 직업이 가장 좋나요?

다른 사람보다 조금은 다양한 경력을 가지고 있다 보니 종종 받는 질문이다. 특히, 이전 직장들이 워낙 안정적이라고 소문난 직장들이다 보니 전직을 이해 못하겠다는 소리도 많이 들었다. 좀 허무하게 들릴 수도 있으나 그때마다 근무 여건, 연봉, 삶의 질,

타인의 평판, 장래성 등등 이것저것 따져보면 총합은 동일하다고 대답한다. 단지 선택의 문제일 뿐이라고. 직업이란 게 워낙 개인차가 크다 보니 과연 자신에게 맞는 옷인지를 객관적으로 따져보는 것이 가장 중요할 것 같다.

그리고 어떤 직업을 갖고 있느냐보다 맡은 업무를 어떻게 해내느냐가 더 중요한 핵심이다. 그릇 자체보다는 그릇 안에 채워지는 내용물이 훨씬 중요하다.

또 한 가지, 어떤 직업을 바라보는 세상의 평가, 특히 겪어보지 않은 일반 대중들의 평가에 혹하지 않았으면 한다. 어떤 직업이든 겉으로 보이는 모습은 극히 일부분에 불과하다. 똥인지 된장인지는 먹어봐야 안다.

Q10_ 변리사 시험 준비는 어떻게 해야 하나요?

1차 시험 면제에 2차 시험 일부 면제로 변리사 자격을 취득한 경우라 변리사 시험 요령에 대해 이렇다 저렇다 논할 자격이 있는지는 모르겠으나, 건축구조기술사 시험, 기술고시 1, 2차, 변리사 시험 2차 등 각종 시험을 경험해본 바로는 공부 요령은 비슷비슷한 것 같다.

순전히 개인적인 경험에서 일반론적인 몇 가지만 얘기하자면 시험 준비기간을 최소한으로 잡고, 대신 주어진 시간을 최대한 촘촘하게 활용할 것, 꼼꼼하게 글을 읽는 습관을 가질 것, 무엇이 되었든 절박한 자기만의 이유를 가질 것.

젊은 디벨로퍼의 꿈

부동산 디벨로퍼

김경훈

국내 부동산개발사업의 초창기는 현대건설, 대우건설, 현대산업개발 등 대형 건설사 등이 시행과 시공을 함께 진행하였다. 그러나 1998년 IMF 사태가 발생되면서 대형 건설사의 연쇄적인 부도가 사회적인 문제가 되어 정부에서는 과도한 차입을 방지하기 위한 방법으로 시행과 시공을 분리하는 정책을 시행하게 되었다. 이는 건설사 중심의 개발사업에서 초창기 디벨로퍼가 태동하는 계기가 되었다. 디벨로퍼 1세대 중 현재까지 활동 중인 회사는 필자가 다니고 있는 신영과, MDM, 피데스개발 등이 있으며, 네오밸류, DS네트웍스, 화이트코리아, HMG 등이 후발주자로 다양한 분야에서 활약하고 있다. 하지만 일반 사람들은 디벨로퍼가 대부분 생소할 수밖에 없는데 신영을 제외한 나머지 회사들은 대부분 건설사의 브랜드를 사용하고 있기 때문에 디벨로퍼의 존재를 잘 모를 수 있다. 하지만 실제 부동산개발 사업의 다양한 곳에서 중심적인 역할을 수행하고 있다.

우선은 디벨로퍼를 국어사전에서는 '사업성검토에서 부터 용지매입, 개발 컨셉 설정, 시공, 분양까지를 모두 아울러서 관리하는 부동산개발 전문가'라고 정의하고 있다. 백과사전에서는 '그대로 내버려 두어서는 자연발생적으로 생기지 않는 것을 계획적·종합적 사업으로서 개발하는 업자'라고 표현하고 있으며, 정확히 법적 정의로는 『부동산개발업의 관리 및 육성에 관한 법률』 제2조 제1항에 의거하여 '부동산개발이란 토지를 건설공사의 수행 또는 형질변경의 방법으로 조성하는 행위와 건축물을 건축·대수선·리모델링 또는 용도변경 하거나 공작물을 설치하는 행위를 이야기하고, 다만 시공을 담당하는 행위를 제외한다'로 규정하고 있다. 마지막으로 부동산 개발협회에서는 '부동산 개발사업을 시장의 수급상황과 부동산이 가진 잠재력을 정확히 예측, 판단하고, 그에 적합한 개발방안을 마련한 후, 기획, 용지확보, 금융연계, 설계, 시공, 분양, 사후관리 등 일련의 단계를 거치면서 부동산에 대한 새로운 가치를 창조하는 영업활동'으로 정의하고 있는데 개인적으로 이 정의가 디벨로퍼의 특징을 가장 잘 나타내는 것이라 생각한다.

디벨로퍼로는 공공부분으로 LH공사, 수자원개발공사, SH공사, 경기도시공사 등 지방공사 등이 있으며, 민간으로는 부동산개발업 등록업체, 주택건설사업 등록업체, 조합, 건설사 등이 있다. 부동산 개발사업을 시행하는 시행사를 디벨로퍼라고 부르며, 통상적으로 공공기관 보다는 민간을 디벨로퍼라고 총칭하고 있다.

해외 디벨로퍼의 위상은?

우리나라의 경우 디벨로퍼로 제일 오래된 회사 중 하나인 신영마저도 올해가 30주년으로 역사가 그리 오래된 것은 아니다. 반면, 디벨로퍼의 역사와 전통이 오래된 일본, 미국 등에서는 유수의 회사들이 오랜 역사와 큰 규모를 자랑한다. 대표적인 일본 디벨로퍼와 비교하면 이해가 빠를 것 같아서 간단히 소개하면 오른쪽 표와 같다.

미쓰이부동산은 1941년 창업된 회사로 일본의 대표적인 1위 부동산 개발회사이다. 2017년 기준으로 매출액이 17조억 원이 넘는 대형회사로 미드타운, 도쿄디즈니를 개발 운영하고 있는 곳으로 유명하다. 일본 도쿄 중심가의 니혼바시 미쓰이타워 등 프라임급 오피스 개발 및 매각주선, 주택의 건설에서 운영까지 부동산 관련 모든 포괄서비스를 제공하는 것으로 유명하다.

모리빌딩의 경우는 1959년 설립되어 도쿄 구내에서 중소형 오피스 빌딩을 중심으로 성장해온 회사이다. 이후 1986년 완공된 아크힐즈를 시작으로 롯본기힐즈, 토라노몬힐즈 등 오피스, 주거, 호텔, 판매시설을 복합으로 개발하기 시작하여 종합 부동산개발 회사로 거듭났다. 모리빌딩 초청으로 롯본기힐

구분	모리빌딩	미쓰이부동산	신영
설립일	1959년 6월	1941년 7월	1989년 4월
자본금	약 6,975억원*	약 3조5,362억원	100억원
매출액	약 2조6,930억원	약 17조7,428억원	1조4,858억원
사원수	1,294명	1.397명	90명
사업 내용	- 도시 재개발사업 - 부동산 임대, 관리 - 매니지먼트 사업	- 분양 사업 - 중개·판매수탁 - 컨설팅 사업	- 부동산 개발, 운영 - 자산관리, 투자자문 - 매니지먼트 사업
대표 건물	롯본기 힐즈 	미드타운 	청주 지웰시티 
	상하이 국제금융센터 	니혼바시 미츠이타워 	여의도 MBC 복합개발 

모리빌딩 도쿄모형 및
모형제작과정

즈의 모리빌딩 사옥을 방문할 기회가 있었다. 가장 인상 깊었던 부분은 비싼 도심빌딩의 한 층을 비워 도쿄 전체를 손수 모형을 만들었고, 건물이 들어갈 때 마다 도시경관과 재생 측면에서 어떤 영향이 있는지 검토하고 고민하는 모습에서 많이 놀랐고 반성도 많이 하게 되었다.

현재 일본의 디벨로퍼는 일방적인 대규모 개발이 아니라 역사, 문화, 예술 등을 반영한 도시재생의 주체로서 개발의 방향이 바뀌도록 많은 노력을 기울이고 있었다. 특히 롯본기 지역은 모리빌딩의 '롯본기힐즈'와 미쓰이부동산의 '미드타운', 지자체의 '국립현대미술관'이 '아트 트라이앵글'을 형성하여 각종 이벤트와 미술전시 행사 등을 지속적으로 운영, 지원하여 도시재생의 시발점 역할을 하기 위해 다방면의 노력을 하고 있었다. 향후 국내 디벨로퍼도 도시와 사회 문제에 더욱 관심을 가지고 진행해야 보다 성장할 수 있을 것으로 생각해 보았다.

미국의 디벨로퍼를 살펴보면 미국 현재 대통령인 도널드 트럼프도 뉴욕 맨해튼을 근거지로 했던 디벨로퍼 중에 한명이다. 미국 전역에 자신의 이름을 딴 호텔, 콘도, 골프클럽, 빌딩을 개발 및 운영하였다. 대표적으로 뉴욕의 랜드마크인 58층의 마천루인 트럼프타워에서 대통령이 되기 직전까지 생활한 것으로 유명하다. 이처럼 일본과 미국 등 선진국에서는 시행을 하는 디벨로퍼와

롯본기힐즈, 미드타운,
국립현대미술관을 연결한
도시재생의 시발점 노력

시공을 하는 건설사 간의 역할이 뚜렷이 구분되어 있으며 디벨로퍼의 위상 또한 튼튼한 자본력과 기획력을 바탕으로 매우 높은 것을 살펴볼 수 있었다. 아직은 국내 디벨로퍼가 자본금 규모도 작고 역사도 많이 부족하지만 몇 년간 축적한 노하우와 자본을 바탕으로 해외 디벨로퍼와 같이 한차례 도약할 수 있을 것으로 조심스럽게 예상해 본다.

국내 디벨로퍼는 어떤 모습일까요?

실제로 필자가 다니고 있는 신영그룹은 디벨로퍼 1세대로 16만 평 규모의 청주지웰시티 MXD개발, 여의도 MBC 재생사업 등을 진행하고 있다. 2016년 그룹 전체 매출은 1조 4,858억 원이며, 그중에 부동산 개발을 담당하고 있는 ㈜신영은 2016년 기준 매출액은 6,241억 원을 달성하였다. 총 직원 수는 90명 내외로 1인당 생산성은 약 69억 원으로 다른 건설업(상위 1~20위 건설사 2015년 기준)이 평균 생산성 17억 원에 대비해서 매우 높은 수치를 나타내고 있다. 이를 역으로 분석해보면 디벨로퍼는 건설업 대비해서 적은 인력으로 매우 높은

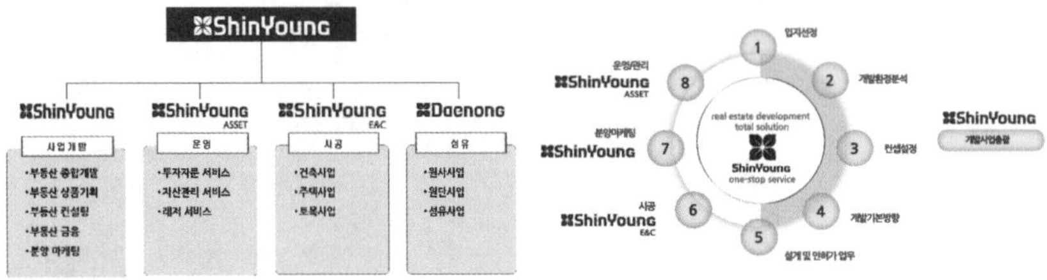

국내 대표적 디벨로퍼 신영그룹의 조직도 및 역할

생산성을 가지고 있다. 적은 인원으로 높은 수익성을 내기 위해서 경험이 풍부한 인력들이 많은 노력을 기울이고 있다는 것을 살펴볼 수 있다.

디벨로퍼 회사 중 규모가 제일 큰 회사인 신영 조직을 세부적으로 살펴보면 땅을 수주 및 기획하고 모든 과정을 총괄하는 PM 업무를 담당하고 있는 사업본부(통산 개발팀, 사업팀이라 불린다.)가 있고, 건설사와 함께 공정관리와 원가관리를 하는 CM팀, 설계사, 인테리어 회사와 함께 상품을 개발하고 관리하는 상품개발팀 등이 있다. 그 밖에 자금관리 및 금융조달을 주로 하는 자금팀과, 수납을 하는 분양관리팀, 회계를 담당하는 회계팀이 소속되어 있고, 법무, 인사, 총무 등으로 회사 전체를 지원하는 전략지원본부로 구성되어 있다.

보통의 디벨로퍼 조직은 상품개발팀이나 CM팀의 업무를 건설사에 대신하는 경우가 많으며, 분양조차도 건설사의 브랜드나 조직을 활용하는 경우가 많아 조직을 일반화하기에 한계가 있다.

특히, 요즘에는 상업시설을 분양하기 보다는 운영으로 전환하기 위해서 상업시설을 전담하는 조직을 신설하고 있으며, 펀드나 리츠를 활용하기 위한 자산운용사를 설립하거나 연계하고 있다.

건축과 출신들이 가장 많은 곳이 설계사와 함께 기획하는 상품개발팀이나 건설사의 품질과 공정을 관리하는 CM팀이다. 하지만, 개발사업의 가장 중요한 부분인 사업팀(통상 영업팀, 개발팀이라 불린다.)에서도 필자와 같이 건축이나 도시를 전공으로 한 사람들도 다수를 차지하고 있다. 실제적으로 사업을 진행할 때 건축과 도시를 전공했던 경험들이 프로젝트 추진할 때 많은 도움을 주고 있어, 필자처럼 건축과 출신이 이 분야에 진출을 꿈꾸는 것도 다양성 측면에서 추천하고 싶은 부분이다.

직급에 따라 어떤 일을 하나요?

조직구조에서 살펴볼 수 있듯이 디벨로퍼 회사는 주로 경력이 많은 사람들을 위주로 구성하고 있다. 따라서 설계사무소, 건설사, 금융회사 등의 기초적인 경험을 마스터한 사람을 선호하여 기존에는 경력직 위주로 많이 채용하였으나, 현재는 각 회사별로 신입사원을 공채로 뽑는 곳이 대형 디벨로퍼를 중심으로 점점 확대되고 있는 경향을 나타내고 있다. 필자도 공채로 입사하여 현재 신사업개발팀 팀장과 부장 역할을 맡고 있다.

보통 학교에서 강연을 하게 되면 학생들이 신입사원은 어떤 일을 하는지에 대하여 매우 궁금해 한다. 농담으로 강연에서는 '신입의 주된 일은 복사와 문서 정리하는 일, 모델하우스에서 신발 정리하는 일' 등을 이야기 하는데 사실 신입사원 때에는 특별한 일이 바로 주어지지는 않는다. 통상 인턴기간으로 입사 후 3개월에서 6개월 정도 선임사원들의 일들을 직·간접적으로 도와가며 배우는 일이 주된 일이며, 학교 과정에서 배우기 힘들었던 실무 내용들을 대략 1년 동안 배우게 된다. 학교에서 배운 것은 매우 기초적인 것으로 용어나 실무내용에 대해서는 다시 전문적인 서적이나 공부를 같이 병행해 나가야 한다. 이 신입기간에 자신이 대학시절에 부족한 부분에 대해 다시 보완해야 향

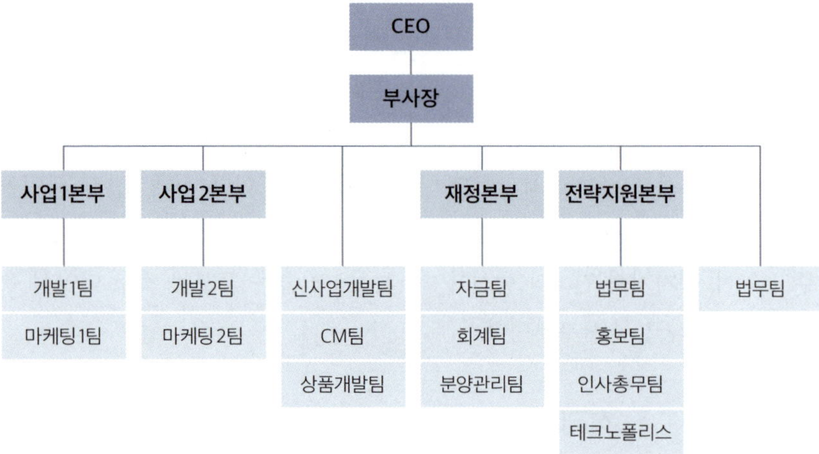

디벨로퍼 신영그룹의 세부 조직도

후 새로운 업무와 일을 잘 진행해 나갈 수 있는 것이다. 따라서 이 기간이 실무자로서 승패를 좌우한다고 해도 과언이 아니다. 다양한 실수를 통해서 자신의 부족함을 빨리 깨닫고 자신의 능력을 키워나가야 하는 시기인 것이다.

이 시기를 무사히 잘 견뎌내면 대리로 진급하고 본격적으로 사업을 주도적으로 진행할 수 있는 기회가 주어진다. 보통 대기업에서는 과장부터 본격적인 업무가 주어지지만 대부분의 디벨로퍼 회사에서는 타 대기업보다 빠르게 업무를 배울 수 있는 기회가 주어진다. 대리로 처음 업무를 접해보면 실상 모든 것이 새롭게 느껴지기 때문에 이때부터 법규를 세부적으로 살피게 되고 업무에 대한 구체적이고 세부적인 습득이 가능하다. 처음에 사업을 진행할 때는 모든 것이 어렵고 이게 맞는지 궁금하기도 하지만, 두 번째 비슷한 사업을 다시 진행해보면 처음 윗 분들이 충고했던 내용들이 이해되기 시작하고 첫 번째 사업에서 놓쳤던 부분을 보완하면서 한층 적극적인 사업진행이 가능하게 된다.

이로써 다양한 경험을 쌓아 과장으로 승진하게 되면 대리와 사원들과 함께 작은 팀을 구성하게 된다. 이때부터는 자기가 주도하는 사업도 있지만, 밑에 직원들에게 업무를 가르쳐 주면서 성장을 시키는 것이 하나의 큰 업무 중 하나가 된다. 과장이 되어 밑에 직원들을 이끌어 가면서 프로젝트를 진행하면 넓은 시야를 가지고 볼 수 있게 되며 이때부터 자기가 기획을 하면서 수주를 할 수 있는 본격적인 시기인 것이다.

이런 과정을 겪고 필자와 같이 부장이나 팀장이 되면 동시에 여러 가지 프로젝트와 인적 관리를 진행해 나가야 하고 순간순간 선택해야할 문제들이 갑자기 많아지게 된다. 입사 후 다양한 경험을 축척하지 않으면 계속적으로 발생하는 난제들을 해결해 나갈 힘이 없다. 그래서 처음 신입사원 때부터의 경험들이 중요한 이유임에 틀림없는 것이다.

실제 디벨로퍼의 업무 영역은 '無에서 有를 창조하는 작업이다'라고 표현 하고 싶다. 따라서 직급별 업무들은 정해진 건 하나도 없다. 회사마다, 프로젝트마다, 조직 구성원마다 다를 수밖에 없다. 때로는 이런 부분들이 힘들게 느껴지지만 신입사원부터 차근차근 배워간다면 이러한 도전들을 즐기면서 할 수 있을 것이라고 생각한다.

건축 출신 신입의 좌충우돌

이 책을 보는 주 독자층이 건축을 전공하고 졸업 이후 여러 가지 진로에 대해 고민하는 학생들이라 예상되어 필자가 왜 건축을 전공하고 디벨로퍼 길을 선택했는지와 신입사원 때 경험했던 일들을 좀 더 자세히 서술하여 혹여나 이쪽 분야로 고민하는 친구들에게 조금이라도 도움이 되기를 바라는 마음에서 부끄럽고 감추고 싶은 필자의 좌충우돌 신입사원 때 이야기를 적어본다.

필자는 특히 설계를 좋아해서 작업실에 들어가 각종 공모전을 열심히 참여하여 때때로 좋은 성적을 거둘 수 있었고 이를 바탕으로 설계사무소 취직을 위해 포트폴리오를 착실하게 준비하였다. 이때까지는 대형 설계사무소를 가는 것이 당연하다고 생각을 했고 그에 맞춰서 준비를 해갔다. 졸업 무렵 건축에 대해 더욱 세부적으로 공부하고 도시계획 쪽으로 확대하고 싶은 마음으로 대학원에 진학하였다.

때마침 도시와 건축분야에서 부동산 개발 분야의 확대가 하나의 화두였는데 필자가 있는 대학원에서도 부동산 개발에 관한 개론 및 세부 이론에 대한 수업이 확대되었다. 대학원 졸업시점에 본격적으로 설계사무소 취업을 위해 포트폴리오 수정과 이력서 등을 준비하고 있었는데 지도 교수님께서 갑자기 신영과 같은 디벨로퍼 영역에 대해 도전해 보지 않겠냐고 제안해 주셨다. 지금도 이미지가 좋지 않지만 2000년대 중반에만 해도 시행사라고 불리우는 디벨로퍼에 대해서는 부동산업자라는 안 좋은 인식이 있었다. 영화에서는 늘 깡패집단이나 부동산을 중심으로 돈을 흥청망청 벌어들이는 곳으로 흔히들 묘사되어 이미지가 더욱 안 좋았다. (사실 이 업계에 영세한 업체들도 많이 있는 것도 사실이고 이전에는 나쁜 사람들이 사업을 진행했을 수도 있지만 현재는 부동산 개발업을 등록하기 위해서는 일정규모 이상의 기준을 정해놓고 정부에서 관리하고 있다. 10년 이상 디벨로퍼들로 만났던 사람들은 매우 높은 학력과 경력을 소유하고 있는 전문가 집단들이 대부분이었다.) 이런저런 이유를 뒤로하고 지도 교수님의 추천으로 한동안 공채를 하지 않았던 신영그룹의 공채에 도전하게 되었고 어렵게 첫발을 내밀 수 있었다.

디벨로퍼 업무는 기본적으로 건축을 바탕으로 하기 때문에 업무내용을 따라 가는데는 큰 어려움이 없었다. 다만, 엑셀을 사용해 사업수지, 민감도 분석 등을 다양하게 활용할 수 있어야 했는데, 그 당시 다룰 수 있었던 프로그램들이 건축설계와 관련된 캐드, 포토샵, 파워포인트 등이어서 많이 낯설었다.

청주 지웰시티 2004년(왼쪽)과 현재의 모습 변천도(오른쪽)

입사동기 대부분은 도시와 부동산을 전공했기 때문에 기본적으로 엑셀의 함수부터 시작해서 다양한 기능들을 사용하고 있었지만, 건축을 전공한 필자의 신입 첫 출발은 슬프게도 퇴근 후 회식자리를 마다하고 나 홀로 엑셀을 배우는 것으로 시작되었다. 시중에 나와 있는 책 3권을 처음부터 끝까지 마스터하여 이제는 그 누구보다도 엑셀을 자유자재로 활용할 수 있지만, 그 당시 필자에게 가장 중요한 것은 엑셀을 공부하는 것이었다. 지금 돌이켜보면 엑셀 프로그램 자체가 중요한 것이 아니고 엑셀을 활용하여 프로젝트를 이끌어 나갈 수 있는 능력을 배양하는 것이 더 중요하다는 것을 알지만, 그때는 엑셀을 마스터하는 것이 제일 중요한 상황이었다.

첫 업무의 내용은?
건축 출신이 도시를 공부하다.

필자는 처음부터 청주에서 16만 평 규모의 지웰시티 도시개발사업에 참여하게 되었다. 말이 16만 평이지 보통사람들은 어느 정도 규모인지를 가늠하기 힘들 것이다. 처음 내려가서 현장을 보았을 때는 공장 건물만 있었고 대부분의 사람들이 개발되는 것을 의심하던 프로젝트였다.

2004년부터 최적의 대안을 찾기 위해서 국내 대형 설계사무소의 현상설계를 시작으로 국내, 해외설계사와 건설사, 각종 용역 회사들이 수차례 회의를 진행하였으며 3년이 넘는 인허가 과정을 통해 2007년 3월 첫 착공을 할 수 있었다. 물론 시작하고 바로 2008년 리먼 사태로 야기되었던 글로벌 금융위기로 인해 많은 어려움이 있었지만(실제 있었던 일을 몇 자로 표현한다는 것이 불가능할 정도로 매우 많은 어려움이 있었다.), 지금 현재는 청주의 복합업무 부도심으로 공공청사, 백화점, 주상복합(4,300세대), 호텔, 판매시설 등으로 개발되어 중부권 랜드마크 역할을 하고 있다. 이 과정에서 많은 실패와 어려움이 있었지만 이를 뚫고 헤쳐나가는 것을 통해 너무나 많은 것을 배울 수 있었다. 건축출신이 도시 관련 업무를 배울 수 있었고 도로, 공원, 녹지 등 도시계획시설사업을 진행하기 위해 토지보상 업무도 배울 수 있었고, 볼라드나 버스 쉘터 등 시설물 하나하나 디자인하여 시중에서 보기 힘든 디자인을 적용하려고 노력하였다. 대형 프로젝트를 진행하면서 미처 생각지도 못한 많은 어려운 일이 생길 수 있다는 사실을 몸소 배울 수 있었던 좌충우돌 신입사원 때의 부끄러운 이야기다.

하나의 프로젝트가 완성되는
실제의 디벨로퍼 업무들

땅의 가치를 보다 보통 학생 때 건축설계를 하게 되면 토지 소유권을 생각하지도 않고 좋은 위치거나 중요한 의미를 지니고 있는 곳을 허락도 맡지 않고 설계과제를 그냥 진행했다. 지금 생각하면 참 웃긴 이야기지만 현실세계에서는 토지주의 허락 없이 마음대로 설계한다는 것은 있을 수 없는 일이다. 그 만큼 토지를 확보하는 것이 가장 중요한 업무 중 하나이다.

디벨로퍼 업무가 '無에서 有를 창조하는 것'이라고 이야기 하는 것은 처

천안 ○○지구 현장사진

음에 현장에 가면 그냥 허름한 건물이 있거나 그냥 나대지인 상태로 검토를 하게 되기 때문이다. '과연 이곳에 무엇을 지을 수 있을까? 그리고 사업을 진행할 수 있을까?' 등 많은 고민을 하게 된다.

가설계 및 대안검토 기본적으로 토지이용계획과 지구단위계획 등 기초 자료를 확인한 후 건축설계사무소에 가설계를 의뢰하게 된다. 건축설계사무소에서 기본 가설계를 통한 다양한 규모검토를 바탕으로 사업성 검토를 진행한 후 대규모 자금을 투입하여 땅을 확보하게 된다. 사실 3문장으로 표현하였지만 여기까지의 과정이 '시작이 반이다'라고 매우 중요한 부분이라 이를 정확히 수행하기 위해 계속적으로 노력하는 것이다. 건축과 출신이 유리한 부분은 기초적인 배치와 규모 정도는 개략적으로 할 수 있기 때문에 효율성과 신속성 측면에서 많은 도움이 된다.

기초환경 및 사업성분석, 그리고 토지계약 가설계 및 대안검토 이후 가장 중요한 부분일 수 있는데 인문환경분석, 시장환경분석 등 기초환경을 분석하여 그 대지에 최적의 상품인지를 검토하고 실제 분양을 했을 때 적정수익을 확보하여

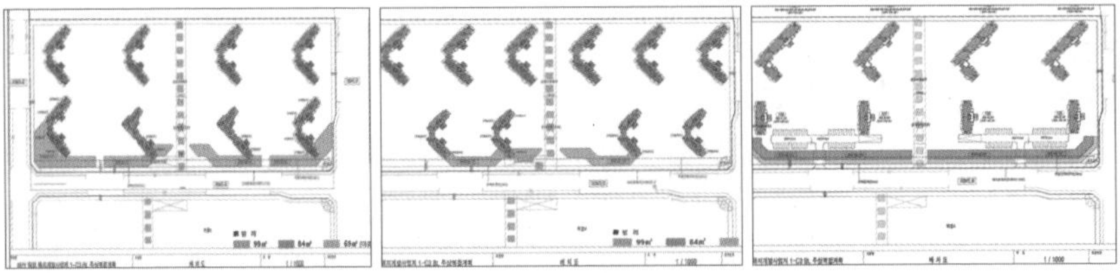

천안 ○○지구 가설계 및 대안검토

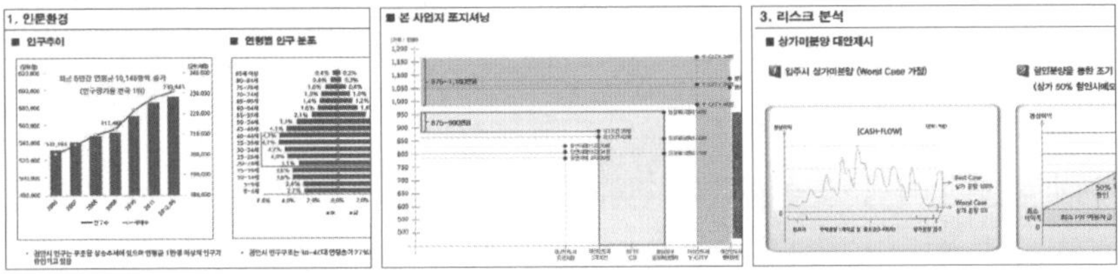

천안 ○○지구 기초환경 및 사업성분석

사업을 진행할 수 있는지에 대해 세부적인 검토를 진행한다. 실제 사업을 진행할 경우 가장 중요한 순간으로 이 과정을 지나간 후 비로소 토지계약을 진행할 수 있는 것이다. 토지계약을 할 경우 매우 많은 자본이 순간적으로 들어가기 때문에 다각도로 리스크가 있는지 살펴보고 여러 가지 상황을 시뮬레이션하여 사업의 추진 여부를 판단하게 된다.

인허가 및 공사 이후에는 건축설계 사무소에 현상설계를 진행하여 최적의 대안을 찾고 몇 차례의 수정 이후에 인허가를 접수하여 본격적인 사업을 시작한다. 아파트의 경우는 주택건설사업계획승인을 접수하여 보다 세부적인 실시설계가 들어가고 각종 건축심의와 관련 실과부서 협의를 다 득한 후 착공에 들어갈 수 있다. 건축설계와 시공까지가 사실 건축과 출신이 가장 많이 접하는 업무일 것이다.

주택건설사업계획승인

조감도_ 01

조감도_ 02

D+2

D+8

D+14

D+20

D+26

완공

디벨로퍼 업무의 핵심, 마케팅 건축물은 설계하고 그냥 착공할 수 있는 것이 아니다. 착공이전에 막대한 토지비와 공사비를 조달하여야 하기 때문에 우리가 만든 상품을 홍보하고 판매하는 작업이 반드시 필요하다. 이를 위해 모델하우스를 만들어 많은 사람들이 관심을 가질 수 있도록 다양한 집객활동과 상품 설명도 하고 법에 정해진 방식에 따라 공급하는 역할을 디벨로퍼가 수행한다. 성공적인 공급을 위해 소비자들이 원하는 상품에 대해 늘 연구하게 되고 부족했던 부분을 보완하고 새로운 상품을 선도하기 위해 끊임없는 노력을 다하고 있다.

모델하우스

홍보활동_ 01

홍보활동_ 02

준공과 운영관리 서비스 제공　이렇게 간단히 표현하였지만 디벨로퍼 업무는 아무것도 없는 맨땅에서 상품을 기획하고 설계를 의뢰하여 인허가를 진행하고, 건설사와 금융기관과의 협의를 통해 금융조달과 공사도 진행한다. 그리고 만들어진 상품을 적절히 홍보하여 판매도 하고 준공이후 입주와 운영관리 까지도 맡아서 해야 하는 종합적인 업무이다. 통상적으로 한 프로젝트가 완성되기 위해서는 최소 3년 이상이 소요된다. 장기간 사업의 진행과정에서 많은 문제들이 발생할 수밖에 없는데 하나하나 해결해 나가는 것이 디벨로퍼들의 주요 업무인 것이다.

디벨로퍼가 되기 위해
준비하면 좋은 것들

디벨로퍼가 되기 위해서 준비하면 좋은 것들을 딱 꼬집어 이야기하기에는 한계가 있다. 예전에는 도시엔지니어링사무소, 건축설계사무소, 건설사, 금융회사, 컨설팅사 출신의 경력직들을 주로 채용했지만, 요즘 일부 대형 디벨로퍼들은 경력직 보다는 신입사원을 채용하여 다양한 실무 경험을 통해 성장하는 방향으로 전환되고 있다.

우선은 건축과 출신 후배들에게 요청하고 싶은 제일 중요한 것은 건축에 대해서는 누구보다도 열정을 가지고 잘 알고 있어야 한다는 것이다. 실제로

천안 OO지구 준공사진

건축에서 배운 것들은 직접적으로 활용되기도 하지만, 간접적으로 매우 많은 도움을 받고 있다. 업무 특성상 무에서 유를 창조하는 기획력과 실행력을 키우는 것이 가장 중요한 부분인데, 건축설계에서 처음 시작한 아이디어 콘셉트를 잡고 이를 발전 시키는 전반적인 절차를 배운 것이 실제 업무를 진행함에 있어 매우 큰 도움이 되었다.

추가로 필요한 것으로는 첫째, 디벨로퍼 업무는 건축으로 한정지을 수 없기 때문에 기본적인 도시계획, 도시구조 등 도시 분야도 알아야 한다. 실제 건물이 하나 지어졌을 때 주변 파급 효과가 매우 크기 때문에 '나무가 아닌 숲을 바라볼 수 있는' 도시적인 관점을 가질 수 있어야 한다.

둘째, 부동산개발사업을 단순히 건물 하나만 짓는 사업으로 생각하면 큰 오산이다. 생각보다 많은 자본이 집중이 되며 금융조달의 과정 등을 거쳐가기 때문에 산업전반의 흐름, 특히 부동산 경기에 대한 예측 등을 할 수 있어야 하기 때문에 가능하다면 경영, 경제 분야에 복수전공을 추천하고 싶다. 하지만 필자처럼 부끄럽지만 저학년 때 학점이 낮아 복수전공이 힘든 경우라면, 경영 또는 경제학과의 기초 개론 정도 수업은 학점을 조금 못 받을 것을 각오하더라도 꼭 수강을 해서 기초 지식을 확보하면 많은 도움이 될 것으로 생각한다. 필자의 경우에는 대학원 다닐 때부터 매달 경영, 부동산, 도시 관련 서적 등을 한 권 이상 읽으려고 노력하고 있으며 그 누구보다도 이 분야가 제일 부족하기 때문에 지금도 관심을 갖고 계속해서 배우고 있는 상태이다. 예전에 필자가 노력했던 것처럼 경제신문 정독, 한 달에 한 권 책 읽기, 금융관련 전문서적 공부 등을 조금씩 노력한다면 건축과 출신도 부족한 부분을 충분히 따라 갈 수 있을 것으로 생각된다.

셋째, 생각보다 많은 사람들이 놓치는 부분으로 법에 대해 기초적인 지식이 있어야 한다. 건축과 학생들은 기본적으로 『건축법』 정도를 배우고 졸업하게 되는데 기본적으로 도시와 관련된 『국토의 계획 및 이용에 관한 법률』, 『도시개발법』 등은 숙지하고 있어야 하며, 일상생활 또는 사업을 진행하면서 기초적으로 알아야 하는 『민법』도 알고 있으면 실제 업무를 진행하는데 많은 도움이 될 것이다. 법에 대한 기초용어나 기본 내용을 알고 있어야 다양한 개발법도 이해할 수 있으며, 새로운 사업 분야를 창출할 수 있게 되는 것으로 반드시 기초사항에 대한 숙지가 필요하다.

마지막으로, 기존 방식과 다른 생각을 할 수 있는 긍정적이고 적극적인 마인드가 제일 중요하다고 생각한다. 같은 부지를 가지고 생각의 차이에 따라 다양한 상품들이 나올 수 있는데, 교과서에서 배운 기존 방식으로 땅을 대하다 보면 정말 수준 이하의 평이한 건물들이 만들어 질 수밖에 없다. 이를 타파하기 위해서 디벨로퍼는 세상에 늘 도전하는 정신으로 새로움을 만들어가기 위해 많은 노력을 기울이고 있다. 그것을 성공시키기 위해 수시로 해외 벤치마킹도 가지만 요즘은 국내에도 새로운 시도를 한 작품들이 많기 때문에 관심을 가지고 살펴본다면 많은 도움이 될 것이다. 학교 설계도판을 벗어나서 현장에서 많은 경험을 쌓고 고민하고 새로운 것을 만들기 위해 노력을 할 수 있다면 디벨로퍼 분야에서도 성공할 수 있을 것이다.

후배들에게 하고 싶은 간절한 부탁

건축을 단순하게 한정짓지 말자

필자가 학교를 다닐 때는 건축을 전공하면 당연히 설계사무소, 건설회사, 구조설계사무소로 가야만 하는 것으로 알았다. 그리고 이런 곳으로 취업을 하지 않으면 이상한 친구라는 시선도 있었다. 하지만 현재 주변을 살펴보면 건축을 전공 했지만 건축 외에 다양한 분야에서 성공한 사람들이 많다.

주변에 순수건축 이외의 건축을 활용하여 활동하고 있는 사람들의 직업을 생각나는 대로 나열해 보면, 디벨로퍼, 도시엔지니어, 공무원, 교수, 연구원, 은행 PB, 펀드매니저, 자산운용사, 감정평가사, 변호사, 공인중개사, 시민운동가 등 일일이 나열하기 힘들 정도로 건축을 공부하면서 배운 것들을 살려서 할 수 있는 일은 너무나도 많다.

정말 특이한 주변의 사례를 소개하자면, 건축설계를 하다가 시계 판매로 전환한 선배가 있는데 나중에 사업이 번창하는 결정적인 요인을 물어보니 건축설계를 하면서 간접적으로 배운 사진 찍기, 포토샵, 패널 레이어 잡기 등의 능력이 많은 도움이 되었다고 말해주었다. 지금은 아르바이트로 시작한 시계판매가 너무 잘 되어서 설계를 그만두고 시계 판매를 하고 계시는 분으로 현재 우리 건축과 출신 중에 소득으로는 세 손가락 안에 들어가는 사람이다. 위 이야기를 통해 하고 싶은 말은 '단순히 건축을 건축물을 짓는 행위로만 한정해서 생각하고 이에 맞는 직업을 구하는 것은 너무도 옛날 방식이지 않을까?' 라고 반문해본다. 자신이 가장 잘 할 수 있고 가장 잘 맞는 것이 무엇인지 심도 있게 고민해서 미래를 결정하기를 바란다.

건축을 사랑하고 열정을 가지자

이 책을 읽는 독자들이 어떤 이유로 건축에 관심을 가지고 전공으로 선택했는지 다양한 이유가 있겠지만, 건축을 전공한 사람이라면 설령 건축 이외 다른 다양한 진로를 생각하고 있더라도 기본적으로 건축을 사랑하고 열정이 있어야 한다고 생각한다. 실제 설계를 평생 업으로 하지 않더라도 학교 다닐 때 설계를 열정을 가지고 열심히 했던 사람이 다른 분야에서도 두각을 나타내는 경우를 많이 볼 수 있었다. 아마도 한 분야에 집중할 수 있는 능력이 있는 사람은 어떤 환경에 처하더라도 현명하게 잘 이겨나갈 수 있는 것 같다. 그래서 지금 하고 있는 건축 관련 수업에 조금 더 열정을 가지고 끈기 있게 도전해 보는 것을 추천하고 싶다.

다양한 역할을 할 수 있도록 여러 분야에 폭넓은 관심을 가지자

건축을 배운 사람들이 단순히 건축물을 설계하고 시공하는 것만을 하는 것은 아니라고 생각한다. 건축을 배운 사람이 해야 할 일들은 사회에 나가서 때로는 새로운 시대를 이끌어 가는 '선도자' 역할도 해야 하고, 때로는 새로운 상품을 어떻게 만들지 '발명가' 역할도 해야 하고, 건축물 의뢰자를 위한 '조정자' 역할, 영화 시나리오 작가처럼 공간을 만들어가는 '작가' 역할 등 다양한 역할을 소화해야 한다고 생각한다. 따라서 전공인 건축 분야 외에도 사회현상을 연구하는 인문학과 트렌드 연구, 경영과 경제, 기초 법 상식 및 해석능력, 데이터 분석능력 등을 키우기 위해 끊임없는 노력을 해야 한다고 생각한다.

빨리 하고 싶은 것이 무엇인지 결정하고 미래를 준비하자

마지막으로 요즘같이 취업이 힘든 시기에 꿈을 가지라고 말하는 것이 기성세대로 미안한 말일 수도 있지만 진심 어린 마음으로 정말 자기가 하고 싶은 것이 무엇인지 최대한 빨리 알 수 있도록 준비했으면 좋겠다. 졸업생을 대상으로 강연에서 자기가 무슨 일을 하고 싶은지 물어보면 2/3 이상이 아직 정하지 못한 경우가 많아 안타까웠다. 제발 학교 책상에서 벗어나 밖으로 나와서 많은 경험을 통해 미래에 무엇을 하고 싶은지 최대한 빨리 선택해서 준비해 나가기를 바란다.

마지막으로 끝맺음을 투자왕 짐 로저스(Jim Rogers)가 명견만리에 나와 강연하던 중 했던 말로 대신하려고 한다.

> "가장 중요한 건 사랑하는 일을 찾는 것이다.
> 그리고 사람들이 아무리 비웃든 그 일을 계속 하라.
> 똑똑하고 재능 있다고 다 성공하지 않는다.
> 성공하는 사람은 포기하지 않고 인내하는 사람이다."

Q1_ 연봉이 얼마인가요?

통상적으로 매월 받는 월급과 실적에 따라 배분되는 인센티브로 나뉠 수 있는데 보통 회사규모가 작은 디벨로퍼는 인센티브 비중이 높은 편이다. 초봉은 대기업 수준보다 약간 낮은 편이지만 경력이 쌓이면 대기업 연봉수준과 거의 비슷하게 되고 실적이 뛰어날 경우 인센티브를 통해 대기업 연봉보다 더 많이 받을 수 있는 기회가 주어진다. 전반적으로는 연봉은 건설사의 사무직과 유사하고 금융기관 보다는 약간 낮은 수준이다.

Q2_ 업무강도는 어떻나요?

입사 초반만 해도 대형 프로젝트를 진행했고 현장에서 근무했기 때문에 야근이 잦았지만, 현재는 특정 이벤트가 발생하는 1~2주 정도만 야근을 하고 평소에는 거의 퇴근시간에 맞추어서 나갈 수 있는 분위기가 형성되어 있다. 업무의 강도는 자기의 능력과 의지치가 반영되는 부분으로 각자가 느끼는 부분이 다를 것이다. 업무의 양보다는 워낙 많은 자본이 투입되는 사업이 대부분으로 매 순간 마다 결정해야 할 것들이 많아서 스트레스를 받는 경우가 많다.

Q3_ 학생 때 배운 '건축'을 많이 사용하고 계신가요?

실제로 부동산개발 사업에 가장 중요한 부분이 땅이 가지고 있는 최적의 모델을 찾는 부분이다. 건축을 전공으로 했기 때문에 처음 기본계획에서 조금씩 구체화 되어가는 프로세스를 경험하고 막연한 아이디어를 현실화 시키는 능력을 배울 수 있었다고 생각한다. 특히 현실적으로 불가능한 부분을 볼 때 건축설계를 통해 어떻게 해결할 수 있을까 건축사와 함께 고민하고 해결책을 찾는 부분에 매우 많은 도움이 된다.

Q4_ 학생 때 어떤 공부를 주로 하셨나요?

대학시설에 건축설계가 좋았기 때문에 학교 내 작업실에 들어가서 다른 학과수업이나 교양수업보다는 건축설계와 공모전 쪽을 집중적으로 준비하였다. 그리고 시간이 날 때마다 건축물 답사를 다니거나, 설계사무소, 구조사무소, 시공현장 등 다양한 아르바이트를 하면서 직간접적으로 경험을 쌓기 위해 노력하였다. 그러다가 대학원을 다니는 중에는 도시계획과 부동산 개발을 배우기 위해 경제와 경영부분, 부동산개발 관련 법 제도 검토 등 전공분야를 바꾸기 위한 노력을 기울였다.

Q5_ 주로 일하는 곳은 어디인가요?

대부분은 사무실에서 내근 근무를 중심으로 하며 때때로 현장에 일이 있을 경우 출장을 다닌다. 요즘은 부산도 하루 내에 업무를 볼 수 있기 때문에 대부분은 지역 파견 없이 출장으로 대체를 한다. 하지만, 충청도 이남의 경우 일부 마케팅 직원들은 파견을 가서 현장에서 3~4개월 정도 지내는 경우가 있지만 대부분의 직원들은 본사에서 일을 진행한다.

Q6_ 주로 만나는 사람은 누구인가요?

디벨로퍼는 정말 다양한 사람을 만나게 된다. 처음 땅을 살 때는

LH 등 공공기관과 토지주를 시작으로 기획단계에서 건축사, 컨설턴트, 건설기술자, 은행원, 변호사, 감정평가사, 회계사, 세무사 등 정말 다양한 분야의 사람을 만난다. 이런 다양한 사람들과 소통하고 조율하는 능력이 앞으로는 더욱 필요한 능력 중 하나라고 생각된다.

Q7_ 제일 힘든 부분은 무엇인가요?

일을 진행해 나가는 부분은 열심히 노력하면 대부분은 해결이 될 수 있기 때문에 적성에 맞는다면 매우 흥미로운 직업 분야 중 하나이다. 하지만, 제일 아쉬운 부분이 국내 디벨로퍼 회사들의 인지도가 일반사람들에게 매우 낮은 수준이기 때문에 아직도 전문적인 업무를 하는 사람보다는 부동산업자의 이미지를 먼저 떠올리는 것이 안타깝다. 실제 디벨로퍼 업무를 하게 되면 주변 분들이 매우 높은 수준의 전문가들로 구성되어 있고 향후 발전가능성이 매우 높음에도 불구하고 외국 디벨로퍼보다 인정을 받지 못하는 부분이 제일 아쉬운 부분이다.

Q8_ 반대로 제일 좋은 부분은 무엇인가요?

처음 땅을 보면 '정말 이 곳에 건축을 할 수 있을까?' 라며 걱정 반 기대 반으로 시작한 계획들이 오랜 시간동안 고민과 노력들이 시간이 지날수록 한층 한층 올라가는 것을 보면 신기할 정도이다. 그리고 마지막 준공해서 입주한 사람들이 행복한 모습을 보면 그동안의 고생했던 일들은 잊혀진다. 이때가 제일 보람 있고 다시 일을 할 수 있는 원동력이 된다.

Q9_ 제일 기억에 남는 프로젝트는?

신입 때 진행했던 지웰시티 프로젝트인데 16만 평으로 규모도 컸고, 시장 환경이 안 좋아서 많이 힘들었던 프로젝트이지만, 이 프로젝트로 매일 고민하고 노력했던 날들을 통해 개인적으로 많은 경험을 할 수 있었고 이를 바탕으로 향후 다양한 프로젝트를 성공적으로 수행해 나갈 수 있는 힘이 되었던 것 같다.

Q10_ 미래에 비전이 있는 분야인가요?

일본의 사례를 100% 받아들이기는 힘들지만 현재 일본 건축현황을 살펴보면 기존 건설사들은 매우 낮은 수익을 내고 있어 점점 사양사업으로 전환되고 있고, 반면 디벨로퍼들이 다양한 분야에서 성공모델 도출을 통해 급속도로 성장하고 있다. 국내 대형 디벨로퍼들도 현재는 해외 디벨로퍼와 같이 높은 자본력과 집적된 노하우를 통해 빠른 속도로 성장해 나가고 있다. 향후 5년 뒤면 아마도 일본과 미국과 같은 대형 디벨로퍼들이 나올 것으로 예상된다. 이런 대형화 트렌드가 지속될 경우 지금보다 다양한 분야에서 활동할 수 있는 기회가 늘어날 것으로 예상되며, 지금 사회에 진출하는 초년생들에게는 디벨로퍼가 매우 비전이 높은 직업군 중 하나라고 생각한다.

금융권
애널리스트가
되다

건설 애널리스트

채상욱

건축 전공자가 금융권의 애널리스트가 되다

제 직업은 애널리스트(Analyst)입니다. 애널리스트는 이름 그대로 무언가를 분석하는 직업을 의미하는데 특히 그 중 하나금융투자, 삼성증권, 미래에셋대우증권과 같이 국내 주요 증권사마다 리서치센터를 두고 있고 그 리서치센터에서 개별 산업이나 기업, 경제를 분석하는 사람들을 애널리스트라고 합니다. 애널리스트나 펀드매니저와 같은 직업은 요즘은 덜 알려져 있고, 그 수도 적다보니 무슨 일을 하는지 모르시는 분들이 너무나 많습니다. 특히 상장된 주식을 분석한다고 하면 첫 반응이 '위험한거 아니냐?'는 것이어서 손 윗분에게 제 직업을 소개하는 게 어려운 적도 많습니다. 리서치센터에서 근무하는 애널리스트들은 보통은 자기 전문 분야를 갖고 있습니다. 가령 반도체, 디스플레이, 화학, 조선, 자동차, 바이오, 철강, 건설, 유통, 음식료, 의류 등과 같은 것입니다. 이들 산업의 국내 핵심 기업들은 거의 대부분 코스피(KOSPI)나 코스닥(KOSDAQ)과 같은 유가증권시장에 상장되어 있고, 이렇게 상장된 기업의 주식가격의 적정성을 분석하는 일을 애널리스트가 합니다.

기업을 분석하는 기관은 증권사 애널리스트 말고도 사실 대단히 많습니다. 먼저 한국신용평가와 같은 신용평가회사들도 있고, 산업개발연구원(KDI)과 같은 다수의 공공 연구기관들도 있습니다. 삼성경제연구소나 LG경제연구소와 같은 민간연구소도 있습니다. 상대 건설사를 분석하는 직원들이 각 건설사마다 있기도 하고요. 그런데, 상장 건설기업이나 부동산 관련 상장 기업들의 주식가격과 시가총액, 즉 주가를 분석하는 것은 저희와 같은 증권사 소속의 애널리스트들이 전담합니다. 나아가 각 산업별 애널리스트들은 자기 산업의 주요 기업에 대한 개별 주가가 적정한지, 혹은 고평가되었는지 저평가되었는지를 분석하고, 이에 따라 투자의견을 다양하게 제시합니다. 이를 통해서 주식시장에서 주식을 사고파는 개인/기관/외국인들이 우리의 분석자료를 토대로 거래 시 참고할 수 있도록 지원하는 역할을 하는 것입니다.

건축을 전공하고 애널리스트가 되는 과정

건축을 전공하고 금융시장에 들어와서 애널리스트를 한다는 것이 신기해보일 수 있겠지만, 사실 처음부터 금융시장으로 바로 올 수 있었던 것은 아닙니다. 저 역시 첫 시작은 건축을 전공한 후 건설회사에 건축기술직으로 입사를 한 것이 처음이었습니다.

국내와 해외를 포함해서 4년 간의 경험을 토대로 제 적성에 보다 잘 맞는다고 생각했던 금융회사, 특히 주식과 채권 등 자산시장에 관심이 많았던 저는 리서치센터에 너무나 오고 싶었고 2011년 기회가 왔을 때 바로 잡고 이직했습니다. 그렇게 LIG투자증권(현 케이프투자증권)에서 첫 애널리스트로 시작했고, 2014년 이직해서 현재 하나금융투자에서 계속 일하고 있습니다. 각 증권사에 있는 건설 애널리스트들은 산업별로 한 명씩만 존재하기 때문에 하나금융투자에서 건설을 분석하는 애널리스트는 저 한 명이고요, 마찬가지로 삼성증권, 한국투자증권, 미래에셋대우증권, NH투자증권, 신한금융투자 등 모든 증권사의 건설 애널리스트도 1명입니다. 그래서 한국에 건설 애널리스트 수는 총 20명 남짓이고요. 얼마 되지 않죠. 한국에 총 30개의 세부 분야별 애널리스트들이 있으니까 애널리스트는 확실히 수가 적죠.

애널리스트의 하루

매일 아침 7:30에 전 증권사의 리서치센터가 '모닝 미팅'을 갖습니다. 모닝 미팅 때의 주요 내용은 전일 있었던 미국/유럽 등 증권시장의 주요 동향이나 핵

2012년 미국 텍사스의
패러렐 패트럴리움 사 방문시

심 뉴스 등을 발표하고 이에 따라 우리나라 증시에 미칠 영향 등에 대해서 거시경제적 분석자료가 먼저 발표됩니다. 이후 섹터 애널리스트들이 그날 자신이 발행하는 리포트가 있다면 이를 발표합니다. 통상 30분 정도 진행되는 이 미팅은 대부분 비공개지만 전국 지점에 방송을 송출하는 증권사들도 있습니다. 하나금융투자도 전국의 지점에 모닝 미팅을 방송합니다.

8시가 되어 미팅이 끝나면 저희는 더 바쁩니다. 주식시장이 열리는 9시부터 3시30분까지는 보통의 경우 1) 기관투자자를 대상으로 하는 세미나를 진행하거나(애널리스트가 기관투자자를 만나 자신의 투자 아이디어와 기업/산업에 대해 분석한 내용들을 설명하는 자리), 2) 분석해야 하는 기업을 탐방가거나(서울 등에 본사가 있는 것이 일반적이지만 지방에도 많은 기업들이 있습니다), 3) 기관투자자로부터의 전화 연락을 받고 전화 응대를 하는 것(주식가격의 급변 등에 따른 질의응답이나 특정 산업/기업에 대한 전화 질의)이 주 업무입니다.

애널리스트의 업무는 통상적으로 주가가 변동폭이 크고 해당 산업이

대우건설 알제리 현장인
Arzew LNG현장을
돌아보던 중

전 시장으로부터 관심을 받을 때 세미나가 많고 기관투자자와 전화 응대 등이 바쁜 편이고, 주가 변동폭이 적고 해당 산업도 시장으로부터 큰 관심을 받지 못한다면 주로 탐방 등을 다니면서 개별 기업들이나 산업에서 일어나는 작은 변화들을 캐치하려고 합니다. 1년에 1~2차례 정도는 해외기업 탐방을 가고는 합니다. 혹은 한국기업의 해외 생산현장 등을 돌기도 합니다. 건설애널의 경우 해외건설 현장을 답사하는 경우가 종종 있습니다.

애널리스트가 전문직은 아니라도 준 전문직과 같이 일과 시간에 자신이 할 일을 결정해서 할 수 있는 자유도가 있습니다. 업무 강도가 높은 편이라 하더라도 일하는 데 따르는 스트레스를 풀 수 있는 기회나 여건도 좋다고 하겠습니다. 저는 건설현장에서 건축직 엔지니어로 일하면서 현장에서도 4년간 일했고, 공공기관에서도 3년간 근무하면서 연구직으로서의 삶도 살아봤지만, 증권사 애널리스트를 하는 지금이 가장 근무만족도가 높습니다. 업무의 강도를 자신의 리듬에 맞춰서 결정할 수 있다는 점에서 매력적입니다.

건축이라는 전공을 선택한 이유

제주에서 초, 중, 고등학교를 졸업한 이후 대학교 진학시 가장 가고싶었던 학과가 건축학과와 의상디자인 학과였습니다. 이유는 첫째로 그림을 좋아했고 잘 그릴 수 있었는데, 옷에도 관심이 좀 많았었기 때문이었습니다. 그러나 1996년 말의 비교적 경직된 분위기에서 남자가 의상디자이너가 된다는 것은 다소 용감한 일이었고 제게는 예술고등학교를 나온 것도 아닌데 디자인 전공으로 간다는 것에 부담이 너무 컸습니다. 그래서 결국 차선호로 그림을 그릴 수 있어 보이는 건축학과를 선택한 것이 전공과의 인연의 시작이었습니다.

처음 건축학과를 다니면서 배우게 된 건축사조, 서양건축사, 한국건축사나 건축설계, 디자인실습 등은 재미있었습니다. 그럼에도 저는 1~2학년 때는 충분히 깊게 빠져있지 못했던 듯 싶습니다. 이는 군대를 다녀오고 복학을 한 2002년의 3학년 때도 마찬가지였습니다. 그렇게 방황하던 한 때, 2002년에 어떤 경험을 하게 되었는데 그것이 나를 완전히 건축, 특히 부동산이라는 주제로 몰고가게 됩니다.

아파트 시장에 눈을 뜨다

2002년 서울 E아파트 재건축 시공사 선정을 위한 수주전에서 LG건설(현GS건설)과 삼성물산이 드림사업단이라는 조인트벤쳐(JV)를 결성합니다. 수주전이란 말 그대로 수주전쟁입니다. 경쟁 JV로는 대우건설과 롯데건설이 경합을 했습니다. 나는 당시 건축대학원 선배가 주도하는 인력지원사업(아웃소싱 인력)에 가담하여 E아파트의 조합원들을 찾아가서 드림사업단을 홍보하고, 시공사 선정 투표 시 드림사업단을 꼭 찍어 달라는 수주영업에 투입되었습니다. 당시 2명이 1개조가 되어서 조합원(아파트의 소유주)을 만나는 것이 주 업무였는데, 아침마다 팜플렛 등을 들고 찾아가서 설명하고 부재자 투표용지에 인감도장을 받아서 오면 되는 일이었습니다. 사실 별 흥미 없이 용돈이나 벌어보자고 시작했었던 이 과정에서 나는 주택 재건축 시장이 갖는 시장의 규모에 압도당합니다. 특히 E 아파트 재건축은 공사비만 1조원이 넘는 수준이었는데 당시 1조원이라는 금액은 도저히 상상하기 어려운 수준의 금액이었기 때문입니다. 또, 당시 해당 아파트의 소유주인 조합원들이 거주하는 지역은 아파트 내부가 아니라 주로 분당 등이었습니다. 당시 1기 신도시이면서 정자동 주변에 건설된 최신 건축물들을 보게 되고, 특히 고층 주거에 사용된 기술력에도 감탄을 하게 됩니다. 내가 살던 제주에서 가장 높은 빌딩은 KAL빌딩으로 15층 빌딩이었는데(물론 건설 당시에는 남한에서 가장 높은 빌딩이었습니다), 아파트인데 30층에 육박하는 건축물에 압도된 것입니다. 특히 나중에 타워팰리스로 대표되는 초고층 주상복합의 등장에 놀라게 되고, 나는 이제 건축 설계보다는 오히려 구조에 더 큰 관심을 가지게 되었습니다. 보다 근본적으로는 '왜 아파트를 새로 지을까?'라는 생각부터 '주택시장에서 내가 할 게 없을까?'와 같은 생각들을 하게 됩니다. 돌이켜보면 이때의 경험이 내가 건설회사를 거쳐 금융회사로 오게 만든 원동력이었습니다.

당연하게도
건설회사에 입사하다

아파트 재건축 시장이 갖는 규모에 압도된 나는 당연하게도 설계는 등한시하고 건축 시공과 관련된 전공과목들을 듣는데 집중하고, 결과적으로 건설회사(삼성물산)에 취직하게 됩니다. 다만, 아파트 시공을 하는 주택사업본부를 가고 싶었지만, 주택사업본부 신청자가 너무 많았고(당시는 주택본부가 초인기 분야였습니다) 당시 삼성물산이 버즈 칼리파와 같은 세계 최고층 빌딩의 수주를 한 상황이어서 건축사업본부를 전략적으로 육성하는 정책을 펴던 때라 저 역시도 건축사업본부로 배치가 됩니다. 인사배치 하던 날에 나는 '건축사업 본부의 프로젝트 중 전 세계에서 가장 힘든 프로젝트를 경험하고 싶다'고 다소 도발적으로 요구했고, 그래서 당시 삼성물산의 현장 중 가장 어려운 현장 중 하나인 이집트의 New American University Campus 신축사업에 건축기사(즉 현장 Engineer)로 배치됩니다. 이 사업은 공사비 약 1,500억원이 투입될 사업으로 이집트 수도 카이로의 동남부에 위치한 New Cairo City에 미국학생들이 주로 공부하는 캠퍼스를 짓는 것인데, 총 15개 이상의 다양한 학과건물로 구성이 되었고 나는 이 중에 상경대 건물을 담당해서 기초부터 골조까지 올리게 됩니다.

제 인생 첫 프로젝트였던 만큼, 공사는 재밌었고 외국 공사인 만큼 시공과정을 제대로 배울 수 있는 자리였습니다. 그러나 슬프게도 나는 내가 세계시장에서 건설인으로써 경쟁력을 갖지 못한다는 것을 업무 일주일 후 단박에 파악했습니다. 현장에서 도면도 잘 못보고, Level 측정기기를 활용한다거나 하는 실무적 능력이 없는 책상머리 선비였습니다. 그런 꼬마 건축기사가 급여는 높았는데, 현지에서 국제학교를 졸업하고 경력 5년차 이상인 이집션 엔지니어보다 최소 20배 이상 높은 급여를 받았습니다. 그 이유는 오로지 제가 한국인이었고 그 현장이 한국 건설회사가 수주한 현장이기 때문이었습니다. 심지어 OJT인 내 월급이 20년 이상 건설을 한 이집션 시니어 엔지니어보다도 높았습니다. 그때 제가 가졌던 생각은 나를 대체하고 로컬 엔지니어 10명을 쓰더라도 비용-효율이 높을 것이란 생각을 하게 됩니다. 이런 구조의 한국식 공사운영체제는 얼마 후 로컬 건설회사의 부상, 혹은 우리나라의 사업모델을 따라하는 인도/중동/중국계 건설회사가 한국의 사업모델을 카피캣 형태로 따라왔을 때 금새 따라잡힐지도 모르겠다는 생각까지 연결됩니다. 그래서 나는 한국으로 복귀하고 보다 근본적으로 제 경쟁력 향상을 위해서 공학 기초부터 새로 해야겠다는 다짐을 하게 되고 전공 공부를 다시 하게 됩니다. 이런 경험은 건설업을 분석하는 애널리스트가 된 후에, 국내 건설회사들이 해외 프로젝트에서 수익을 내지 못하는 이유를 찾는데 도움이 되기도 했습니다. 해외사업에서 수익을 내지 못하는 것은 경험해 본 일이었으니까요.

주식투자와의 인연

한국으로 와서는 건축사업본부 내 하이테크팀에 배정이 됩니다. 하이테크라 함은 삼성전자의 LCD 디스플레이를 제조하는 공장(FAB이라 하는데 Fabrication의 약어입니다)을 건설하는 것을 말합니다. 특히 제가 투입된 시점은 40인치와 50인치대 대형 TV LCD패널을 제조하는 라인이 대거 신설되던 단계여서 이 중 7세대와 8세대 라인을 완성 짓게 됩니다. 이 시기가 건설인으로서 내 경력의 정점이었습니다. 특히 LCD나 반도체 제조공장은 24시간 건설공사가 진행되고 기초부터 마감까지 1년이라는 세계에서 가장 빠른 공기를 자랑합니다. 아울러 공사 규모 역시 4조원 이상이 투입되며(장비 구입 단가까지 포함하면 더 큰 규모가 투자됩니다) 공기단축을 위해서는 어떤 혁신적인 공법을 사용하더라도 인정이 되는 환경이었습니다. 이때 당시 건설팀은 요즘에도 회자가 되는 모듈화 공법, 건식 공법 등을 다채롭게 연구했습니다. 기초부터 마감까지 통상 아파트의 경우 3년이 소요되므로 2개 현장을 준공하려면 6~7년이 소요됩니다. 그런데, 건축현장에서 기초부터 마감까지 이를 단 2년만에 하이테크팀에서는 압축해서 경험할 수 있다는 점에서 제 커리어는 건축 기술직으로서 전혀 부족한 부분이 없게 되었습니다.

그러나 이 현장에 있으면서 제게 찾아온 변화는 바로 과거 아파트 수주전에서 느꼈던 것과 비슷한, 산업의 규모에 대한 놀라움 그 자체였습니다. 특히 당시 삼성전자가 갖는 위상을 새롭게 느끼게 되었는데 매번 LCD제품을 수

출하기 위한 상자들이 축구장 8배 이상의 면적에 가득찼기 때문입니다. 소위 터무니 없는 스케일에 압도된 저는, 삼성전자가 이 사업을 통해서 과연 얼마를 버는지 궁금했고 이게 내 최초의 기업분석이 됩니다.

그러나 기업분석에 대해서 아무것도 모르는 공사 현장 엔지니어가 금융감독원의 공식사이트를 찾아서 삼성전자의 분기보고서를 펼쳤을 때 고작 알 수 있는 거라곤 '흰 것은 여백이고 검은 것은 글씨' 뿐이었습니다. 특히 회계적으로 복잡해보이는 많은 언어들은 마치 이집트 공사현장에서 수도 없이 빽빽한 기술관련 규정들을 보는 기분이었고, 그래서 언뜻 좌절할만 했습니다. 그럼에도 불구하고 어떤 기업을 분석한다는 그 행위에 대단한 매력을 느끼게 되고 이를 해결하기 위해서 지인들의 추천을 토대로 책을 읽기 시작하고 공부도 시작하게 됩니다.

주로 투자나 경제/경영과 관련된 책은 그전에는 기술에 밀려서 전혀 배울 필요가 없다고 생각해왔는데, 반대로 투자의 세계가 숫자로 이루어지고 지극히 논리적이라는 점에서 단박에 나는 이 투자와 분석이라는 세계에 빠져듭니다. 이후 현장에서 출퇴근 하던 약 4년의 기간 중에 매주 주말마다 캐리어 가득 우리나라 기업들의 분기보고서를 출력해서 집으로 갔고, 집에 가면 매주 그 보고서들을 처음부터 순서대로 읽기 시작했습니다. 이를 약 2년 정도 하면서 나름대로의 기업을 분석하고 '(투자에)좋은 기업, 애매한 기업, 나쁜기업'의 3가지로 나누어서 정리하기 시작한 것이 제 분석의 시작이었습니다.

주식투자와의 인연이 금융시장과의 인연으로

2006년 8월부터는 투자를 직접 해도 되겠다는 생각으로 처음 투자를 시작합니다. 결과적으로 당시 세계적으로 유래가 없던 자산시장의 호황기를 겪게 됩니다. 당시는 주식이나 부동산 등 모든 자산이란 자산은 급등하던 시기였고, 한국은 중국과 시너지가 나는 산업은 순식간에 10배가 오르던 시절이었습니다. 현대미포조선과 같은 조선기업은 바닥부터 고점까지 100배가 오르기도 했습니다. 그러나 많은 투자자들이 그러했듯 성공은 자신을 고평가하게 만들고 탐욕적으로 만들었고, 탐욕은 리스크를 과소평가하게 만들었습니다. 결국 2008년 세계적인 금융위기와 함께 투자자산의 평가손실이 말할 수 없을 정도로 커지게 되었고 그렇게 저는 시장에 대해서 겸손함을 가져야 한다는 것을 피 같은 돈으로 기억하게 됩니다. 그래서 2008년의 금융위기와 함께 3년을 나는 공공기관으로 이직하며 나름 자숙하는 시간을 갖게 되는데, 이 기간 동안은 건설과 투자 모든 것을 잊고 상당히 방황하던 시기라는 것만 말하고 싶습니다.

3년이 지나 2011년 봄, 당시 LIG투자증권(현 케이프 투자증권)에서 애널리스트 자리로 오퍼가 옵니다. 애널리스트는 자본시장법 상 '금융투자분석사'를 의미하며 외부 인력이 금융투자분석사가 되려면 당연히 자격시험을 치러야 합니다. 리서치 센터장과의 인터뷰를 본 나는 '금융투자분석사에 합격을 한다면 채용을 할 것'이라는 말을 듣고 부랴부랴 준비를 하고 그 해 시험에 합격합니다. 그래서 제도권 애널리스트로서 첫 시작을 할 수 있게 됩니다.

금융업종, 특히 은행/카드/보험이 아니라 '자산운용'업은 상당히 덜 알려진 시장인데 저를 알고 오퍼가 온 배경에는 제 지인의 추천이 작용했습니다. 삼성물산 시절 알고 지내던 제 지인이 나보다 3년 일찍 금융권 애널리스트를 시작했었는데, 그가 애널리스트를 해보더니 분석과 말하기를 좋아하는 채상욱이 더 잘 어울릴 것 같다고 하며 저를 천거한 것이었습니다. 당시 LIG투자증권은 '어차피 싼 가격으로 데리고 와서 시험이나 해보지 뭐' 하는 생각으로 불러본 것 같았는데, 결과적으로 저는 애널리스트가 된 이후 제 인생에 있어 가장 마음에 드는 직업을 갖게 되어 열심히 일하게 되고 시장에 정착하게 됩니다.

애널리스트로서의 삶을 넘어 대중서를 내기까지

2011년부터 2016년까지 6년간의 기간에서 제가 시장에 보다 자기 색깔을 내게 된 기간은 2014년 이후였습니다. 그 전까지는 보통의 애널리스트와 같았습니다. 국내 건설업황과 해외 건설업황을 분석하는 자료를 주기적으로 작성하고, 분석을 토대로 투자에 적합한 기업들을 발굴해서 투자의견을 제시해서 펀드를 운용하는 펀드매니저들에게 건설업 세미나를 주로 진행하는 일을 하는 겁니다. 2014년부터는 국내 건설시장, 특히 주택시장에 대한 제 분석이 정확히 들어맞기 시작하면서 제가 시장에서 주목받는 애널리스트가 되기 시작합니다. 그러다, 2016년 초 국내 부동산 시장에 관해 분석한 내 자료를 한 펀드매니저에게 설명하는 세미나를 진행하고 있었는데 그 매니저가 "채상욱 애널, 나는 채 애널이 있어서 이런 변화하는 부동산 시장의 얘기들을 항상 들을 수가 있는데, 우리 와이프만 하더라도 이 내용을 모르는데 당연하게도 이런 시장정보나 분석 등은 뉴스에도 보도가 되지 않으니 알 수 없겠죠. 그러니, 수고스럽겠지만 이런 좋은 리포트라면 대중들을 위해 쉽게 설명하는 책을 내보는게 어때요. 부동산과 관련한 내용이니 주식과 관련한 이해관계(컴플라이언스 문제)도 없어 괜찮아 보이는데요"라고 말한 것이 계기가 되었습니다.

이 말을 듣고 오는 길에 마침 '책을 써보면 어떻겠느냐'라고 제안한 출판사가 있어 그 출판사와 곧바로 출간계약을 하게 됩니다. 그렇게 2016년 6월 인생 최초의 책인 '뉴스테이 시대, 사야할 집 팔아야 할 집'을 내게 됩니다. 이 책은 2016년 예스24, 알라딘, 인터파크에서 경제경영 부문 6~7월 두 달간 1위

왼쪽_
2016년 발간된 첫 책
오른쪽_
2017년 발간된 두 번째 책

를 하였습니다. 그리고 2017년 5월에 다시 '돈 되는 아파트, 돈 안되는 아파트'라는 책을 발표했고 이 책 역시 2016년 6~7월 1위를 기록합니다. 두 번째 낸 책은 판매량 면에서 종전의 책을 40%이상 넘었고, 2017년 가장 많이 팔린 경제경영 도서(1위가 명견만리의 55만 권) 중 12위를 기록하기도 합니다.

돌이켜보면 주식시장의 애널리스트이면서 부동산과 관련된 책을 낼 수 있었던 것은 모두 다 대학시절부터 경험했던 부동산 시장에 대한 관심을 꾸준히 기록하고 습관적으로 발전시켜 온 데 기인한 것이라 봅니다. 담당하는 산업이 건설업이고, 건설업이 2014년부터 해외 건설시장이 본격 침체하여 국내로 눈을 돌린 시점에, 국내 건설경기 회복을 예상하고 리포트를 내기 시작하면서 애널리스트로서의 커리어도 점차 깊어지게 된 것입니다. 그러던 와중에 업무 이외의 부문에서 두 권의 책까지 내게 되어서, 이제는 개인적으로 '인생에서 책 한번 내는 게 소원'이라는 버킷리스트는 달성한 셈이 되었습니다.

Q1_ 연봉은 어느정도 인가요?

애널리스트의 연봉은 정말이지 격차가 대단히 납니다. 저 역시 삼성물산 건축직과 공공기관 연구직을 거쳐서 증권사 리서치센터로 옮기면서 연봉 테이블에 대단한 변화가 있었습니다. 가장 연봉의 차이가 많이 나는 직업이 증권사 직업이라고 보시면 될 것 같네요. 통상 애널리스트들의 연봉도 나이나 경력 등을 고려해서 결정되는 것이 일반적이지만, 1년에 2회 정도 있는 동일 섹터 애널리스트별 순위 평가 등을 통해서도 결정됩니다. 애널리스트들은 1년에 1회(매일경제)나 2회(한국경제) 평가를 받게 되는데요, 평가를 해주는 것은 애널리스트의 고객인 펀드매니저들이고요, 펀드매니저들이 그 해 동안 애널리스트들이 발표한 조사분석자료를 보고 잘 했다고 생각하는 애널리스트들에게 투표를 하고 그것이 모아져서 결과가 나오는 것입니다. 1등부터 10등까지 애널리스트 순위가 공개가 되구요, 11등 이하로는 등수가 공개되지 않는데, 이처럼 1~10등까지의 애널리스트를 선정하는 것을 '베스트 애널리스트 Poll'이라고 부르고, 이 중 1~3등에 해당하는 애널리스트들을 사실상 '베스트'라고 부릅니다.

보통 해당 섹터에서 1~3위 내에 있다면 당연히 연봉은 억 단위를 넘어가게 되어 있구요, 반도체나 디스플레이처럼 한국 산업에서 비중이 높은 섹터에서 1~3위를 하게 되면 2~3억 이상을 받는 경우도 많습니다. 건설의 경우 한국 산업에서 차지하는 비중이 낮은 편이긴 해도 여전히 1~3위 베스트 애널리스트들은 비교적 높은 연봉을 받는다고 생각하구요, 저 역시도 약 1.5~2.0억원에 가까운 연봉을 받고 있습니다.

그러나 새롭게 애널리스트를 시작하는 주니어 애널리스트의 경우에 시작하자마자 1억을 넘기는 좀 어렵구요, 그러나 평균 30대 중반의 나이에 억대의 연봉에 도달할 수 있는 직업이라는 생각은 듭니다. 섹터 내에서도 편차가 심하고 증권사별로도 연봉 격차가 납니다. 정답이 없다는 게 이 시장의 특징인데 그럼에도 불구하고 대부분의 민간 기업보다는 연봉 수준이 높다고 할 수 있겠네요.

Q2_ 학생때 배운 건축을 사용하고 계신가요?

건축은 제가 건설 애널리스트를 할 수 있게 만든 첫번째 원인이고요, 제가 건축 전공이 아니라 조선 전공이거나 반도체 전공이었다면 건설 애널리스트를 하지는 못했을 겁니다. 물론 다른 섹터의 애널리스트가 되었을 수도 있지만요. 이런 맥락에서 건축은 지금 일을 하는데 있어서 시작점을 만들어준 것이고요. 사실 모든 건설 애널리스트들이 건축을 전공한 것도 아닙니다. 재무나 경제/경영학과 출신 역시 많고 인문계 전공 출신 애널리스트들이 기술분야 섹터에서 두각을 나타내는 경우도 대단히 많습니다.

현대건설/삼성물산과 같은 건설 회사나 한국토지신탁, 한국자산신탁과 같은 부동산 신탁회사, KCC나 LG하우시스, 한샘과 같은 기업들을 조사분석하는데 있어 제 전공은 확실히 도움이 됩니다. 특히 건축을 전공하고 건설회사를 다녔었다는 점에서 이런 기업들과 소통하는데 기술적인 부분에서는 크게 문제될 일이 없는 편이구요, 오히려 재무적인 부분을 열심히 공부해서 따라가야 했기 때문에 건축과 출신 건설 애널리스트의 장단점은 이렇게 요약이 되겠네요. 경제학과 출신 건설 애널리스트라면 반대로 건설 기술 등을 이해하는데 시간을 쏟아야 하므로 서로 장단점이 있는 것이죠.

Q3_ 어쩌다 이 일에 관심을 갖게 되었는지?

주식 등 금융시장에 관심을 갖던 계기가 있었습니다. 입사 6개월 만에 같은 월급을 받는 동기 한 명이 동기들에 비해 돈을 엄청 많이 모은 것을 보고 재무공부를 해야겠다고 생각했어요. 그 동기에게 추천 받은 책이 증권에 관한 책이었습니다. 당시 건축을 전공한 기술직 입장에서 돈이라는 주제는 너무나 상업적이고 불건전한 것이라 생각했으나, 그런 책을 읽고 난 뒤 증권세계에 대단히 분석적인 면이 있다는 것을 발견하고는 푹 빠지게 되었죠. 현장 경험도 한몫했습니다. 너무나 거대해 보이는 삼성전자가 과연 얼마를 버는지 알고 싶은 마음에 금융기관에 접속해서 분기보고서를 처음 열어보던 순간이 아직도 기억에 선명합니다. 무엇보다 애널리스트가 된 결정적인 계기 역시 동료 덕분이었어요. 나보다 먼저 건설회사를 떠나서 애널리스트를 시작했던 동료 한 명이 자신이 다니던 회사를 그만두면서 나를 추천했고 여러 명의 면접자 중 한 명이 될 수 있었어요. 운이 좋았던 거죠.

Q4_ 가장 보람이 있었던 순간을 뽑으라면?

보람있던 순간들은 상당히 많습니다. 먼저, 애널리스트들은 조사분석 대상을 스스로 결정할 수 있는 재량이 있어요. 그런 맥락에서 건설 섹터에서 다루지 않았던 어떤 건자재 기업을 건설 섹터로 가져온 일이 기억에 남아요. 원래 유통 섹터에 있던 한 인테리어 회사를 2013년에 건설 애널리스트로서는 가장 먼저 조사분석을 시작했어요. 그리고 투자 아이디어가 시장에 받아들여질 때 무척 뿌듯했죠. 2년 동안 주가는 약 10배가 올랐습니다. 소위 10루타 종목(10배의 수익률을 가져다 주는 종목)이 된 것이죠. 주가가 오르다보니 다른 애널리스트들도 그 기업을 하나둘 분석하기 시작했는데 이런 상황이 되도록 처음으로 상황을 만들었다는 점에서 자부심이 큽니다. 당시는 건설경기가 좋지도 않았는데, 저는 사람들이 셀프 인테리어와 리모델링에 관심이 많아진다는 것을 느끼고 어느 정도 인지하고 있었기에 과감히 조사분석하고 투자의견을 제시했던 기억이 납니다.

다른 뿌듯함도 있어요. 사실 애널리스트들은 우리의 조사분석 자료를 읽어주는 펀드매니저들과는 뗄레야 뗄 수 없는 관계입니다. 애널리스트들은 자기 섹터, 즉 전문 분야의 정보를 펀드매니저에게 알려주면 펀드매니저는 여러 애널리스트들로부터 정보를 취합해 투자 여부를 결정합니다. 이런 비유가 적절한진 모르겠지만 애널리스트가 과목별 과외 선생님이라면 펀드매니저는 수업을 들을 때는 학생이지만, 결국 학교를 진학하고 졸업하고 성장하는 것도 학생입니다. 즉 멈춰있지 않고 성장한다는 거죠. 그런 맥락에서 초기에는 금융시장에 갓 진입한 펀드매니저들이 시간이 지나 점점 훌륭한 펀드매니저로 변해가는 과정을 보는 것이 사실 정말 보람있고 기분 좋은 일입니다. 어느 순간 내가 할 말이 없을 정도로 전문성을 갖는 펀드매니저가 되어 투자세계에서 자기 역량을 발휘하는 펀드매니저를 보는 것은 대단한 즐거움이에요.

마지막으로, 2016년과 2017년에 두 권의 책을 연달아 낼 수 있었던 것을 꼽고 싶어요. 책은 학술적인 내용이라기보다는 다소 상업적인 내용의 책이지만, 책을 통해서 새로운 사람들을 만날 수 있게 되었고, 또 적절한 인세수익도 받으면서 글을 쓴 대가를 바로 받는다는 것의 매력도 느끼게 되었습니다. 2017년부터는 독서클럽인 트레바리(TREVARI)에서 '집집'이라는 클럽의 클럽장으로 활동하는 계기도 다 책 때문이었고 이 클럽은 제게 항상 인사이트를 줍니다. 책은 '언젠가 내야지'가 아니라 '현업에서 가장 바쁠 때 내야하는 것' 이라고 말해주고 싶습니다.

Q5_ 건축을 전공하고 어떤 금융관련 직업을 선택할 수 있나요?

금융은 크게 은행, 보험, 카드, 증권의 4개 주요 산업이 있습니다. 은행이나 보험사, 카드회사나 증권회사가 하는 일은 대부분 설명없이도 알 수 있을거라 생각해요. 카카오뱅크의 출현과 함께 핀테크(Fin+Tech)시장 역시 다시 각광을 받고 있고 경쟁 역시 심화중입니다. 건축을 전공한 것과 무관하게 이들 기업에 취업할 수는 있다고 감히 말씀드립니다. 왜 이들 기업에 건축학 전공자가 필요하냐면 은행이든 증권이든 건설과 부동산업과 함께 일하기 때문입니다. 따라서, 건축을 전공한 인력 역시 필요합니다.

제가 근무하는 업종은 '자산운용업'인데, 자산운용이란 말 그대로 자기 혹은 타인의 자산을 법적 기준(자본시장법)에 따라 운용하고 그 대가로 수수료를 받는 업입니다. 자산운용을 하는 사람을 '펀드매니저'라고 부르며 펀드매니저들은 자산운용시장의 꽃이라 보시면 됩니다. 펀드매니저들은 국내나 해외의 전 산업을 조사분석하고 적절한 투자의견을 제시해 줄 애널리스트들을 필요로 하며 그래서 펀드매니저나 애널리스트가 되신다면 자산운용 시장에 발을 들이게 되시는 겁니다. 저는 금융업 중에서도 자산운용업이 갖는 매력이 너무 높다고 생각해서요, 이 분야를 꼭 노크해보시기를 바랍니다.

Q6_ 애널리스트를 하고싶으면 어떻게 준비하면 되나요?

건축학을 전공하고 금융시장에 대해서 이해하고 금융시장의 다양한 멋진 직업들에 오퍼를 하는 것이 쉬운 일은 아닙니다. 특히 경제/경영학 전공자들은 높은 외국어 능력과 함께 CFA, CPA, 금융투자분석사, 투자자산운용사와 같은 금융자격증과 학부 시절부터의 누적된 주식투자 분석 동아리 활동 등을 토대로 금융시장에 노크합니다. 반면, 기술직군들은 이처럼 누적된 것이 학창시절엔 있을 수 없다보니 통상 건축이나 기술을 전공한 해당 산업에서 현업으로 근무하다가, 해당 기업체의 재무팀이나 기획팀, 개발이나 연구팀 등에서 일하다가 금융시장으로 이직해서 시작하는 경우가 있습니다. 저처럼요.

둘째는 아예 증권사에 신입으로 입사해서 리서치센터에서 애널리스트를 보조하는 RA(Research Assistant)로 시작하고 이후 애널리스트가 되는 방법이 있습니다. 증권사 신입직 역시 경제/경영/재무를 전공한 친구들과 경쟁할 가능성이 높긴 하지만, RA 채용 시 무조건 재무/회계/경제 전공만 찾는 것은 아닙니다. 주식이나 채권 등 금융시장에 대한 열의나 관련된 활동 등을 중요하게 생각하고, 건축 역시 다양한 분야가 존재하므로 이를 어필해서 시작할 수는 있습니다. 다만 이 경우에도 오히려 기술을 전공했으면서 금융에 단순히 관심만 많은 것이 아니라 자격이나 투자경험(투자동아리 활동 등) 등을 동시에 어필하는 것이 좋은 방법 중 하나가 되겠죠.

Q7_ 건축을 전공하는 학생들에게 하고 싶은 이야기가 있다면?

건축이나 건축학을 전공하고 설계회사나 건설회사만을 골라야 하는 것은 아닙니다. 건축을 전공하고 할 수 있는 일은 사실 방대합니다. 중요한 것은 '산업'이 아니라 '무슨 일'이 나에게 맞는지를 찾는 것이 더 중요하다는 말을 하고 싶습니다. 저는 건설회사에서 처음은 '시공'을 했지만, 그 시공 과정에서도 자재나 장비, 근로자 풀을 분석하고 어떻게 시공하면 더 나을 것인지 연구하고 밤새 시뮬레이션 돌려보는 작업을 하는 등 조사분석하는 일을 좋아했습니다. 특히 조사한 내용들을 글로 쓰고 이를 수다스럽게 다른 사람들에게 말로 전달하는 과정을 즐겼습니다. 그것이 내가 잘 할 수 있는 일임을 사회생활을 하는 7년 동안 찾아낸 셈이고 이후 6년 넘게 계속하고 있어요. 학생들에게 하고픈 말도 지금 당장은 건축을 전공하는데 있어 설계가 가장 가까운 미래라고 생각할 수 있겠지만, 건축에도 설계부터 시작해서 금융, 시공, 준공 후 유지관리, 매입매각 등 자산관리 등 전방~후방을 아우르는 밸류체인들이 있고, 각 밸류체인마다 고도의 전문성이 요구됩니다. 아시다시피 한국은 전문가가 부족한 나라여서 전문가가 많이 배출되어야 합니다. 따라서, 반드시 설계라는 전방 밸류체인의 한 부분만을 보기보다는 다양한 전후방 밸류체인을 총괄적으로 보시기를 바라겠습니다.

건축의 순간을 담다

건축사진가

윤준환

건축사진을 선택하다

대부분의 학생들과 마찬가지로 나 역시 건축과에 처음 지원할 때는 설계를 하고 싶었다. 하지만 차츰 학년이 올라가며 건축디자인에는 소질이 없음을 알게 되었다. 오히려, 과내 건축사진동아리에서 활동하면서 공간을 직접 체험하고 본 것을 사진으로 보여주는 것이 좋았다. 되돌아보면 공부를 열심히 한 것 보다 동아리 생활을 열심히 한 것 같다. 당시에는 필름을 사용하는 아날로그 시절이라 동아리방에 암실이 있었다. 선후배들과 사찰답사를 다녀오면 암실에서 흑백필름을 현상하고, 붉은 암등 아래에서 밤을 새워 인화를 했다. 건축 관련 사진공모전에 자주 출품했고, 좋은 결과들이 있었다. 덕분에 부모님의 지지도 얻을 수 있었다. 하지만, 건축사진을 전문적으로 배울 수 있는 교육기관이 없던 현실에서, 건축사진가의 길은 쉽게 선택할 수 있는 일은 아니었다.

졸업 전, 긴 휴학기간 동안 건설회사에 취업하여 현장근무를 하는 동안 많은 우여곡절이 있었다. 현장관리자로서의 나의 미래보다는 내가 직접 무언가를 만들어 내고 싶다는 생각이 점점 뚜렷해졌다. 결국, 안정된 회사생활을 접고, 건축사진가라는 불확실한 미래에 한 발을 내딛을 결심을 했다.

그러던 중, 당시의 건축사진가들이 진행했던 「건축사진워크숍」에 참가했던 것이 지금의 이 길로 가게 된 큰 계기가 되었다. 학생시절 건축잡지에서 보던 사진을 만든 당사자들을 직접 만날 수 있었던 것은 사진가의 삶을 잘 모르는 나에게는 '건축사진가'라는 직업에 대한 확신을 주었다. 워크숍 이후에도 오랫동안 여러 건축사진가 선생님들을 쫓아다니며 귀찮게 했다.

다시 생각해 보면, 고뇌하며 공간을 창조하는 것보다 공간 그 속에서 그 자체를 즐기며, 그곳을 바라보고 셔터를 누르는 나 자신이 훨씬 더 행복해서 삼각대와 함께하는 운명을 택했던 것 같다.

루브르 피라미드 (I.M. Pei /파리)
이 사진으로 네이버 "포토락보드"에서 건축사진을
연재하게 되었다.

초보 건축사진가가 되기까지

건축사진을 배우고자 활발하게 작업중인 건축사진가 선생님들을 찾아갔다. 워크숍의 인연도 있고 해서 여러 선생님들과 만나서 이야기를 나누었다. 내심 이분들 중에 한 분 밑으로 들어가 어시스턴트가 되어 배워보고 싶었으나, 당시 사진가분들의 여건이 좋지 않았다.

그 중 한분이 다른 제안을 해주었다. 전공이 건축이니 우선 광고사진스튜디오에서 상업사진을 경험해 보는 것이 어떠냐고. 사진으로 일을 할 수 있다는 것만으로도 다행으로 생각하고 박봉이지만 스튜디오 어시스턴트 생활을 했다. 스튜디오에서 제품과 모델촬영을 하면서 조명에 대해 많은 것을 알 수 있는 좋은 기회였다. 상업사진계의 냉혹한 현실도 볼 수 있었다. 내게는 모두가 필요한 경험이었다.

스튜디오에 있으면서 주말과 휴일에는 건축물을 찍으러 다녔다. 여름 휴가 일정은 언제나 건축사진워크숍에 맞추어 그간의 쌓아둔 궁금함을 해소했

게스트하우스 리븐델
(이뎀도시건축 /가평)
원빈주택, 고소영주택으로 유명한 건축가 곽희수의 작업이다.

다. 일정이 맞으면 건축사진가 선생님들이 작업하는 곳을 찾아가 어시스트를 자처하며 많이도 귀찮게 해드렸다. 간간이 건축자재회사의 소소한 일거리도 있었다. 필름, 현상비 등 경비 정도였지만, 내게는 메인의 전경사진을 트레이닝 할 수 있는 기회였다. 자재회사였기 때문에 재료의 질감이 잘 드러나게 작업하는 중요한 훈련이 되었다.

몇 년간의 스튜디오 생활을 마무리하고 프리랜서 건축사진가로 독립을 했다. 독립했지만, 부족한 것이 너무 많았다. 건축사진가 선생님들을 더 자주 찾아가서 어시스턴트를 자처했다. 선생님들이 해주시는 한마디 한마디는 내게 피와 살이 되었다.

그렇게 시간이 쌓이다 보니 우연한 기회들이 주어지기 시작했다. 건축잡지사에서 필요한 간단한 뉴스 사진에서부터 소규모 설계사무소의 일이 하나둘 들어오기 시작했다. 작은 기회도 정성을 다하는 것만이 유일한 방법이었다. 사진이 마음에 들지 않으면 몇 번이고 현장을 다시 찾았다.

위_ 감천문화마을 (부산도시기록)
부산을 기록하는 작업 중에 직접헬기에 탑승해서 항공 촬영을 진행했다.

아래_ 부산 범일동 (부산도시기록)
부산광역시와 함께 변화하는 부산의 도시와 건축을 2년간 기록했다.

건축사진작업의 전반적인 과정

1. 사진의뢰

클라이언트로부터 촬영요청을 받는다.

대부분은 미팅을 통해 클라이언트로부터 직접 촬영대상에 관한 여러 가지 설명을 듣고, 도면 등의 자료를 보며 회의를 한다. 저작권이나 이미지 사용에 관한 권리 등도 꼭 회의 중에 전달하여 확정짓는다.

2. 자료분석

클라이언트로부터 CG, 각종도면, 현장상황자료 등을 전달받아 분석한다.

위성지도, 로드뷰 등을 이용해 대상 건물의 주변여건과 상황을 확인한다. 도면을 토대로 클라이언트가 원하는 부분들을 체크하고 타이밍을 예상하여 각각의 뷰포인트들을 계획한다. 건축가의 의도, 디자인, 재료, 계절에 따른 태양고도, 주변 건물의 간섭상황 등을 고려한다.

3. 촬영일정 조율 및 현장섭외

일기예보를 수시로 확인하여 적절한 날짜를 정해 클라이언트와 상의하고 현장섭외를 요청한다. 현장에서 촬영되는 상황을 모르는 황당한 경우가 없어야 원활한 촬영을 할 수 있다. 대상 건축물의 곳곳에 출입, 장애물 정리, 야간 조명 점등을 하는 등의 협조를 받아야 좋은 결과물이 나올 수 있다.

4. 촬영

자료분석 후 계획된 뷰포인트들에서 촬영을 진행한다. 건물은 태양의 위치에 따라 타이밍이 정해진다. 타이밍에 맞춰 최적의 포인트에 삼각대를 세우고 카메라의 프레임을 세밀히 조정한다. 프레임 안의 장애물이나 불필요한 요소들을 정리하고, 셔터를 누른다. 작업은 상황에 따라 새벽부터 밤늦게까지 진행되기도 한다. 계절에 따라 출퇴근 시간이 달라진다. 하절기에는 일출 전 4시경부터 일이 시작되기도 하고, 동절기에는 오후 5시경에 촬영이 모두 마칠 수도 있다. 계절에 따른 온도는 사진 상에 드러나는 요소가 아니어서 더위와 추위는 고려 대상이 아니다. 그냥 견뎌야하는 것이고, 맑은 날씨에 시계가 얼마나 확보되느냐가 관건이 된다. 요즘은 잦은 미세먼지, 황사 등으로 인해 제약사항이 많아져서 갑자기 일정을 변경해야 하는 경우도 생긴다.

5. 후반작업(리터칭)

촬영이 완료되면 후반작업에 들어간다. 리터칭은 무언가를 덧붙이는 작업이 아니라, 이미지의 톤과 색을 최적으로 조정하는 작업이다. 없는 것을 만들어 내거나 과다한 보정은 이미지의 질을 저하시킨다. 공간이 원래 가지고 있던 느낌에 최대한 가깝게 만드는 것이 주요목적이다. 외부 촬영에 소요되는 시간도 상당하지만, 리터칭 또한 장시간이 소요되기도 한다. 잡지 마감, 공모전 출품 등의 급한 상황들이 생기면 모니터와 길고긴 씨름을 해야 한다.

지금은 촬영중

고공크레인을 타고 올라가는 중이다. 건축물의 전체 배치를 보여주는 사진이 필요한 경우에 사용한다. 주변에 높은 지형지물이 없는 상황에 크레인의 위치를 잡아주고 원하는 높이에 올라가서 촬영한다. 바닥판의 진동을 줄이기 위해 호흡에도 주의해야 한다.

위_ 안평리
재속맨발가르멜회관
(가가건축 /부산)

아래_ 건축사진에서 정교하고 세밀한 프레임을 구성하는데 삼각대는 필수다.(인물사진 김진수)

청계리주택
(JMY architects /산청)

위_ 하동 두마당집
(이한건축 /하동)

아래_ 조금 더 높은 앵글을 잡기 위해 A형 사다리를 종종 이용한다.

나의 건축사진

내 사진에서 특별한 것을 만들려고 하지 않는다. 여느 사진가분들처럼 독특한 색감이나 앵글을 가진 것도 아니다. 그저 피사체가 가장 빛나는 순간에 내가 거기에 서있을 뿐이다. 건축가의 시간이 담긴 열정의 공간 앞에 내가 잠시 서 있는 것이다.

나는 건축물의 일과를 사진에 담는다. 물론 '매직아워'에 피사체가 더 아름다워 보일 수는 있으나, 건축물은 사계절과 밤과 낮, 햇빛과 구름, 비의 시간 속에 있다. 동서남북 배치된 각각의 공간들이 태양이 뜨고 지는 가운데 다양한 표정으로 기다리고 있다. 건축이 보여줄 수 있는 공간 스스로의 힘(디자인, 재료 등)과 그 표정에 맞는 적절한 시간들을 하나씩 합쳐 건축물의 일과를 담는 것이 나의 건축사진이다.

왼쪽_ Paul-Löbe-Haus
(Stephan Braunfels /
베를린)
건축가가 만든 공간 중에
내게 가장 큰 영감을 주었던
곳이다.

오른쪽_ Sagrada Familia
(Antoni Gaudi /바르셀로나)
관광객이 없는 조용한 성당을
촬영하고 싶었다. 수많은
관광객은 밖에서 줄 서 있고
나는 공식적인 오픈시간
전에 성당 전체를 빌린 듯이
조용히 삼각대와 서있다.

후배들에게 전하고 싶은 말

나는 정말 즐겁고 행복한 일을 하고 있다.

건축사진은 나의 일이자 취미이다. 내가 평생을 행복할 수 있는 일을 택했다. 내 작업의 대상 건축물이 언제나 흥미와 숙제를 던져준다. 매번 건축가의 새로운 공간을 마주하는 것도 즐겁고, 익숙한 공간의 변화를 기록하는 과정도 즐겁다.

여러분 자신이 즐거울 수 있는 일을 찾았으면 좋겠다. 정작 자신이 무엇을 좋아하고, 무엇에 즐거운지를 잘 모르는 경우가 많다. 성적을 올리고, 스펙을 쌓는 시간도 중요하지만, 자신이 좋아하는 것을 찾는 것에도 약간의 시간을 투자했으면 하는 바람이다. 주변의 흐름보다는 나의 흐름에 집중해 보기를 권해본다.

Q1_ 수입은 얼마인가요?

건축사진가는 기본적으로 프리랜서다. 본인의 능력에 철저히 좌우된다. 연수입은 초보작가는 몇 백, 숙련된 유명 작가는 수 억에 이르기도 한다. 다른 프리랜서와 마찬가지로 거래처의 수를 늘리는 것도 유지하는 것도 자신의 몫이다. 초기에 수입이 적은 것은 당연하다. 이번에 함께 작업을 한 거래처라고 해서 다음을 기약해 주지 않는다. 결과물의 만족도가 다음을 기약하는 유일한 방법이다. 성실하고 흔들림 없이 꾸준히 작업을 쌓아 나간다면, 더 많은 기회가 찾아올 것이다.

Q2_ 업무강도는 어떤가요?

극한 직업중의 하나일 수도 있다. TV에서 보이는 스튜디오 스타 사진가들을 상상해서는 안된다. 대략 15~20kg 정도의 카메라 장비가 든 가방을 메고 작업을 한다. 한손에는 늘 삼각대를 쥐고 있다.

주로 필드에서 하는 일이기 때문에 체력이 굉장히 좋아야 한다. 대상 건물의 규모에 따라 작업의 이동거리가 달라진다. 이른 아침부터 황혼이 저물고 밤이 될 때 까지 걷고 서고 다시 걷는다. 촬영 포인트가 어느 건물의 옥상일 경우 사다리를 오르거나, 주변의 높은 지형지물이 없는 경우에는 고공크레인 장비를 타고 30~45m 높이에서 촬영을 진행하기도 한다. 위험하고 고되지만, 남들이 보지 못하는 위치에서 건축가의 작품을 홀로 감상할 수 있는 기회이기도 하다.

Q3_ 업무장소와 시간은 어떻게 되나요?

일하는 장소와 시간은 정해져 있지 않다.

날씨가 좋은 날이면 촬영을 한다. 촬영 여건에 따라 새벽일 수도, 한밤중일 수도 있다. 뜨거운 뙤약볕 아래, 또는 차가운 한파 속 고층빌딩 옥상에서 장시간을 보낼 수도 있다. 하나의 프로젝트가 몇 시간에서 며칠, 몇 주가 소요되기도 한다. 거의 모든 작업은 외부로 나가는 출장이고 같은 도시 내의 작업부터 전국을 넘어 해외에까지 이르며, 작업 반경은 사진가의 역량에 따라 넓어질 수 있다.

건축사진가의 시간에 맞추어 작업을 한다기보다 대상이 되는 건축물의 조건과 타이밍에 맞춘다. 주말과 공휴일에 관계없이 일기예보에 따라 작업을 진행한다. 최상의 공간 상태를 사진에 담는 것이 목적이기 때문이다.

새벽부터 밤까지 외부에서 촬영이 마무리되면 작업실에서 리터칭 작업이 기다리고 있다. 공들여 촬영한 사진에는 정교한 리터칭(후반작업)이 필수다. 작업실 내에서는 주로 리터칭 작업과 사진 데이터 관리, 회계 등 문서 작업이 이루어진다. 일반적인 업무장소와 업무시간을 초과하는 일이 대부분이며 가변적으로 상황에 맞추어 모든 일이 진행된다. 다만, 현재 한국에서 촬영을 할 수 있는 맑은 날씨는 한 달에 15일을 넘기지 못한다.

Q4_ 학생 때 배운 '건축'을 많이 사용하고 있나요?

건축가의 공간을 이해하고 그것을 표현하는데 큰 도움이 된다.

하나의 건축물을 완성하는데 들어간 건축가의 열정은 이루 말할 수 없다. 뛰어난 사진가의 절묘한 감각으로 보기 좋은 건물 이미지를 단번에 만들 수도 있겠지만, 건축사진은 건축가와 함께 하는 작업이다. 촬영에 앞서, 건축가와 많은 대화를 나누기도 하고, 대상 건물의 각종 자료와 도면을 분석하고 촬영계획을 세우기도 한다. 보기 좋은 이미지를 만드는 것보다 건축가의 의도를 토대로 공간 본연의 모습을 드러나게 하는 것이 건축사진가의 기본적인 역할이라 생각한다. 그 장면들을 찾고, 표현하는데 있어서 건축을 공부한 것은 큰 밑바탕이 된다.

Q5_ 사진을 전문적으로 공부해야 하나요?

사진 전공자만큼은 아니지만, 그에 준하는 공부와 경험이 필요하다. 건축사진은 사진 전체에서도 아주 특수한 분야에 속한다. 일반적인 사진의 기초 없이는 건축사진을 시작하기는 쉽지 않다. 독학으로 사진의 기초를 익히는 방법도 있겠지만, 주변의 교육기관을 통해 기초과정을 배우는 것을 추천한다. 사진의 기초와 카메라 장비를 다루는 기본기술을 익힘과 동시에 후반작업에 대한 준비도 해야 한다. 디지털 이미지를 다루는 현재에선 포토샵 리터칭이 필수조건이다. 프로사진가의 최종사진은 웹화면에서부터 잡지인쇄, 대형 출력까지 염두에 둔 작업이다. 지나친 리터칭이 아닌 정교한 리터칭을 통해 건축사진이 마무리된다.

Q6_ 건축사진은 어디서 배울 수 있나요?

아쉽게도 전문적으로 배울 수 있는 교육기관이 없는 것으로 알고 있다. 몇몇의 단기 건축사진 수업이나 과정은 있어 좋은 경험은 될 수 있다. 하지만, 직업으로써 건축사진가를 생각한다면 지금 왕성하게 활동하고 있는 작가를 찾아가서 어시스턴트를 하는 것이 가장 좋은 방법이라고 생각한다. 지금 시대에는 맞지 않겠지만, 어쩔 수 없이 도제교육이 가장 효과적이다. 경험 많고 완숙된 건축사진가의 한마디는 배우는 이에게 피와 살이 된다. 사진은 표현의 도구일 뿐, 기법만 배우는 것은 단기간이나 조금 뛰어난 감각으로 가능하겠지만, 대상의 본질을 이해하고 그것을 제대로 드러내는 표현을 접목하는 것은 결코 쉽지 않은 일이다.

Q7_ 건축사진가는 누구와 일을 하며, 어디에 사용되나요?

주로 건축가와 일을 한다. 소규모 아틀리에, 중대형 설계사무소가 주가 된다.

건축물은 휴대가 불가능하다. 때문에 건축가는 자신의 작업을 사진으로 잘 기록해서 포트폴리오를 만든다. 그들에게 건축물의 가장 좋은 장면으로 포트폴리오를 남김으로써 다음 클라이언트에게 보여줄 홈페이지, 홍보물 등을 만들거나, 각종 건축상에 출품을 하거나, 건축잡지 등 매체를 통해 자신의 작업을 알리는 등 다양한 용도로 사용된다.

그 외 건설회사, 건축자재회사, 부동산관련회사, 숙박시설, 상업시설, 관공서, 출판사 등 에서도 건축사진을 필요로 한다.

Q8_ 건축사진가라는 직업에 힘든 점은 무엇인가요?

건축사진가로 독립하여 시작하는 단계에서 어려움이 크다.

모든 프리랜서의 어려움이겠지만, 경제적인 문제를 견뎌야 한다.

학교에서 배운 '건축' 전공을 뒤로하고 사진을 업으로 한다는 것은 사진전공자에게도 쉬운 일은 아니며, 하물며 그것을 새로 익히고 숙련해야 되는 입장에서 고된 시간이 수반된다. 잠깐 몇 년 배워서 당장 시작할 수도 있겠지만, 권하지는 않는다. 프로의 세계에서 어설픔은 허용되지 않는다. 어설픈 작가 흉내는 독이 되어 돌아온다.

이 일은 오래도록 할 수 있는 일이다. 카메라를 들 힘만 있다면.

이 일은 오래 될수록 더 즐거운 일이 된다. 작업은 숙련될 것이고, 찾는 사람은 더 많아질 테니.

초기에 일이 없는 것은 당연하다. 차근차근 자신의 작업을 쌓아가는 방법 이외에는 다른 방법은 없다. 이 시기는 스스로를 위한 시간이라고 위로하며, 열정으로 열심히 갈고 닦을 수 밖에.

Q9_ 건축사진가로서 보람이 있다면 무엇인가요?

함께 작업하는 파트너로써 건축가의 성장을 지켜보는 것.

건축사진가의 일은 보통 한 번에 끝나지 않는다. 건축가와 함께 일을 진행하는 과정에서 건축가를 이해하게 되고, 그 건축가의 공간을 이해하게 된다. 어떤 경우 건축가의 첫 번째 작업부터 현재에 이르는 모든 작업을 함께하기도 한다. 건축사진가는 촬영하는 공간을 통해 건축가와 동화된다. 건축가가 작업한 결과물이 매체에 발표되거나 건축상을 받게 되면 덩달아 기쁘다. 일이 적던 건축가가 발표된 건물로 인해 주목을 받고, 일이 늘어나는 상황을 지켜볼 때면, 마음이 뿌듯해진다.

건축사진가는 함께하는 건축가의 잠재력을 알게 된다. 내가 하는 일은 그 잠재력을 깨우고, 그것이 드러나는 발판이 되는 것. 그 과정 속에 나의 즐거움과 보람이 가득하다.

Q10_ 건축사진가로서 미래계획은 무언인가요?

건축영상작업으로의 확장이다.

지금까지 건축물은 스틸사진으로 대부분 작업해왔다. 건축물의 각 공간을 태양의 일과에 맞춰 최적의 장면들로 만들었다. 앞으로도 결정적 순간의 사진 한 장은 건축물의 대표 이미지로 지속적으로 기억될 것은 분명하다.

수많은 매체 속에서 사진의 역할은 변함이 없겠지만, 매체의 발달은 또 다른 가능성을 열어주었다. 종이 매체로부터 벗어나 각자의 손에 쥔 모바일 기기는 손쉽게 이미지와 영상을 접할 수 있다. 영상을 제작하고, 편집하는 기술 또한 간단해지고 편리해 졌다. 영상은 스틸사진과는 다른 전달력을 갖고 있다. 영상제작을 위해서 앞으로 구축해야 될 것들이 많지만, 건축가들에게 영상은 중요한 부분이 될 것임에 틀림없다.

건축에서 공연무대로

공연예술 무대기술팀
김정현

1. 건축으로부터, 무대

건축잡지를 보다 손이 멈춰, '세상에 이런 건축물이!' 하고 감탄했던 기억, 한 번쯤은 있었을 것이다. 그리고 건축계에 꾸준히 적을 두다보면, 일로써 그 건물과 만나게 되기도 한다. 나에게도 그런, 기분 좋은 경험이 있었다. 대학시절, 어느 건축잡지에서 보고 기억에 담아두었던 그 극장에서, 나는 공연을 했다. 일본극단의 기술부 무대팀으로서, 공연무대를 SET UP하고, 본 공연을 진행한 후, 무대를 STRIKE했다.

마침 투어공연에 지쳐 한참 힘들때 상봉하게 되어서, 배로 기뻤고 배로 감탄했다. 그날 공연준비를 마친 후, 이곳 저곳 돌아다니며 혼자 흥분해서 답사를 했던 기억이 아직도 즐겁다.

건축을 전공했지만, 일본극단의 기술부 무대팀이 되었다. 대학때 나는, 훗날 무대 일을 하리라고는 상상하지 못했고, 계획도 없었다. 하지만 졸업 후 무엇인가를 계기로 공연무대에 관심을 갖게 되었고, 무대디자인을 알게 되었다. 살아 움직이고, 영원히 기억되기도 하고, 순간 동안 찬란하다 잊혀지기도 하는 그 변화무쌍함이 놀라워 마음을 빼았겼다. 하지만 당시 무대디자인은 물론 공연예술에 대해 잘 알지 못했다. 더욱이, 연극은 좋아했지만 극에 집중할 뿐 무대는 보지도 않던 수준이었다. 무대 일의 실체에 접근하고자, 무대디자인을 하는 동기를 만나 이야기를 듣기도 하고, 정보를 얻기도 하던 중, 일본으로 가게 되었고, 몇 개월 후, 서류심사와 포트폴리오 면접을 거쳐, 일본극단의 기술부 무대팀으로 입사하였다. 나는 그렇게 일본에서 무대 일을 시작하였다.

일본 극단사계 〔劇団四季〕

'무대 일을 하면 밥을 굶는다'는 고질적인 팩트를 바꾸고자 몇몇의 대학생들이 뜻을 합해, 1953년에 창립한 극단이 사계(四季)이다. 다년간의 노력으로, 공

극단 사계 사진

연하는 기업이자 극 올리는 극단이라는 독특한 시스템을 구축, 운영할 수 있게 되었고, 현재 배우와 기술스태프, 경영스태프 약 1,300명으로 구성되어 있다. 주식회사 극단사계는 비교적 성공한 공연사업체이자 노력하는 연극집단으로써, 일본 전역에서 오리지널 작품은 물론 해외 라이센스 작품까지, 예술성과 상업성 등을 고려하려 엄선한 작품들을 무대에 올리고 있다.

공연사업체의 면에서 조직구성은, 회장과 사장이 있고 그외 부서의 책임자로서 임원진이 있으며, 업무를 담당하는 부서로서 크게 경영과 기술로 나뉘어 있다. 경영부에는 영업, 제작, 홍보, 국제, 제작 등이 있고, 기술부에는 무대감독 및 조수(무대팀), 대도구, 소도구, 조명, 음향 등이 있다.

연극집단으로서의 면은, 작품 연출을 책임지는 연출부와 창작에 힘쓰며 도전하는 배우와 스태프의 각종 움직임에서 볼 수 있다. 작품이 선정될 때마다 배우들은 사내 오디션을 통해 경쟁하고 인정받아 배역을 얻고, 사내 공모전(무대디자인, 포스터디자인 등)에 참여하여 한 명의 극단원으로서 창작 의지를 불태우는 것도 가능하다. 연말에는 소속 배우와 스태프들이 준비한 (미리 심사된)

창작공연 작품들이 사내무대에 올라 경쟁하기도 한다.

기술스태프는 대부분 프리랜서 계약이지만 사실상 계약기간 동안 전속 계약에 가깝다. 프리랜서 계약이기에 극단 밖의 다른 작품에 참여가 가능하지만 현실적으로는 여의치 않다. 극단의 여러 작품이 동시거나 순차적으로 무대에 오르므로, 여유시간이 있다면 소속극단의 타 작품을 돕는 일이 우선이 된다. 소속극단의 작품을 무대에 올리는 일이므로, 해당 작품을 위해 구성된 컴퍼니 멤버 뿐 아니라 움직일 수 있는 극단 스태프가 다같이 협력하는 것은 계약형태에 상관없이 어떤 극단에서든 있는 일이다.

사계에서는 극단의 창작작품은 물론 해외 유명 라이센스 작품들(뮤지컬 라이온킹, 캣츠, 알라딘 등)도 공연하므로 다작에 대한 갈망이나 새로운 무대기술에 대한 지적 갈증도 다소 해소할 수 있으며, 이것은 사계의 기술스태프만이 체득 할 수 있는 것이기도 하다.

배우들의 경우, 체계화된 시스템의 비교적 훌륭한 환경 속에서 역량을 키울 수 있고, 그 성과가 좋은 배역으로 이어져, 뮤지컬, 연극, 어린이 가족공연 등 다양한 작품에 꾸준히 참여할 수 있다. 사계에는 일본인 이외에도 외국인 배우들이 있고, 그중 한국인 배우도 꽤 있으며, 개인차는 있더라도 대부분 좋은 성과를 얻고 있다. 극단소속 국내외 배우들은 모두, 철저한 자기관리와 일본의 거대 극단이 가진 독특한 성격, 그리고 극단 및 연출가의 연출관을 납득해야 한다는 장벽만 넘어서면, 배우로서 안정적이고 탄탄하게 성장할 수 있다.

공연계에서 대기업에 해당한다 볼 수 있는 극단사계는, 장점이 뚜렷한 만큼 그 안에 산재된 문제와 드러나는 단점도 물론 있다. 사계의 연습환경을 보기 위해 한국에서 예비 배우들이나 예비 스태프들을 이끌고 교수님들이나 관계자분들이 방문을 하는 경우가 있다. 방문 기간동안 통역을 맡고 안내를 한 적이 있는데, 한국은 물론 해외에서도 찾기 힘든 체계화된 시스템의 성공

사례로 사계를 소개하시곤, 한국의 공연 현실을 안타까워하시던 인솔자분들의 모습을 기억한다. 하지만 '시스템을 유지'한다는 것은 그만큼 엄한 약속과 제약들이 소속된 개인들을 관리하고 있다는 뜻이다. 사계가 이렇게 갖추고 유지하기까지, 극단원들의 많은 노력과 극복해 온 시간들이 있었다.

공연작품을 창작하는 것만큼 중요한 일이 창작된 작품의 작품성과 공연예술성을 유지하는 일이다. 극단사계가 작품을 대하는 기본 철학이다. '매일 새롭게가 아닌 매일 어제만큼'이 기본 전략(사계 연출가의 연출관)으로, '첫 공연보다 나은 마지막 공연'이 아닌 '첫 공연만큼 좋은 매일의 공연'이 사계에서는 더 옳은 답이다. 극단의 철학때문에 지금의 배우 양성시스템이 갖춰졌고, 소속 기술팀이 있으며, 굶지 않는 극단이라는 창립의도 덕분에 사업에 힘쓰는 경영팀도 있다. 즉, 극단사계는 완성된 것을 지켜내는 노하우와 기술을 오래 연마해 왔고 그것이 특기이자 성격인 극단이다.

창작물의 완성 ≦ 완성된 창작물의 작품성과 공연예술성 유지

우리나라의 공연은, 특유의 자유로움이 공연문화를 자연스러운 성장으로 이끈다는 매력이 있다. 본래, 공연의 발생과 성장이 그렇다 할지라도, 한국의 대학로만큼 무대인들의 고응축 에너지를 극발산하는 장소는 어디에도 없는 것 같다. 한국 공연이 가진 뿌리 깊은 내공과 강한 자율성은 하나의 성격이자 특기라고 말할 수 있다. 안정된 시스템이 있건 아니건, 사계라서 해낼 수 있는 공연이 있고, 한국이 아니면 할 수 없는 공연이 있다.

나는 대부분의 무대 일을 극단사계에서 했다. 그래서, 한국에서 무대 일을 오래한 분들에 비해, 국내 정보는 많이 부족할지도 모른다. 실제로, 나라마다 그리고 극단마다 일의 스타일이 다른 경우가 많다. 하지만 무대 일에 대한 개괄적인 내용이라면, 국적에 상관없이 정보가 될 수 있을 것이므로, 이해를 돕기 위해 간략하게나마 설명하려 한다.

나는 이제부터, '무대 일'이라는 것의 대략의 전체와 그 속의 몇몇 역할들에 대해 간단히 설명할 예정이다. 이 일의 전체를 보고, 그 속의 직업을 보고, 그들의 처우에 대해서도 조심스럽게 말해 볼 생각이다. 그리고, 내가 직접 하고, 보고, 배우고, 느낀 것들이 글의 토대가 될 것이므로, 분명 정보인데 다소 감정적일 수 있다.

2. 무대가 만드는 공연, 그 과정

알다시피, 공연의 종류는 다양하고 그에 따라 진행과정이 달라지기도 하며, 그 과정 자체가 작품 창작으로 이어지기도 하는 등, 작품을 무대 위에 올리는 과정의 순서에는 변칙이 많다고 할 수 있다. 그래서, 일반적이고 대부분의 뮤지컬이 무대에 오르는 과정을 기준으로 간략히 설명하려 한다.

- **작품선정**
  기획사나 극단은 예술성과 상업성 등 저마다의 기준으로 무대화 할 기존 작품이나 창작무대를 위한 극을 정한다.
- **연출가와 배우, 기술스태프 결성, 디자인 결정**
  극과 연출가가 결정되면 필요한 기술스태프가 결정되고 각 분야(무대, 조명, 음향, 소품, 의상, 분장 등등)의 디자이너들은 여러 번의 회의를 거쳐 하나의 연출 방향에 따른 디자인을 완성한다.
- **배우연습**(in 연습실) – **연출가, 배우, 무대감독 및 무대팀**(크루)
  배우들은 연습실에서 연출가의 지휘 아래 배역을 완성하고 무대감독과 본방을 같이 할 무대팀 일부가 그 진행을 돕는다.

- **무대설치 Set up(in극장) – 기술총감독, 무대제작팀, 전 분야 스태프**
  기술총감독의 책임과 지휘 소통 아래, 각 분야의 기술 스태프들은 필요 기간에 걸쳐 그 디자인을 무대 위에 실현한다. 무대에 장치를 설치하고 조명을 달고 스피커를 배치하는 등 각 분야의 디자이너들이 계획한 디자인을 무대 위에 실체화 하는 과정을 '무대설치'라고 한다.
- **테크니컬 리허설**(Technical Rehearsal) – **기술총감독, 무대감독 및 무대팀, 전 분야 스태프**
  각 디자인이 무대 위에 기술적으로 완성되면 몇 차례에 걸쳐 '테크니컬 리허설'이 실시된다. 배우들이 무대에 오르기 전에 시행하는 기술스태프들만의 무대 리허설인 셈으로, 전 파트가 모든 장면에 걸쳐 장면 연출과 전환을 확인하여, 사전에 문제점을 발견하고 수정·보완해서, 무대의 안과 밖을 기술적으로 완성한다.
- **무대리허설**(Stage Rehearsal) – **무대감독 및 무대팀, 배우, 전 분야 스태프**
  테크니컬 리허설이 끝나고 무대가 준비되면, 연습을 마친 배우들이 무대에 올라 '무대리허설'을 시작한다. 이때 다시 무대 위와 밖의 세부적인 사항들이 유기적으로 결정, 수정·보완, 완성되는데, 그 모든 사항들의 소통의 중심에 무대감독이 있다. 기술총감독은 무대를 기술적으로 완성하는데 가장 큰 목표를 두고 테크니컬 리허설을 완성하고, 무대감독은 공연의 매회 상연 완성에 목표을 두고 작품의 시작부터 끝까지 관여한다.
- **드레스 리허설**(Dress Rehearsal) - **무대감독 및 무대팀, 배우, 전 분야 스태프**
  무대리허설 기간이 끝나면 배우들은 분장과 의상을 갖추고, 기술팀은 본 공연과 같이 연습에 돌입하는데, 이것을 '드레스 리허설'이라 부른다.

사실상 최종 연습이자 최종 점검이 된다.

- **프리뷰**(Preview) – **전 공연관계자**

  공연관계자들이 모든 준비를 마치면, 홍보를 위해 기자와 일부 관객에게 공연을 첫 시연한다.

- **첫 공연 및 본 공연 – 무대감독 및 무대팀, 배우, 전 분야 스태프**

  프리뷰를 진행했다면, 이제부터는 공연 기간 동안 본방의 상연이 이루어지고, 무대감독이 그 중심에 책임자로 선다. 무대감독은, 배우 포함 모든 부서와 소통하고 결정하고 지휘한다.

- **무대철거**(Strike) – **기술총감독, 무대제작팀, 무대감독 및 무대팀**(크루), **전 분야 스태프**

  이윽고 마지막 본방이 끝나고, 배우들이 무대에서 내려오면, 그 즉시 철거가 시작된다. 무대 상부와 내부, 윙, 객석, 로비 등 공연장의 전 공간을 각 부서가 타이밍 좋게 적절히 이용하여 Set up 기간보다 단적으로 짧은 기간에 설치했던 모든 것을 철거한다. 철거 기간 동안 모든 부서는 안전을 확인하고 확보하면서 움직여야 하고, 무대도구와 장치들도 재사용되는 경우가 많으므로 안전하게 철거되어야 한다.

- **무대복원**

  기본적으로 Strike 후에는 '무대복원'을 한다. 작품의 연출과 디자인의 필요에 따라, 공연장 무대바닥을 들어내기도 하고, 상부 배턴에 조치를 취하기도 하며, 객석의 의자를 이동하기도 하는데, 공연을 마치면 다음 작품의 원활한 Set up을 위해 그 모두를 원상태로 복구하는 작업을 해야한다. 때로는, 다음 작품의 컴퍼니와 상의 후 상호간 작업의 효율을 고려하여 복구 사항을 조절하기도 한다.

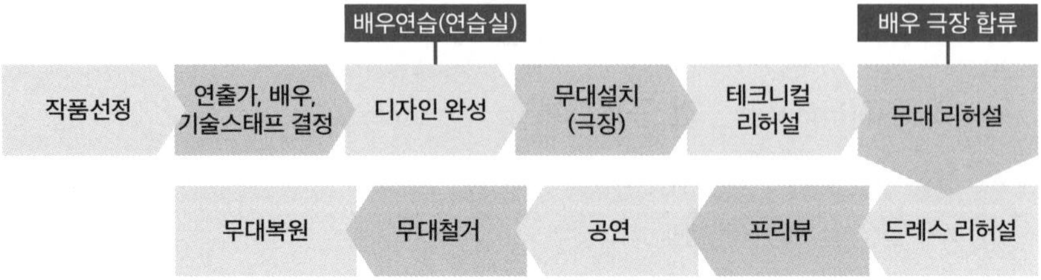

공연 과정 Flow Chart

하루 만에 무대설치가 진행되는 소공연부터, 전용극장을 지어 몇 달에 걸쳐 무대를 설치하는 경우까지, 작품의 종류와 디자인 그리고 각종 상황에 따라 Set up에 걸리는 기간은 달라진다. 예산 관계상, 촉박한 일정으로 진행되므로 스케쥴을 잘 구성하는 일이 중요하고, 현장에는 기술스태프들 간의 긴밀한 계획으로 꽉찬 일정이 있다. 'Set up 스케줄'이란 단순하게 말해서, 서로 작업공간이 겹쳐 충돌하지 않고, 어떻게 하면 전 부서가 잠시라도 손놓고 놀지 않도록 할수 있을까에 관한 것이다.

Set up 첫 날, 트럭에서 짐을 내려, 열심히 굴리고, 들고, 놓아, 반입을 끝낸 공연장 내부는 질서있게 난장판이다. 그래서 전 부서가 용의주도하게 움직이지 않으면 몸이 고생한다. 사전에 한 약속대로 정해진 시간 안에 정해진 작업을 완성해주고, 작업에 충돌이 생기면 서로 배려하여, 되도록 원활하게 안전히 일정을 소화해내야 한다. 그래도 고성이 오갈 때가 있고, 차질이 생겨 철야를 해야 할 때도 있다.

3. 직업, 무대디자이너와 무대감독

하나의 공연작품이 무대에 올라 관객을 맞이하기까지 여러 분야의 전문가들이 관여한다. 기획자, 연출가, 작가, 음악가, 안무가, 조명디자이너, 의상디자이너, 음향디자이너, 소품디자이너, 도구 제작소, 오케스트라 지휘자, 홍보 마케터, 하우스 매니저 등등 다양하고 많은 전문인력이 동원된다. 그 가운데 나는, 무대디자이너과 무대감독의 일에 관해 대략 말해보려 한다.

무대 디자인

무대 디자인은, 공간을 '극을 위한 공간'으로 만드는 일이다. 배경의 역할이거나, 극연출의 상징적 요소로써 적극 활용되거나, 필요에 따라 빈 공간이기도 하다. 연극 무대처럼 일정 기간 동안 상설되기도 하고, 요즘의 거대 뮤지컬처럼 작품이 공연되는 시간 동안 살아 움직이는 디자인으로 관객에게 전달되기도 한다.

그리고 작품의 종류와 특성, 연출의 방향, 디자이너의 아이디어, 장소의 특징 등을 고려하여, 물리적으로 한정된 공간안에 시공간을 초월한 공간을 창조해내는 일을 하는 이가 무대 디자이너이다. 무대디자이너의 머리 속은 건축가보다 거창할지 모른다.

무대 디자이너

1902년 '협율사'라는 최초의 국립극장이 한국에 생긴 후, 자연스럽게 무대디자이너도 생겼을 것이라고 한다. 당시에는 배경의 표현이 역할의 전부였을 무대 디자인이 무대기술과 함께 꾸준히 성장하여, 요즘에는 작품 자체를 상징적으로 표현하는 역할을 담당하기도 한다.

지금의 무대디자이너는 세트와 장치의 디자인을 넘어, 시각적으로 작품을 표현하는 가장 효과적이고 효율적인 방법을 연구하는 사람이자, 새로운 무대기술을 바탕으로 아이디어를 마술같이 실현하는 사람이다. 그리고 자신만의 시각으로 작품을 분석, 디자인을 제시하여 연출 방향에 영향을 주기도 하는 주도적인 위치까지 그 영역을 확대하고 있다.

무대 디자이너는, 100년 전 연극을 디자인으로 재해석해서 표현하는 것도 가능하고 몇천 년 후의 미래를 제시해 볼 수도 있으며, 오늘의 어딘가를 날것으로 무대에 올리는 것도 가능하다. 이렇게 무궁무진한 아이디어의 향연이기에 즐겁기도 하지만, 인정받는 희소가치가 실효를 얻는 프로들의 경쟁사회이기에 녹록하지만은 않은 것도 현실이다.

무대 디자이너는 극을 이해하고 공감, 분석할 줄 알고 즐겨야 하며, 실무를 위해 CAD, 3D MAX, Sketchup 등의 프로그램을 이용해 자신의 아이디어와 디자인을 도면화 할 수 있어야 한다. 그리고 무엇보다, 공연예술은 공동작업이므로 여러분야의 다양한 사람들과 소통하고 공감하며 협업하고, 그 안에서 성장해야 한다. 무대 디자인을 아무리 독보적으로 해놓아도 조명이 안비춰주면 안한 것만 못하다. 공연작품에서 디자인은 모든 디자이너들과의 공동작업이다. 한 명의 디자이너가 독주해서 해낼 수 있는 것이 아니다.

무대 디자인 작업 과정

- **극의 이해와 분석**
  무대에 올릴 극작품의 이해와 분석은 무대디자인의 시작이 된다. 극 안에서 시공간의 정보를 얻거나 캐릭터 분석을 하기도 한다.
- **디자인 회의**
  연출가와 각분야 디자이너들이 모여 콘셉트 회의를 한다. 회의를 거듭하여, 연출 방향을 공유하고 서로의 아이디어를 이해하면서 무대 디자인을 진행한다.
- **극장의 물리적 조건 파악**
  건축디자이너가 사이트(site)를 조사하여 정보를 얻듯이, 무대디자이너도 상연될 극장의 무대 공간 상황을 조사하여 물리적인 정보를 수집한

작품 분석	디자인 회의	공연장 조사	최종 디자인 결정	제작소에 의뢰	무대설치 감수
극의 이해, 캐릭터 파악	연출가 및 각 부서 디자이너들	물리적 조건, 제한사항 파악	도면 완성	감수 및 수정 보완	수정 보완

무대디자인 과정 Flow Chart

다. 작품의 규모가 클 경우, 가용무대 범위를 입체적으로 파악하고, 무대 상부의 배튼 상황과 하부공간의 가용범위에 대해서도 알아야 한다. 공연장의 제한사항이나 주의사항을 파악해두고, 아이디어에 따라 무대 외의 부분을 디자인 대상으로 삼기도 하므로 관련 정보를 수집해 두어야 한다.

- **최종디자인 결정, 도면 완성**

  여러 번의 회의를 거쳐 디자인을 수정하며 최종안이 결정되면, 도면을 완성한다. 평면과 단면, 입면, 세트의 상세도는 물론이고, 상부 배튼 도면, 장면 디자인 도면 등등 공연의 종류와 디자인에 따라 도면을 완성한다. 즉, 제작에 필요한 도면과 작품의 디자인 시각 자료로써 필요한 도면 등을 만든다고 할수 있다.

- **무대 세트 제작소에 제작의뢰, 감수**

  완성된 도면으로 제작소에 제작을 의뢰하고, 디자인대로 완성되었는지 감수한다. 필요할 경우 수정·보완한다.

- **무대 SET UP, 감수**

  무대 위에 설치되는 디자인을 감수하고, 필요할 경우 현장에서도 수정 보완한다. 무대설치가 완성된 후에도, 불가피한 디자인의 변경이 현장에서 발생하기도 하므로 현장과는 언제든 연락할수 있도록 한다.

무대 설치가 완료되고 조명이 완성되면, 무대디자이너는 사진 자료를 남긴다. 완성된 무대의 시각적 디자인은 기본적으로 무대디자이너에게 권한이 있으며, 저작권자로서도 인정받는다.

무대 디자이너는 무대에서 필요한 안전만 확보하면 건축법규를 무시하고 그림 같은 집도 만들 수 있다. 하지만 건축에 대한 기본 소양이 그 뿌리이고 근거이기에 전혀 근본 없는 그림은 아니다. 실제로, 많은 무대디자이너들이 건축 관련 책들을 읽고 추천하고 있으며, 미숙한 나도 건축을 전공했다는 경험에서 많은 도움을 받고 있다.

현실적으로, 무대디자이너가 자신의 아이디어를 실현시킬 때, 고려사항의 최상위는 연출가와 예산이다. 하지만 주어진 현실 안에서 최선을 다해야함은 누구에게나 같을 것이므로 특별한 문제는 아니다.

무대감독

무대감독은 공연 기간 동안 무대 총괄 책임자로서, 상연과 관련된 전 분야와 소통하고, 필요한 것들을 결정하고, 책임을 지는 최종 위치에 선다. 전체를 이끌어 처음부터 마지막 공연까지 안전히 공연을 마쳐야하며, 연출의 의도대로 완성된 공연작품의 질을 유지하여 그대로 관객에게 전달해야 한다. 본 공연의 상연 중에는 무대전환 CUE를 지시하여 공연을 진행하고, 공연 중 문제 발생 시 대처한다.

기본적으로 무대감독은, 물리적인 무대공간에 관계된 모든 것에 권한을 갖고 책임을 지는 사람이므로, 공연 전 리허설이나 이벤트를 위한 무대 사용이 있을 시에는, 안전을 확보하고 확인해야 한다. 그 외에도, 공연 일지나 트러블 보고서 같은 서류 작업도 하고, 부재 중인 연출가를 대신해 배우 리허설을 진행하기도 한다.

기술스태프는 공연의 하드웨어(물리적인 영역)를, 연출가는 그 안의 소프트웨어(연출과 배우의 연기 등)를 관장하는데, 무대감독은 유일하게 그 두 영역에서 역할을 갖는다. 다음은 작품이 선정된 후부터 공연을 마칠 때까지, 무대감독의 움직임과 역할에 대한 것이다.

무대감독의 역할

- **배우연습실 - 소프트웨어 숙지**

  연출가의 리드 아래 배우들의 연습이 시작되면, 무대감독은 일부 무대팀과 함께 연습실에 참여하여 연출가의 연출 방향을 이해하고, 배우들의 역할 만들기 과정과 소도구 사용 등을 살펴, 무대 위에서 공연될 작품을 머리 속에서 완성해 간다. 극작품과 연출을 이해하고, 그 진행과정을 숙지해야, 연출이 의도한 작품을 본 공연에서 그대로 구현해 관객에게 전달할 수 있다.

  필요할 경우, 무대도면과 공연자료를 참고하여 연습을 돕기도 한다. 연출가는 배우들과 작품을 완성해 가면서, 각 분야의 크고 작은 수정안을 제안, 결정하기도 하는데, 이를 SET UP 현장의 기술스태프와 연결, 피드백하는 역할도 무대감독의 몫이다.

- **무대설치**

  연습실에서 배우들의 연습이 진행되는 동안, 극장에서는 일정에 따라 SET UP이 시작된다. 기술총감독의 총괄 아래 일사천리로 무대설치가 진행되는데, 무대감독은 보통 배우 연습실이 가동되는 시간 외에는 현장으로 향해 직접 SET UP에 참여하기도 하고, 무대장치 및 도구들을 파악하며 진행상황을 살피기도 한다.

- **테크니컬 리허설**

  SET UP이 완료되면, 전 파트의 기술스태프가 본공연과 같이 리허설에 임하여, 기술스태프들만의 리허설을 실시한다. 이것은, 공연 중 발생할 수 있는 기술적 문제들을 미리 파악하여, 수정, 보완하기 위한 것으로, 배우들이 무대연습을 시작하기 전에 반드시 해두어야 할 중요한 과정이다. 무대감독은 테크니컬 리허설을 통해, 장면전환 CUE와 전체의 전환 합을 확인하고, 무대팀은 물론 모두의 움직임도 입체적으로 파악한다.

  장치와 도구들의 SET UP이 완료된 후에도, 공연 진행을 위해 반드시 필요한 작업들이 소소히 많다. 윙의 공간활용을 계획하고, 필요한 곳에 전원을 설치하고, 안전을 위해 축광테이프를 붙이고, 각종 마킹을 하는 등 이런 모든 작업이 무대감독과 무대팀의 몫이다.

- **리허설 진행**

  기술적 확인이 완료되면, 배우들이 극장에 합류한다. 이제 무대감독은 기술팀의 총괄 책임자가 되어, 전 파트와 소통하며 리허설을 진행하게 된다. 그리고 배우들이 무대에 오르기전, 무대장치와 도구들에 대해 충분히 설명하고 움직임을 확인시켜 위험요소를 인지하게 한다.

  무대리허설은 배우들이 처음으로 무대에 올라 연습하는 시간이기도 하지만, 기술스태프와 배우들의 합을 처음 확인하는 시간이기도 하다. 무대감독은 모두의 안전을 최우선으로 리허설을 진행한다. 여기서 모두라 함은 배우와 스태프는 물론 무대장치와 도구들도 포함된다. 사람의 안전이 최우선임은 말할 것도 없지만, 무대에 오르는 도구와 야심차게 준비한 장치들도 관객에게 온전히 전달되어야 할 소중한 배우들이다. 공연작품의 디자인을 지키는 일은 무대감독의 안전 확인과 확보에서 시작되고, 또한 중요한 일이다.

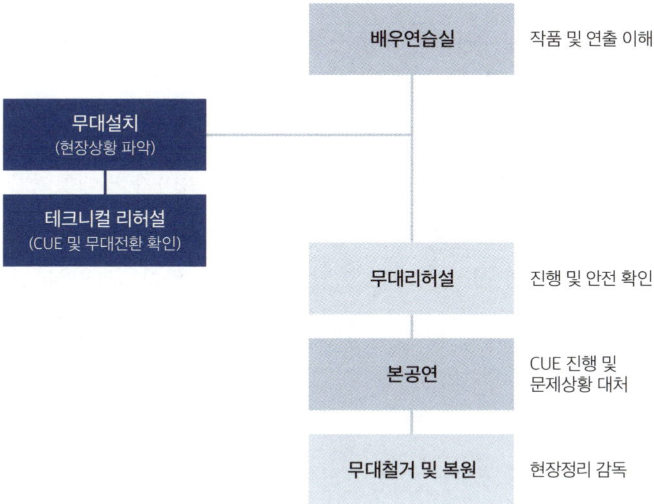

무대감독의 역할

- **본 공연 진행 및 문제상황 대처**

  드레스 리허설을 거쳐 무사히 프리뷰까지 진행했다면, 드디어 관객을 맞아 본 공연을 시작한다. 공연준비가 완료되면 객석이 오픈되고 관객이 착석해 정해진 시간이 되면 무대감독은 객석을 소등, 무대와 객석을 가르던 메인 막을 올리는 CUE를 시작으로 본 공연을 진행한다. 본 공연 중에는 전환을 위한 CUE 지시는 물론, 무대 위의 안전을 확인하고, 문제 발생 시 적절한 대응과 대처를 위한 지시를 해야한다. 상황에 따라 무대감독이 직접 움직일 때도 있고 대처 가능한 무대스태프가 해결하기도 한다.

  무대감독은 공연 중 발생할 수 있는 여러 문제상황에 대해, 사전에 예상하고 대응책을 마련하기도 한다. 하지만 공연 중에는 예상 못한 돌발상황이 발생하기도 하므로 빠르게 상황을 판단해 적절히 대처하는 임기응변 능력이 필요하다.

- **무대 철거**

  공연기간이 끝나면, 마지막 공연의 메인 막이 내려오자마자 무대철거가 시작된다. 도구팀이 무대장치와 대도구들을 철거하는 동안 무대팀은 공연진행을 위해 자신들이 설치한 것들을 철거하고 정리한다. 무대감독은 공연 후 해야 할 페이퍼 작업을 마친 후 무대철거에 참여하고 마지막까지 무대를 정리한다.

4. 공연하는 프리랜서、業

공연하는 프리랜서

국내외를 막론하고, 공연계 기술스태프의 고용과 대우에 관한 일반적인 내용은 대략 이렇다. 공연은 주로 공연기획사나 극단이 기획하고 주최하여 무대에 올리는 것이 대부분이고, 해당 극단이나 기획사에 소속된 특정 배우나 스태프가 아니라면 프리랜서로 작품에 임한다. 따라서 매 작품마다 만나는 사람이 다르거나 같을 수도 있고, 때문에 손발이나 맘이 맞는 이들이 모여 팀으로 활동하기도 하며, 저마다의 인맥으로 공연에 참여하는 것도 현실이다.

공연계라는 직업군은 경제적으로 안정적이지 않다. 정기적이거나 일정한 수입이 없고 보너스나 퇴직금도 기본적으로 없다. 그러나 프리랜서이기에 동시에 여러 작품에 참여하는 것이 가능하고, 기술 노하우에 따라 계약의 대우도 달라지며 흥행 수익에 따라 인텐시브를 받기도 한다. 그러나 약속한 날짜에 입금되지 않는 경우는 여전히 많다. 공연장에 소속된 스태프일 경우에는 정해진 수입이 생기므로 어느 정도 경제적으로 안정은 보장되지만, 다작을 하는 프리랜서보다 여유롭지는 않다. 즉, 공연계에 적을 둔 이들 중 일부를 제외

무대작업 사진

하고는 대부분 공연별 기간 계약 비정규직인 것으로, 안정된 생활을 하고 있다고는 하기 어렵다. 심지어, 경기가 불황일 때는 문화예술계가 가장 빨리 타격을 입는다. 이미 패턴화된 이 불안요소에 전세계의 공연문화 상황과 국내 상황이라는 변수까지 더해지면 고용과 급여가 극히 불안정해질 때도 있다. 공연예술인들이 처해 있는 힘든 실상은 한국뿐아니라 전세계 공연예술계가 오랫동안 겪고 있는 상황이다.

하지만 세상이 고단할 때, 가장 열심히 발벗고 나서려는 분야 또한 문화예술계이다. 누군가 힘들 때 어떻게든 위로하고 싶어하는 태생적 성향 때문인지, 어려운 상황 속에서도 묵묵히 자비를 털어 무대 위에 공연을 올리는 것이다. 하지만 이런 일방적인 사랑이 서로에게 좋을 리 없다. 다행히 현재, 한국에서도 이들의 사회적 보호 장치에 대해 적극적인 논의가 이루어지고 있고, 해외에서는 그 개선의 노력(미국의 브로드웨이 노동조합, 프랑스의 앵떼르미땅, 독일의 예술가사회보험 등)이 실효를 얻은 곳도 있다. 이는 모두 공연예술인들의 노력을 '노동과 그 결과물'로 인정함은 물론, 예술인들 스스로의 인식 변화와 정부의 노력으로 이뤄낸 것들이라 할수 있다.

우리나라의 현재 실정은 과거와 달라 보이지 않는다. 제대로 계약을 해서 정해진 일을 하고, 정해진 날짜에 보수를 받는 사람도 있겠지만, 전체로 보면 일부일 뿐, 열정과 신념으로 생활고를 감내하는 사람이 아직 많다. 한국의 대형 기획사와 공연을 했을 당시 계약서는 없었고 보수도 약속된 기일이 지나서야 받았다. 기획사 측에서 지급을 미룬 것인지, 나의 직속상관의 사정에 의해 그리된 것인지 그것도 알 수 없었다. 당시에는 그저 받아서 다행이라고 생각할 뿐이었다. 공연하는 이들이 모여 회식을 하면, '나는 받아야 할 돈이 얼마야'라고 아무렇지도 않게 말하곤 한다. 그리고 그들은 또 이렇게 말한다. 그런거 신경쓰면 이 일 계속 못한다고….

한국 공연은 현재 해외에서도 인정받기 시작했고, 국내에서는 대관할 수 있는 대형극장이 부족하다고 업계가 토로할 만큼 성장하고 있다. 시장은 확대되었고 관객도 극장과 친숙해졌는데, 무대 일을 하는 이들은 몸만 바빠진 것 같다. 대학로가 한국 공연 저력의 초석인 것처럼, 공연예술인 성장의 초석이 되어줄 사회적 안전장치 마련도, 이제는 필요하다고 생각한다.

5. 기술과 예술、未来

중학교때 학교 강당에서 연극을 처음 보았던 것 같다. 아마도 제목은, '소'. 소 그림이 멋들어지게 그려진 천막 하나가 무대의 전부였던 것만 기억에 남아있다. 연극이 졸린 것이라고 각인된 것도, 그림 한장만으로도 공연이 가능하다는 것을 깨달은 것도 이때이다. 그 많은 학생들을 그림 한 장으로 한 곳에 모았다는 사실이 놀라웠다. 공연 '소'의 천막을 아직도 기억하는 나처럼, 사람들은 시각화된 무대도 작품으로 오래동안 기억하고, 기대한다.

무대기술이라는 마법

거대하고 화려한 마술들의 비밀이, '고안된 기계장치'라는 것은 공공연한 사실임에도, 마술은 진짜 마법처럼 사람들에게 감동을 준다. 무대기술도 그렇다. 마술사가 기술을 마법으로 둔갑시키듯이, 지금의 무대기술자들도 자본을 바탕으로 기술을 연마, 신마법을 선보이고 있다. 공연계가 산업화된 이상, 무대기술은 날로 발전할 것이고, 관객의 기대수준이 높아지는 현실에 부응하고자 놀라운 아이디어와 더 놀라운 기술로 더욱 신비롭고 화려한 무대를 실현해 낼것이다. 시대를 앞선 무대연출과 디자인의 요구는 무대기술의 성장을 촉진시켰고, 그 피드백은 결실을 맺어, 이제는 오히려 무대기술이 예술가들을 이끌어, 기술적 한계라는 장벽을 넘어 성장할 수 있게 서포트해주고 있다. 즉, 더욱 마술같은 장면 전환이 가능해지고 있는 것이다. 무대 디자이너뿐 아니라 연출, 감독, 조명, 의상 등 공연 관계자라면 누구나 새로운 무대기술에 민감하다. 객석에서 공연을 봐도 무대 장치와 공연 테크닉에 온 신경을 쓴다. 지금은 새로운 공연을 한 번 보는 것 자체가 학습이 되고 있다.

요즘의 대형 뮤지컬들은 기계장치를 많이 쓴다. 간단한 모터를 이용한 트랙 몇 줄부터, 리프트, 회전과 업다운이 동시에 이뤄지는 복잡한 장치에 이르기까지 다양하다. 무대 상부 배튼도 사람이 밧줄을 당겨 배튼을 업다운 하는 수동식이 아닌, 공연장의 부속 기계실에서 속도를 설정해 작동하는 전동식이 한국에서는 이미 대세이다. 중규모 이상의 공연작품에는 사람의 힘으로는 감당하기 힘든 장치와 무대도구들이 사용되고, 반복적인 움직임을 효율적으로 해내는 기계가 듬직한 것도 현실임을 감안할 때, 극장들이 전동방식을 택하는 것도 필연적이라고 할 수 있다.

하지만 새로운 무대기술이 반드시 더 높은 수준의 예술성으로 이어지는 것은 아니다. 공연은 '생물'이다. 본방 중 돌발상황에 대처할 수 있는 것은 사람이지 기계가 아니며, 트러블이 발생한 기계를 대신해 공연을 언제든 진행해야 하는 것도 사람이다. 기계는 공연중단에 대해 어떠한 책임도 지지 않는다. 기계는 정확히 도구를 전환할 수 있지만, 베테랑 전환수만큼 아름답지 않다. 무대 위 조명 속에 배우가 있고, 조명 밖에는 암전 배우(공연스태프들, 도구들)가 있다. 숙련된 암전 배우들은 기계보다 아름답다. 기계는 오차 범위에 쿨하지만, 암전 배우들은 만족하지 않는다. 예술적 타이밍을 노리고 또 노린다. 메인 막은 역시, 수동으로 열리고 닫혀야 제맛이라고, 나는 생각한다.

타이밍 총합 예술

공연은 타이밍 총합 예술이다. 배우와 전 스태프가 계획된 타이밍에 정확히 움직일 때 한 장면이 완성되고, 각 장면들의 유기적인 연결이 하나의 공연이 된다. 그 모든 타이밍이 예술적으로 맞아 떨어졌을 때, 그날의 공연이 완성된 것이고 무사히 끝난 것이라 할 수 있다. '0.1초 오차 범위의 타이밍 조합'은 무대기술 면에서 보면 이미 '예술'이다. 하지만 허용 범위를 넘어설 만큼 타이밍이 맞지 않으면 연출이 달라짐은 물론 사고로 이어질수도 있다. 특히, 대도구나 기계장치가 사용되는 무대일 경우에는, 배우와 스태프의 안전을 위협하는 결과를 초래하기도 하고, 그 극단적인 실례도 많다. 그래서 무대 위에서 공연을 하는 배우도, 무대 밖에서 공연을 진행하는 스태프도, 자신의 역할이 해내야 할 타이밍을 숙지하고, 서로 합을 맞추며 전체의 타이밍을 위해 매일 노력한다. 그리고 무대감독은 그 타이밍의 총괄 관리책임자가 되어, 공연을 원활히 진행해야 한다는 중책을 맡고 있다.

무대 공연은 작품 그 자체도 중요하지만 무대 안팎에 서는 사람들의 안전이 무엇보다 중요하다. 공연 전에 장치를 점검하고, 공연 중에는 계획한 타이밍을 지키며, 공연 후에는 발생한 문제들을 반드시 해결한다. 이 약속들의 총합은 모두의 안전으로 직결되고, 작품의 높은 완성도를 보장한다.

6. 一人前

공연 쪽 일이 경제적으로 불안하고 국내 시장도 넓지 않다는 것은 이미 많이

들 알고 있었을 것이다. 하지만 그렇기 때문에, 처음부터 관심조차 가지지 않는 것도 아까운 일인 것 같다. 이 책의 취지도, 건축이라는 학문이 가진 실질적인 가능성에 대한 재인식에 관한 것이라고 생각한다. 나도 대학 때 건축을 배우면서 사고가 확장되고 시야가 달라짐을 느꼈다. 집 짓는 거미를 보면, 소리치며 호들갑떨던 내가 언제부터인가 거미를 칭찬하며 존경하는 맘으로 그 시공과정을 지켜보고 있었다. (실제로 몇 번 구경해본 결과, 거미들마다 선호하는 디자인이 달랐고 실도 좀 달랐던 것 같다. 사이트 분석은 어찌나 정확한지, 몇 미터짜리 허공에도 집을 지어 띄어 놓는다. 세상에 그만한 뷰가 있겠나 싶다. 몇 번인가 집을 반복해서 부숴 본 적도 있는데 처음엔 같은 장소에 같은 집을 짓던 거미가 다른 곳으로 이사를 가서 조금 다른 디자인을 보여줬다. 그리고 나는 반성했다. 그 거미가 겨우 하룻밤 새 사이트 찾고 디자인하고 시공했다고 생각하니 너무 미안했다.)

하지만 졸업을 앞두고는 오로지 한가지 생각뿐이었다. ○○건축, △△건축사무소에 입사할수 있을까…. 배울때는 무한한 가능성에 대해 깨닫는데 사회에 나갈 즘에는 시야가 아주 좁아졌던 것이다. 정보가 부족했고 스스로 깨닫지 못한 무엇인가도 있었다. 건축을 전공했다고 해서 꼭 건축설계, 시공과 같은 직접적으로 연관된 일만 해야하는 것은 아니다. 모두들 같은 목표로 전공을 택할 수는 있으나 같은 목표로 졸업하지 않아도 된다.

건축을 전공하는 학생들은 대학에서, 계획하고 발전시켜서 완성해내는 과정을 반복해서 훈련한다. 아이디어가 훌륭하건 아니건, 성장시켜서 결과물로 만들어내는 과정을 경험하고 배우는 것이다. 그리고 훌륭한 아이디어를 훌륭한 결과물로 만드는 일이 결코 쉽지 않다는 것도 알게 된다. 과정을 거치지 않는 결과물은 없다. 어떤 일을 선택하든 정당히 지불하고 얻어 가다 보면 내가 채운 시간들이 나를 위치로 옮겨 줄 것이다.

하지만 가끔은 잠시 시간을 멈추고 내 시계만 보는 패기도 가져보자. 무언가를 시작하는 시기도, 도달하기까지 걸리는 시간도, 사람마다 다르다고 한다. 진정하고, 진지하자. 내가 그때 내 소리를 듣지 못했다면, 나는 일본에 가지 않았을 것이고, 나만 바라보는 시간을 갖지 못했다면 무대 일을 만나지도 못했을 것이다.

일본에는 『一人前(いちにんまえ)』라는 말이 있다. 한 사람분(分)이라는 뜻으로, 음식점에서는 '일 인분'이라는 뜻으로 통하고, 사회에서는 '한 사람으로서 몫을 해내는 것'을 뜻한다. 어느 직업이건 그 일에서 제대로 제 몫을 할 수 있는 사람이 된다는 것은 시간과 노력이 드는 일이다. 선택만큼 그리고 그보다 더 중요한 것은 과정을 거쳐내는 일이다. 건축의 정도를 걷건 아니건, 자신이 선택한 분야에서 모두들 一人前가 될 수 있길 바란다. 필자 또한 아직 갈 길이 멀다.

미래의 무대인이 될지도 모를 건축인에게 미흡하나마 도움이 되길 바라면서 글을 마친다.

Q1_ 연봉은 어느정도인가요?

일본극단에 기술팀으로 입단 후 처음 2년간은 연수기간이므로, 보너스 포함하여 300만 엔이 조금 안되는 정도의 보수를 받습니다. 보너스는 정해진 것이 아니며, 공연 수익 상황과 극단의 향후 공연계획에 따라 지급되지 않기도 합니다. 3년 차부터는 기본급이 상향 조정 되고, 매년 개인평가를 거쳐 기본급이 조금씩 올라갑니다.

Q2_ 업무강도는 어떤가요?

공연준비에 돌입하면 가능한 모든 시간을 일과 함께합니다. 밥먹는 시간도 아끼고 싶을 만큼 할 일이 넘칩니다. 물론 철야를 해야 할 때도 있습니다. 하지만, 작업이 끝나거나 공연을 쉴 때는 여유가 있는 편이어서 시간만 잘 맞으면 장거리 여행을 다녀올 수도 있습니다.

Q3_ 건축을 많이 사용하나요?

무대 디자인을 구상하든, 무대에서 망치를 잡든 건축을 배워서 다행이라고 생각했습니다. 자신의 아이디어를 표현하기 위해 도면을 그릴 줄 알아야 하고, 무대에 도구를 설치하기 위해 도면을 파악할 줄 알아야 하며, 도면을 전혀 모르는 관계자들을 위해 설명도 할 줄 알아야 합니다. 무엇보다, 무대 일도 전체를 보고 구상하는 시야가 필요합니다. 드럼도 배워봤지만, 건축만큼 도움이 되는 학문도 없다고 생각합니다.

Q4_ 한국과 일본의 무대 일은 차이가 있나요?

기본적으로 하는 일은 같지만, 각 역할들의 일의 범위가 조금 다르기도 합니다. 하지만 공연계는 전 분야의 공동작업이 기본이고, 나라마다 극단마다 익숙하고 효율적인 방식으로 일을 진행하므로, 각자의 스타일이라고 할 수 있습니다. 그래서 해외 팀과 합작할 때에는 서로 배려하고 맞추면서 일을 진행합니다.

Q5_ 일본의 무대 디자인에 대해 알 수 있나요?

일본에는 '일본무대미술가협회'라는 것이 있고, 4년에 한 번 꼴로 일본의 무대 디자인 작품집을 출판합니다. 연극, 오페라, 뮤지컬, 댄스, 콘서트 등 무대 디자인에 대한 자료가 많이 수록되어 있지만, 협회 홈페이지에서만 한정수량 판매하고 있습니다. 그러나 일본은 공연문화가 많이 활성화되어 있고, 관련 잡지도 꽤 있으므로, 일본 여행시 서점에만 들러도 자료를 쉽게 찾을 수 있을 것입니다. (일본무대미술가 협회 홈페이지 www.jatdt.net)

Q6_ 무대 일은 재밌나요?

재밌기는 합니다. 평소에 예술에 관심이 많은 사람이라면 특히 더 재미있을 것입니다. 하지만 객석에서 볼 때의 무대와 무대 뒤에서 보는 무대의 일은, 반전 영화처럼 180도 다릅니다. 무대세트의 뒷모습을 보면 저래도 되나 싶을 정도로 비호감이고, 멋있을 것만 같던 배우들은 관객일 때의 시선과는 조금 다르게 보입니다. 그렇게 객석에서의 무대를 좋아하던 사람들이 이 일을 직업으로 택하고, 환상이 깨지는 순간 일을 그만두는 경우가 아주 많습니다. 호기심에 이 길에 들어섰다가 호된 작업환경에 떠납니다. 저도 같은 고민을 했던 시기가 있었지만, 객석 관객들의 박수에 심쿵하는 저를 보고 결심했습니다. 저는 무대 일이 재미있습니다.

Q7　여성으로서 무대 일이 힘들지는 않나요?

일본에서는 여성들도 무대 일을 많이 합니다. 육체 노동이라 할 정도로 무거운 물건을 들기도 하고, 공연 진행을 하는 무대팀이라면 두 시간여의 공연 시간 동안 많은 체력 소모를 할 정도로 바쁩니다. 하지만, 여성이라고 배려하기 보다 오히려 남자들과 똑같이 일을 할 수 있도록 가르치고, 동등하게 대우받습니다. 일은 힘들지만 쉬는 일도 제대로 하므로 자기관리를 하면서 함께 성장하면 적당히 힘들고 견딜만 합니다.

Q8_　해외공연은 많이 하나요?

현재 한국의 공연 관계자들은 해외 유명 작품을 발 빠르게 가져오고 있습니다. 해외에서도 한국의 공연 시장 성장을 긍정적으로 평가하고 있기에 가능한 이야기입니다.

우리나라에서 인정받은 공연이 해외에 진출하는 일도 많고, 일본에도 꾸준히 한국작품을 가져가고 있습니다. 해외공연은 지속적으로 늘 것이라고 생각합니다. 저는 일본극단에서 무대 일을 처음 시작했기 때문에, 첫 해외공연이 한국의 라이온킹이었습니다. 샤롯데씨어터의 개관 첫 작품이었던 디즈니 뮤지컬 라이온킹을 한국에 가져오면서 처음으로 한국과 미국의 공연기술스테프들과 일을 했습니다. 각국의 업무 스타일이 달라서 서로 배려가 필요했고, 프리뷰를 무사히 마친 후, 좋은 작품을 관객에게 전할 수 있게 되었다는 기쁨에 다같이 축하했던 기억이 납니다.

Q9_ 공연은 공짜로 많이 보나요?

극단사계의 작품들은, 객석에 판매하고 남은 좌석이 있을 시 극단원일 경우 공부를 위한 견학이 가능합니다. 프리뷰에 가족 초대가 가능한 경우도 있지만, 그 외의 일반판매 좌석에 관해서는 초대권은 없습니다.

개인적으로 보고싶은 작품들은 티켓을 구매해 관람하는것이 일본에서는 일반적인 문화입니다. 과거 한국에서는 공연예술인들의 고충을 서로 알기때문에 인맥으로 공연을 무료 관람하는 일이 많았습니다. 하지만 지금은 우리나라도 인식이 많이 달라져 공연하는 사람이라도 약간의 금액을 지불하고 공연을 관람하는 것으로 알고 있습니다.

Q10_ 왜 일본에 갔나요?

콘셉트를 잡고 바로 실현시키는 일이 즐거워 전시 디자인 회사를 첫 직장으로 삼았습니다. 하지만 디자인이 단기간에 거품처럼 사라지는 것이 아쉬워 건축사무실로 이직했습니다.

캐드 프로그램에도 익숙해지고 재미도 있었는데, 이상하게도 자꾸 떠나고 싶어졌습니다. 해외에서 한 번 살아보고 싶다는 생각이 강렬했고, 지금이 아니면 안될 것 같다는 생각에 일본을 선택했습니다. 한국에서도 가깝고 취미로 배워두었던 일본어도 재밌었기에 바로 일본 워킹홀리데이 비자를 신청했습니다. 경제적 여유는 커녕, 그리 계획적인 시작도 아니었습니다. 하지만 일본에 도착 후, 몇 개월간 천천히 길을 찾아나가던 시간들이 결국 제게 큰 도움이 되었습니다.

PART III

나는 도전한다

최근 언론을 떠들썩하게 하고, 여기저기 안 끼는 데가 없어서 이제는 오히려 지겹다고 생각하는 주제가 '4차 산업혁명'이다. 그럼 4차 산업혁명은 건축계에 어떤 변화를 가져오고 있을까?

4차 산업혁명은 설계, 구조, 시공 건축물을 완공하기까지의 전 과정에 있어서 혁명을 일으킬 것이고, 완공 이후의 유지관리 단계까지도 많은 변화를 가져올 것이다. 이런 변화는 이미 시작되었으며, BIM 설계, VR, 3D 프린팅 등 다양한 신기술을 활용하여 많은 분야에서 변화가 이뤄지고 있다. 하지만 4차 산업혁명 시대를 맞이한 타 산업의 변화 속도와 비교할 때, 건축·건설 산업의 변화 움직임은 그리 빨라 보이지 않는다.

지난 수십 년간 정부는 부족한 국가 교통 인프라(도로, 철도 등)와 주택 보급을 위해 재정을 아낌없이 쏟아 부었고, 이로 인해 건축·건설 산업은 특별한 변화와 노력 없이도 잘 먹고 살 수 있었다. 그래서였기 때문일까? 건축과 건설업계가 체계적으로 4차 산업혁명에 대응하고 가시적인 성과를 내고 있는 것처럼 보이지 않는다. 오히려 그러한 움직임은 젊은 층의 다양한 스타트업으로 활발히 이뤄지고 있지만 아직은 시작 단계여서인지 세계적인 성공 모델에서 우리나라 기업을 찾아보기는 어렵다.

이번 파트에서는 미래 건축계의 기대주이자 새로운 영역에서 성장하고 있는 '직업인'을 소개하고자 한다. 이전 파트까지는 '직업군'을 설명했지만, 아직 개척 중인 분야이기 때문에 기존의 직업군으로 분류하기는 조금 어렵다.

먼저, BIM 설계를 전문으로 하는 건축 소프트웨어 개발회사 CEO를 소개하고, 알면 알수록 대단하다고 느껴지고 페이스북 페이지에서도 반응이 상당했던 젊은 스타트업 3인방인 아키필드, 마실와이드, DIGIT라는 회사도 소개한다.

건축 소프트웨어를 개발하다

건축 소프트웨어 개발

김경

건축정보기술

정보기술(IT)의 발전으로 거의 모든 분야에서 정보기기 활용이 가능해졌고 이전과는 비교할 수 없을 만큼의 많은 디지털 데이터들이 양산되었다. 건축/건설/엔지니어링(Architecture / Engineering / Construction - 이하 AEC) 분야는 프로젝트의 진행과정이 복잡하고 참여인원이 많아 다른 분야보다 보다 다양하고 많은 데이터가 생산되는 특성이 있다. 이로 인해 대량의 데이터를 관리하기 위한 정보시스템에 대한 연구 개발이 지속적으로 이루어지고 있다.

도입 초기 개발된 단위 업무별 정보시스템들은 개별 데이터들의 관리에는 도움이 되지만 업무 간 데이터 호환 및 연결이 필요한 통합관리 측면에서 많은 문제점들이 재기되었다.

이러한 문제점들의 체계적인 보완 및 해결을 위해 건축정보기술 분야가 생겨났고 AEC 분야의 데이터 생성, 관리 그리고 활용에 대한 연구들을 종합적으로 진행해 오고 있다. 초창기 건축정보기술 분야가 개별적인 프로세스에 한정된 정보시스템을 연구했다면 최근에는 건축물 전 생애주기 동안의 데이터 호환 및 통합을 위한 연구가 진행되고 있다.

요즘 각종 매체를 통해 많이 접할 수 있는 BIM(Building Information Modeling or Model)은 건축/건설 분야 전 생애주기 동안 생산된 데이터의 지속적인 관리 및 활용방안을 위한 연구라고 볼 수 있다. BIM은 설계, 시공 등 각 분야 전문가들의 데이터 생산을 손쉽게 하고, 생산된 데이터를 통합 관리함으로써 정보기술의 지속적인 활용을 가능하게 한다.

건축정보기술을 하면 뭐하고 살지?

건축전공 대부분의 학생들은 졸업 후 설계사무소나 시공회사에 들어가는 것을 생각한다. 본인이 맡게 되는 업무에 대해서도 설계나 시공정도만을 염두에

BIM -
Building Information Model

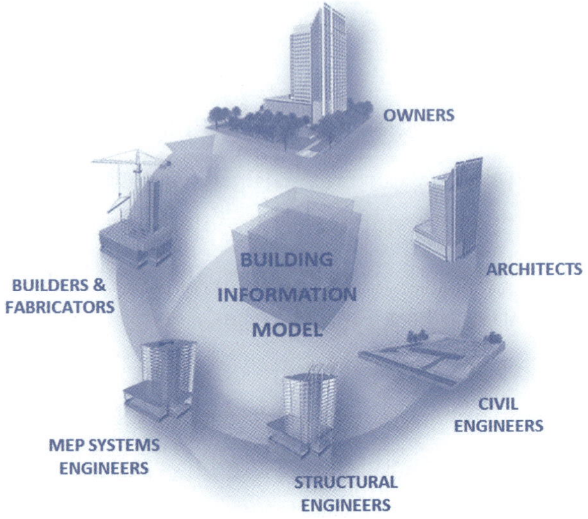

두고 사회 진출을 하는 경우가 많은데 설계나 시공업무를 수행하는데 필요한 기술개발, 품질검토, BIM모델링, 수주영업 등 다양한 업무들이 존재한다.

건축정보기술을 전공 후 회사에 입사하게 되면 직접적인 설계나 시공업무를 하는 현업 부서에 가는 경우도 있지만 대부분 기술연구소나 BIM 기술지원(교육, BIM컨설팅, BIM모델링)을 하는 부서에서 근무하는 경우가 많다. 기술연구소에 갈 경우 연구과제 수행과 기술개발을 진행한다. 연구과제는 현업에서 필요한 기술들을 국가나 회사에서 예산을 받아 진행하게 되며 완료 후 성과에 대한 공유를 통해 업무 생산성 향상에 기여한다. 기술 개발은 주로 현업에서 필요한 소프트웨어 개발이 이뤄지며 이 때 건축정보기술 전공자의 역할은 설계나 시공 협업 인원들과 소프트웨어 개발 인력 사이의 의사소통이 원활히 이뤄질 수 있도록 가교 역할을 주로 하지만 직접 개발을 진행하기도 한다.

기술지원 부서의 업무는 사내 구성원을 상대로 BIM 교육(주로 저작도구)

건축정보기술 전공자 업무

정부 출연연구기관 및 공무원	설계사무소 및 시공회사	전문업체 창업
•국가 정책 지원사업 •정책 입안 •연구개발 •연구아이템 발굴	•연구과제 수행 •기술개발 •BIM 교육 및 컨설팅 •BIM 모델링	•시스템 개발 컨설팅 •소프트웨어 개발 •BIM 관련 시스템 운영지원 •연구용역 수행

을 하거나 수주를 위한 영업활동의 BIM 컨설팅 업무 그리고 현업에서 지원요청이 있을 경우 직접적인 BIM 모델링 업무도 진행하는 경우가 있다.

설계나 시공회사에서의 업무가 주로 현업 지원을 위한 업무들이라면 한국건설기술연구원과 같은 정부출연연구기관의 업무는 국가의 정책 지원과 연구에만 집중할 수 있도록 업무환경이 조성돼 있다. 연구개발 업무가 좀 더 적성에 맞는다면 좋은 선택이 될 수 있으며 실무적으로 정책 입안 등 좀 더 주도적인 변화를 원한다면 공무원을 선택할 수 있다.

마지막으로 특화된 전문기술을 가지고 창업하는 경우가 있다. 필자가 이 경우에 해당하는데 설계사무소, 시공회사 그리고 정부출연연구기관 등 모든 기관과 업무를 함께 한다. 건축을 전공했으며 BIM에 대한 이해를 바탕으로 소프트웨어를 개발할 수 있어 각 기관들이 필요한 솔루션을 제공할 수 있다. 단순히 소프트웨어 개발 능력이 있다고 되는 것은 아니고 현업의 업무 프로세스에 대한 이해 및 지향하는 바에 대한 공감 능력이 필요해서 건축 전공자가 아니면 진입이 쉽지 않으며 업무를 하면 할수록 많은 노하우가 쌓여가는 일이다.

언급된 업무 이외에 건축정보기술을 공부하고 할 수 있는 일들은 훨씬 다양하게 있을 것으로 생각한다. 필자는 현재 창업을 해서 BIM 기반의 소프트웨어 개발을 컨설팅하고 개발하는 일을 주 업무로 하고 있다. 본 장에서는 대학시절부터 어떤 과정을 거쳐 지금의 업무를 하게 되었는지를 경험을 바탕으로 설명함으로써 건축정보기술을 소개하려 한다.

세부 전공을 찾다

설계, 시공, 감리, 구조, 환경, 건설관리 등이 건축과에 입학하여 듣게 된 세부 전공들이다. 당시만 해도 컴퓨터 사용이 일반적이지 않았던 시절이었다. 워드프로세서 사용마저 낯설고 컴퓨터로 도면을 그리는 CAD(Computer Aided Design) 소프트웨어 사용은 아예 생각지도 못했었다. 그리고 요즘 학생들에게는 이상한 소리로 들리겠지만 당시 설계시간에 컴퓨터를 이용한 결과물을 제출하는 것은 많은 용기가 필요했다. (당시 교수님들은 CAD로 그린 도면을 인정하지 않는 경우가 많았다.)

호기롭게 시작했던 설계수업은 입학 초기 주어진 힘든 과제들에 지쳐 싫어졌고 학교생활마저 적응하지 못하여 방황하게 되었다. 2학년 들어 공학전공 과목들에 흥미를 느끼며 겨우 적응을 할 수 있었으나 3학년이 되서는 결국 1년을 휴학하게 됐다. 휴학 기간 동안 CAD와 3D-Studio 등 건축과에서 사용할 수 있는 소프트웨어를 접하게 됐다.

이때 접한 컴퓨터 저작도구(CAD, 3D-Studio 등)들은 1, 2학년 때 힘들게 작업했던 설계과제들에 대해 '꼭 그렇게 했어야 했을까?'라는 의문을 다시 한번 가지게 하는 동시에 이런 툴을 활용하면 설계도 할 수 있겠다는 자신감과 새로운 가능성을 보여 주었다.

이후 복학을 했는데 CAD 분야 교수님께서 새로 부임하셨고 CAD 과목이 신설되어 있었다. 첫 강의에서 봤던 SIGGRAPH 동영상은 그 자체만으로 충격이었고(지금 보면 유치한 수준이지만 당시엔 몹시 충격적이었다.) 건축과 입학 이후에 처음으로 '재밌겠는데? 이거 한번 해보고 싶다'라는 마음이 들었다.

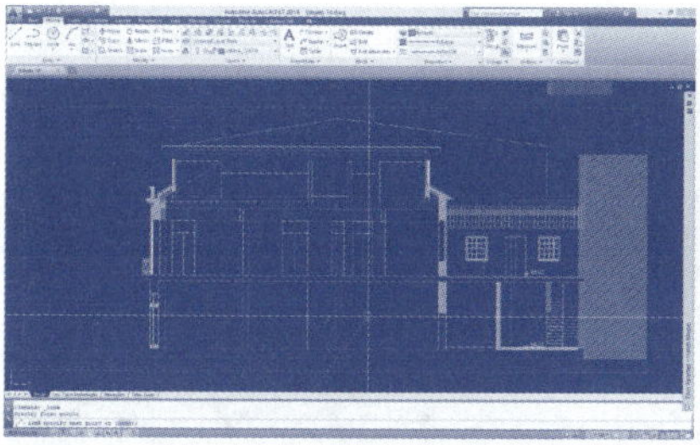

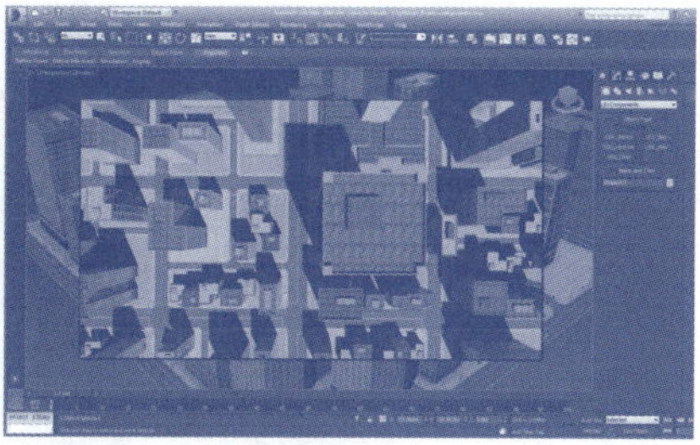

설계 작업에 사용되는 소프트웨어
(왼쪽_AutoCAD, 오른쪽_3D-Studio MAX)

첫 강의 시간이 끝나고 곧바로 교수님 방을 찾아가 이 분야 공부를 하고 싶다고 말씀드렸더니 교수님께서 조언과 함께 교수실의 컴퓨터를 사용할 수 있도록 배려해 주셨다. 당시 인터넷 환경이 흔하지 않았는데 교수실 컴퓨터는 24시간 무료로 인터넷 사용이 가능했으니 엄청난 혜택이었다. 강의가 없는 시간을 비롯하여 시간이 남을 때마다 교수실을 들락거리면 이것저것 자료를 많이 볼 수 있었고 컴퓨터에 대한 애착은 좀 더 강해졌다. 이 때 학교에서 동기들이 설계한다고 밤을 지새울 때 나는 컴퓨터를 붙잡고 날 새는 시간이 더 많았다.

이후 방학 때면 연구실 프로젝트에 참여해 공부를 하고 4학년 때는 컴퓨터공학과 전공수업도 수강하며 건축과 컴퓨터공학에 대한 공부를 병행했으며 졸업 후 대학원에서 건축정보기술이라는 전공을 통해 건축과 관련된 CAD 포맷, 데이터베이스, 자료관리 등의 좀 더 전문적인 분야를 공부를 할 수 있었다.

소프트웨어 개발자가 되다.

내 인생의 트리거는 CAD 수업시간에 접했던 화려한 컴퓨터 그래픽스 동영상이었다. 컴퓨터 그래픽 툴은 반복되는 선긋기 및 밤새며 접착제 냄새와 함께하

SIGGRAPH 2017
Animated Best in Show
수상작 'Song of a Toad'
한 장면

던 모델 만들기와 같은 답답한 작업에서 벗어나게 해줄 수 있는 일종의 메시아 같았다.

AutoCAD, 3D-Studio Max, Photoshop 등 건축과에서 필요했던 여러 툴을 열심히 익히고 사용했다. 처음에는 매우 흥미로웠던 툴 사용들은 점차 흥미를 잃어가고 얼마 지나지 않아 결국 스스로 디자인에 대한 흥미와 재능이 없음을 깨닫게 됐다. 컴퓨터가 도와줄 수는 있어도 펜으로 그리지 못하는 그림을 컴퓨터가 대신할 수 있는 것은 아니었다.

건축정보기술에 대해 알아가면서 이 분야에 툴 사용 능력 이상의 것들이 필요하다는 사실을 알게 되었고, 사용했던 툴을 개발할 수 있는 이론과 프로그래밍에 대한 관심이 생겨났다.

그때까지 컴퓨터를 잘하고 좋아한다고는 했지만 단지 게임을 좋아하고 새로운 소프트웨어 사용을 즐거워했던 사용자였다. 갑자기 프로그래밍을 하고 프로그램을 만들어내는 생산자가 되는 과정은 쉽지가 않았다. 비전공자이다 보니 학교 수업들과는 별개로 공부가 필요했는데 시간적인 부담과 주변에 도움 받을 곳이 없다는 점이 가장 힘들었다. 당시에는 인터넷의 자료나 커뮤니

프로그래밍 언어들

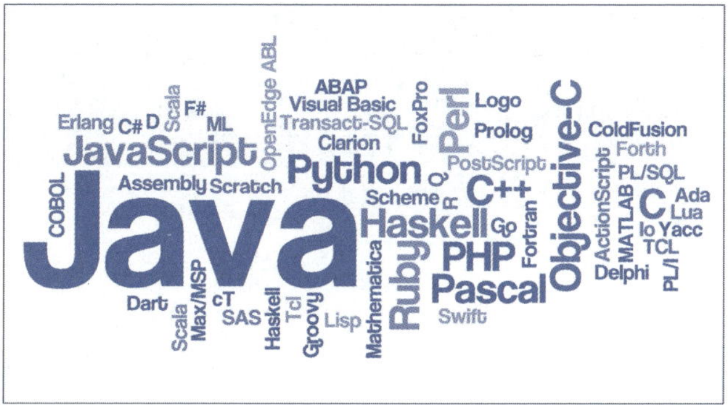

티가 요즘과 달리 발달하지 않아 혼자서 책을 찾아보며 작고 미흡하지만 완성된 소프트웨어를 만들어 보며 조금씩 배워갔다.

처음엔 부끄러운 수준이었지만 시간이 지나며 조금씩 책에서 보는 용어들도 익숙해지고 프로그래밍을 만들며 타이핑하는 느낌도 익숙해졌다. 답답하고 힘들기도 했지만 더디게나마 나아지는 모습에 위안을 얻었고 무엇보다 컴퓨터 앞에서 날을 새며 공부하는 것이 즐거웠다.

이후 대학원 생활과 회사 생활을 거치며 많은 프로젝트를 경험할 수 있었고 해당 분야에서 전문가로 성장할 수 있는 내공을 쌓을 수 있었다. 수년간의 개발 업무를 하며 경험을 쌓았고 이제는 사용자의 요구사항을 분석하고 대안을 제시하는 컨설팅 업무를 주로 하고 있다. 건축정보기술 분야의 소프트웨어 개발 회사에는 어떤 업무들이 있는지 다음에 살펴보도록 하자.

건축 소프트웨어 개발회사의 업무

건축 소프트웨어 개발을 직업으로 선택하면 어떤 업무를 하게 될까? 당연한 이야기일지 모르겠지만 개발자로 근무하기 위해서는 한 가지 이상의 프로그

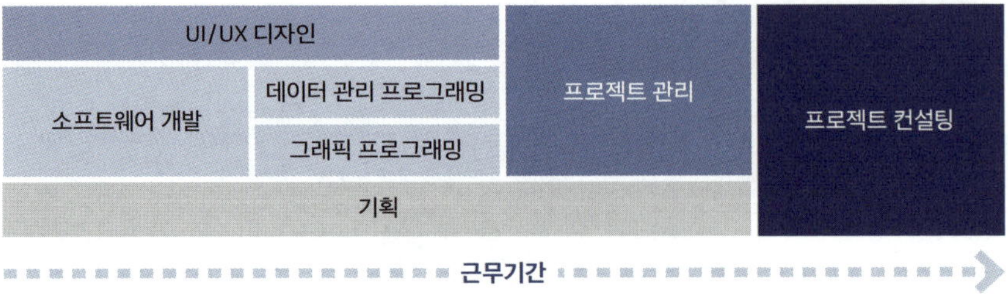

근무기간에 따른 업무

래밍 언어를 알고 있어야 한다. 건축분야 전공에서는 프로그래밍을 심도 있게 다루지 않기 때문에 관심이 있다면 개인적인 학습이 필요하다. 기본적인 프로그래밍 능력이 갖춰졌다면 데이터베이스, 컴퓨터 그래픽스 등의 좀 더 심도 있는 주제에 대한 공부가 필요하다. 아래 관련 업무들을 살펴보면 어떠한 공부가 필요한지 알 수 있을 것이다. 여기서 나열한 업무 구분은 필자의 경험을 토대로 편의상 나눈 것이다.

UI/UX 디자인

일반적으로 프로그램 개발 분야에서 디자이너라 하면 웹디자이너를 연상하고 단순히 예쁜 이미지를 작성해주는 것을 생각한다. 이러한 업무가 디자이너 업무에서 빠질 수 없는 항목이지만 UI(User Interface)/UX(User eXperience) 디자인 분야는 이와 조금 다르다. UI/UX 디자이너는 프로그램 작성에 대한 기본적인 이해를 갖추고 있고 기존 업무 패턴과 사용자 편의성을 고려해 최종 사용자의 프로그램 인터페이스를 작성해야 한다.

UI/UX 완성도는 프로그램의 사용자 만족도 및 업무 효율성에 영향을 주고 있다. 최근 스마트폰, 태블릿 등 많은 장치들이 등장하면서 동일한 목적을 가진 프로그램이 여러 장치 기반으로 개발된다. 이때 각 장치의 프로그램

들이 서로 이질감이 없고 장치의 특성을 잘 활용할 수 있도록 디자인 하는 작업이 무엇보다 중요하다. 상당히 중요한 업무임에도 불구하고 개발업체들은 교육된 인재를 찾기가 쉽지 않고 별도의 비용이 든다는 이유로 프로그램 개발자로 하여금 위 업무를 병행하도록 하는 경우가 많다. 건축설계 경험이 UI/UX 디자인 업무에 상당한 도움이 될 것으로 확신한다. 건축설계를 전공했지만 건물이 아닌 다른 디자인에 관심 있는 분들의 도전을 추천한다.

데이터관리 프로그래밍

일반적으로 컴퓨터에서 데이터라 함은 파일과 데이터베이스를 가리킨다. 건축 프로젝트 진행 중에 대부분의 데이터는 각 업무담당자 컴퓨터에 파일로 저장되는데 많은 회사들은 이를 중앙 서버로 옮겨 통합 관리하기 위해 여러 시스템을 개발한다. 이 때 각 파일은 중앙 서버에 저장되며 추후 검색을 위해서 데이터베이스를 이용해 부가 정보를 저장하게 된다. 데이터관리를 위해서는 기본적인 프로그래밍 공부에 데이터베이스, 파일시스템, 데이터통신 등에 대한 학습이 필요하다.

중앙 집중형 데이터관리

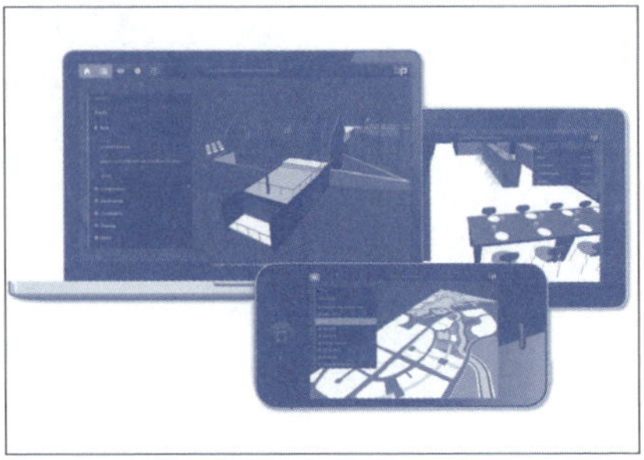

그래픽 프로그래밍

그래픽 프로그래밍

다른 업무용 프로그램들과 달리 건축분야의 프로그램들은 형상 정보에 대한 출력을 많이 필요로 한다. 도면 및 모델정보를 확인할 수 있는 뷰어 프로그램 개발은 프로그램 개발 능력뿐만 아니라 수학적인 해결 능력까지 필요로 하는 등 개발 난이도가 상당히 높다. 전문가 확보가 쉽지 않아 최근엔 많은 개발사들이 게임엔진(Unity3D, Unreal engine 등)을 이용해 소프트웨어를 개발한다.

당장의 개발 이점이 있으나 복잡한 데이터 표현 및 세부 기능 구현을 위해서 그래픽엔진을 자체 개발하는 경우도 많다. 그래픽 프로그래밍 업무를 하기 위해선 높은 수준의 프로그램 개발 능력과 선형대수학에 대한 이해가 필요하며 OpenGL, DirectX와 같은 그래픽 라이브러리 관련 공부가 필요하다.

프로젝트 관리

건축에서도 프로젝트 관리가 필요하듯 프로그램 개발에서도 프로젝트 관리가 이뤄진다. 이때 프로젝트 관리를 맡은 프로젝트 관리자(PM)는 프로그래밍 능력과 많은 프로젝트 경험이 필요하다. PM은 프로젝트 요구사항 분석 및 이슈사항 정리 그리고 일정에 대한 조율을 클라이언트와 진행하며 기술적인 문

소프트웨어 개발
프로젝트 관리 기법
예(Agile)

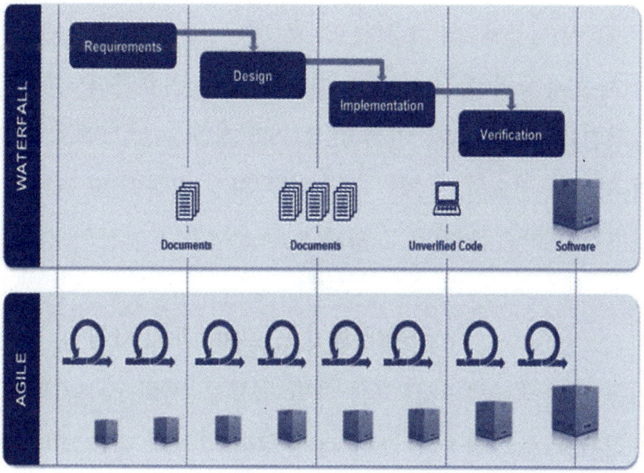

제가 발생하면 구성원들과 협의하여 해결방안을 마련하는 등 프로젝트 진행에 문제가 발생하지 않도록 이끌어 가는 역할을 한다. 건축분야 프로그램 개발 프로젝트의 가장 이상적인 PM은 데이터관리 프로그래밍, 그래픽 프로그래밍에 대한 기술적인 깊은 이해와 프로젝트 수행 경험을 필요로 하는데 주로 경력 10년 이상의 경력자들이 맡게 된다.

프로젝트 컨설팅

개발 시스템에 대한 분석, 일정 수립 그리고 기술 검토를 하며 시스템 기획 단계에서의 개발 가능성, 시장성 그리고 효과에 대한 예측을 가능하도록 한다. 건축분야 프로그램 개발은 개별적인 시스템일 수도 있지만 대부분 설계나 시공분야에서 사용하는 저작도구(AutoCAD, Revit, ArchiCAD 등)와 연계한 개발이 필요한 경우가 많다. 각 저작도구에 대한 이해는 물론이고 각 저작도구가 제공하는 개발툴 API(Application Programming Interface - 프로그램의 추가 기능 개발이 가능하도록 제공되는 프로그램 개발 인터페이스)들에 대한 이해도 필요하며 사용자들의 업무 행태에 대한 이해도 필요하다. 건축전공자이거나 건축 실무경험을 가지고 있으면서 프로그램 개발 프로그램 능력 및 실제 프로젝트 참여 경험이 필요하고, 최신 건축업무 환경 변화와 프로그래밍 기술 변화에 대한 지속적인 학습을 필요로 하는 업무로서 PM 이상의 경력을 필요로 한다.

건축/건설 소프트웨어 개발 사례

처음 프로젝트로 프로그램 개발 업무를 접한 것은 대학원 때였다. 혼자 공부하면서 프로그램을 만들던 때와 달리 일정에 대한 압박과 기술적 난제들로 인해 여러 가지로 힘들었지만 경험과 지식의 부족함을 깨닫고 계속해서 노력할 수 있는 계기가 됐다. 이후 프로젝트에서도 능력 부족을 철야 작업 등 시간으로 메꾸어 가며 마무리해야 했다. 많은 어려움을 겪으면서 개인적인 성장을 할 수 있었던 프로젝트들이었지만 연구과제 특성상 사용성보다는 이론적 기반기술 확보를 위한 작업이 많은 탓에 결과물에 대한 완성도는 아쉬웠다.

회사를 입사해서는 다양한 실무자들이 참여하는 더 큰 규모의 프로젝트를 진행할 수 있었다. 실무자들의 요구 조건은 좀 더 현실적이고 당장 사용 가능한 기능 위주로 진행됐다. 또한 주변에 개발 업무를 계속 해오던 분들에게 많은 조언과 도움을 받을 수 있어 빠르게 성장할 수 있었다.

필자의 실무경험이 건축분야의 모든 개발 프로젝트를 보여줄 수는 없겠지만 어떤 개발들이 이뤄졌고 현장에서는 어떤 소프트웨어들을 필요로 하는지 이해하는데 조금이나마 도움이 되고자 소개한다.

사례1. 국내 건축도면 표준화 포맷 개발

모든 컴퓨터 파일들은 잘 정돈된 내용이든 아니든 일단 구조화된 데이터다.

공통 표준 파일 포맷
KOSDIC

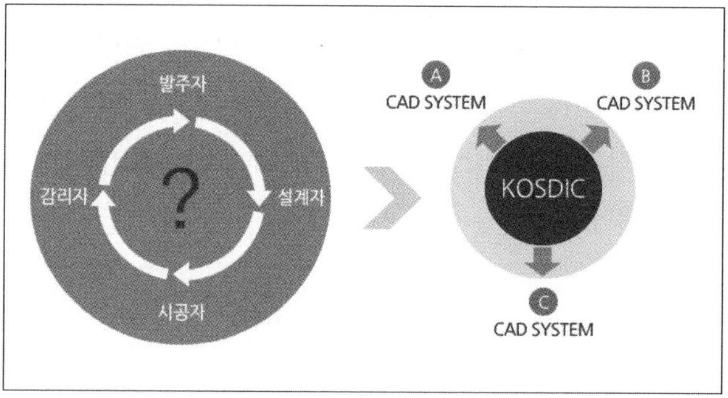

구조화 됐다는 것은 이것을 읽고 쓰기 위한 일종의 규약이 있다는 뜻이고, 일반 사용자들은 그 규약을 모르더라도 소프트웨어적으로 이용할 수 있다. 그런데 건축분야에서는 다양한 소프트웨어가 사용되기 때문에 데이터 상호 간의 호환성이 중요한 이슈이고 관련 연구들이 활발하게 이뤄지고 있다.

처음으로 맡았던 프로그램 개발 업무는 데이터 호환성에 관한 내용이었다. 당시 특정 CAD 프로그램이 국내 건축설계 시장의 90% 이상을 차지하고 있었고 데이터 또한 해당 소프트웨어에서 저장한 형태로 유통되고 있었다. 독과점을 방지하고 특정 시스템에 데이터가 종속되는 문제를 우려 국가차원의 표준도면 데이터를 만드는 사업을 국가에서 진행했고 그 사업의 일부 항목의 개발을 진행하게 됐다.

표준 포맷은 KOSDIC(KOrea Standard of Drawing Information in Construction) (https://www.calspia.go.kr/intro/introStandard01.do)이라고 명명됐다. KOSDIC 개발 첫해 사업으로 상용 CAD 파일을 KOSDIC 포맷으로 변환하는 변환기와 변환된 데이터의 형상이 원본과 비교해 손상이 없는지 확인할 수 있는 뷰어 프로그램 개발을 진행했다. 필자는 데이터 변환기 개발을 담당했다. 상용 CAD 파일 데이터 구조를 분석해 KOSDIC 파일 포맷 구조에 알맞은 형태로 데이터를 변환하는 프로그램을 작성했다.

컴퓨터 프로그램들이 어떤 방식으로 데이터를 읽고 쓰는지, 건축 설계자가 그린 CAD 도면을 어떻게 구조화해 저장할 수 있는지를 알 수 있었던 프로젝트였다.

사례2. 도면관리시스템

건축분야에서 가장 많이 생산되는 데이터는 역시 도면 데이터다. 최근엔 설계작업 대부분이 CAD로 이뤄지고 저장된 파일들에 대한 관리도 별도의 시스템 구축을 통해 이뤄지고 있다. 데이터 관리에 대한 노력은 신규 생성 자료에 한정된 것이 아니고 과거 도면들을 디지털화(스캐닝 또는 CAD로 작업)해 보관하는 등 다양하다.

한국도로공사의 도면관리시스템을 개발하는 프로젝트에 참여해 도면관리 업무를 처음 접했다. 기존 CD로 납품되던 도면들은 조회나 재활용성이 크게 떨어져 이를 개선하고자 서버-클라이언트 방식의 중앙관리형 도면관리시스템을 개발하는 업무였다. 실무자들이 도면을 조회, 검색, 관리하는 도면관리프로그램과 납품업체가 납품도서에 도로공사 표준을 손쉽게 적용, 납품할 수 있도록 도와주는 납품프로그램 두 가지 부분으로 구성 돼 있었다.

도면의 작성, 유통 그리고 관리에 대한 전체적인 프로세스를 살펴볼 수 있는 기회였으며 도면을 납품받아 활용해야 하는 실무자 입장과 실제로 도면을 작성해 납품하는 협력사 간의 입장 차이를 이해할 수 있는 계기가 됐다.

첫 직장에 입사 후 도면관리시스템을 개발하겠다고 제안하고 승인 받아 약 6개월의 개발 기간을 가질 수 있었다. 이전까지의 도면관리시스템들은 기능이 필요 이상으로 많았고 가격 또한 일반 설계사무실들이 접근할 수 있는 범위를 벗어나 있었다. 개발 기획단계에서부터 중소 설계사무소가 사용할 수

웹 기반 도면 및
파일관리시스템

있는 도면관리시스템을 목표로 했다. 이를 위해서는 구동 사양이 너무 높지 않아야 했고 별도의 교육이 없이도 사용할 수 있을 정도로 직관적이어야 했다.

개발이 마무리 될 무렵, 영업 부서의 노력으로 현업에 적용할 수 있는 기회가 생겼다. 모 은행의 점포관리 부서에서 본인들이 관리하는 전국 은행 점포에 대한 도면을 관리하고 싶어했다. 일반 설계사무소보다 데이터 양이 많지는 않았지만 새로운 시스템을 적용하기에 최적의 환경이었고 은행이라는 특성상 다른 곳에서 접하기 힘든 보안 이슈에 대한 경험을 할 수 있다는 점이 큰 수확이었다.

이전까지의 연구과제 개발 프로젝트들이 성과 발표를 끝으로 마무리됐다면 현업 적용 프로젝트는 모든 개발을 완료하고 사용자 컴퓨터에 설치를 한 뒤에 다시 시작된다는 교훈을 얻었다. 개발 당시에는 전혀 예상할 수 없었던 오류들, 개발자 관점에서 생각했던 편의 사항들에 대한 불평, 처음 접하는 사용자 시스템 환경 등 개발 일정에 포함돼 있지 않았던 여러 가지 문제들이 한꺼번에 나타났다.

개발 후 새로운 현업의 요구들을 반영하는 업그레이드를 통해 시스템은 좀 더 안정화되고 사용자 편의성이 높아졌다. 매년 2~3개의 새로운 업체에 시스템을 구축하며 시스템이 발전해 나갔다. 개인적으로는 기획, 개발, 판매, 유지관리까지 경험할 수 있었던 업무였다.

이전까지의 도면관리시스템들이 복잡한 기능으로 인해 고가였던 탓에 시스템 도입 자체를 시도할 수 없었던 중소형 설계사무소들에게 진입 장벽을 낮춰 도입 가능성을 열어줬다는 점에서 의미가 있었다.

사례3. 웹 기반 도면관리서비스

몇 년간 도면관리시스템을 개발하고 보급하면서 많은 업체로부터(주로 소규모 사업장) 웹하드를 사용하고 있다는 이야기를 들었다. 본인들은 내부 데이터 축적보다는 협력업체 사이의 데이터 교환이 더 필요하다는 말들을 했다. 클라이언트-서버 구조이고 서버가 회사 내부 망에 연결돼 있던 기존 도면관리시스템은 이러한 요구를 해결하기엔 어려움이 있었다.

도면관리시스템 개발팀은 새로운 시스템을 기획하기 시작했다. 웹하드와 유사한 기능을 가지고 있으면서 도면관리시스템의 장점을 가지고 있는 설계사무소들이 이용할 수 있는 웹기반의 시스템을 개발하기로 했다.

당시 회사가 웹서비스 기반의 업체가 아니고 개인적으로도 경험이 없어 시작부터 어려움이 있었다. 일단 기술연구소내의 하드웨어 전문가, 웹 개발 경험자 등 가용 인원을 동원해 하드웨어 구성 및 비용, 개발 일정 등을 세웠다. 당시 기억으로 웹서버, 데이터베이스서버, 데이터서버(4테라바이트) 구성하는데 필요한 비용이 약 3천만 원이었다. 서버 구성은 일회성 비용이라 큰 문제는 아니라고 생각했지만 문제는 개발 및 유지관리 비용이었다. IDC(Internet Data Center)에 서버공간을 확보하고 서비스를 위한 인터넷 회선을 할당받아야 하는데 이 비용이 매달 100~150만 원 내외였으며 시스템 개발 및 유지보수 인원의 인건비에 대한 지속적인 지출이 필요했다. 성공을 보장할 수 없는 상태에서 회사에서 승인해줄 것 같지 않았다. 모든 팀원들이 지속적으로 임원진에게 설명을 드리고 부탁드렸다. 심지어 야유회에서도 사장님을 쫓아다녔다. 결국 승인을 받아내 프로젝트를 진행하게 됐다.

막상 승인이 되고 나니 모든 것이 막막했다. 일단 시스템 개발을 진행했다. 웹 개발 경험이 있었지만 불특정 다수 사용자에 대한 서비스(B2C-Business to Customer)를 위한 시스템 구성 및 여러 가지 돌발 사항들에 대해서 아는 바가 없었다. 문제가 생길 때마다 자료를 찾아가며 해결해 나갔다. 우여곡절 끝에 IDC 계약과 서버 구성을 마치고 개발을 마무리 했다. 기대와 걱정이 반반 섞여 있는 상태에서 서비스 오픈 일을 맞이했다.

결과는 우려했던 것보다 심각했다. 매일 사용자 증가 추세를 체크했지만 회원 증가율은 아주 저조했다. 시스템 구성과 시스템 개발만 생각했고 마케팅이나 세일즈에 대한 고려를 전혀 못했던 점이 패착이었다. 이후 영업부의 지원이 있었지만 인터넷 서비스에 대한 경험이 없기는 마찬가지여서 효과는 그리 크지 않았다.

가장 큰 아쉬움은 새로 선보였던 기술들에 있었다. 차별화를 위해 웹 상에서 도면 미리보기, 이미지 링크(이미지를 등록하면 링크 주소가 발생해 다른 사이트에서 이미지를 띄우는 데 활용할 수 있었다) 등은 기능적으로는 우수했지만 홍보부족과 기술검토가 부족해 타 업체가 도용해 가거나 운영비용에 큰 손실을 가져오는 문제들이 발생했다.

결국 의욕을 가지고 도전했던 인터넷서비스 사업은 약 2년간 운영하다 큰 손실을 떠안고 서비스 중지를 했다. 비록 실패해 손실을 냈지만 B2C 웹 기반 서비스에 대한 많은 공부와 경험을 할 수 있었다.

사례4. BIM 라이브러리 관리 시스템

BIM 기반의 설계는 마치 규격화된 레고 블록을 끼워 맞추며 새로운 형태를 만들어 내는 것과 비슷하다. 미리 정의된 형태의 오브젝트를 위치시키고 해당 오브젝트의 특성을 속성 정보로 기록하며 BIM 모델링을 진행한다. 미리 정의된 오브젝트를 BIM 라이브러리라 칭하고 이러한 라이브러리는 한 번 정의한 뒤 여러 모델에서 재활용될 수 있으며 속성정보는 설계 단계뿐만 아니라 시공, 유지관리 단계에서도 계속해서 활용될 수 있어 BIM 모델에서 중요도가 매우 높다.

라이브러리의 중요성에도 불구하고 대부분의 BIM 모델 작성 회사들은 라이브러리를 작업자 개개인이 관리하고 있다. 이러한 관리 방식은 작성된 라이브러리의 재활용성을 낮추며 심지어 동일 프로젝트에서 서로 다른 작업자가 유사한 라이브러리를 제작해 사용하는 비효율적인 사례 발생의 원인이 된다.

최근에 주요 대형설계사 혹은 시공사를 중심으로 BIM 라이브러리의 중요성을 깨닫고 전사적인 관리시스템을 도입하는 경우가 늘고 있다. 전사적인 관리시스템 도입을 위해서는 먼저 BIM 모델의 활용에 대한 구체적인 시나리오 작성이 필요하고 이에 따라 각 라이브러리의 표준 속성을 지정하는 작업이 진행된다. 예를 들어 사내에서 사용 중인 물량산출시스템에 입력되는 데이터를 BIM 모델에서 자동으로 추출하기 원한다는 시나리오를 만들고 이에 필요한 속성정보를 사내 표준 속성으로 지정해 작성되는 BIM 모델에 해당 속성정보가 반드시 입력될 수 있도록 하고 있다.

BIM 라이브러리의 형상 및 속성 관리를 위한 시스템인 LMS(Library Management System)을 개발하여 국내 중대형 설계사무소 및 건설사에 시스템을 납품하였고, 지속적인 기술 개발로 일반 사용자들이 가입해서 사용할 수 있는 웹 기반 서비스를 구축해 운영하고 있다.

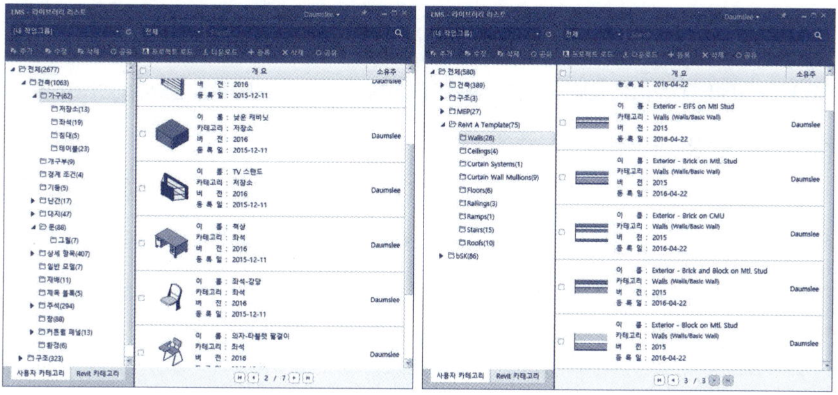

라이브러리 관리 시스템

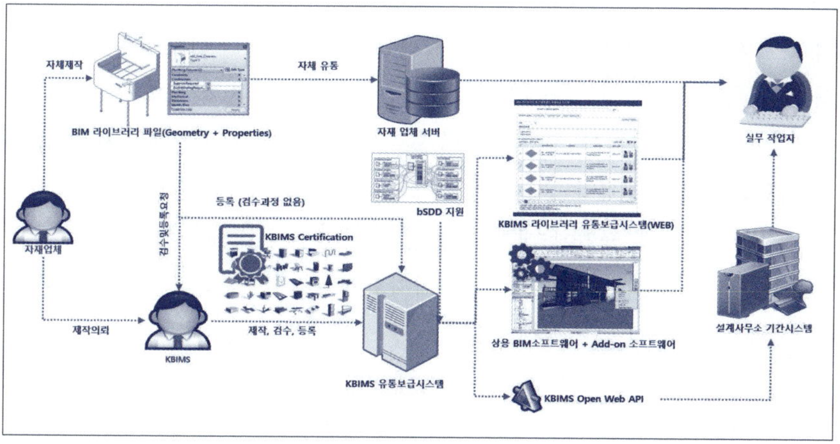

라이브러리 관리 시스템 연구개발 개념도 (2017년~2022년)

또한 국토교통과학기술진흥원에서 진행한 '개방형 BIM기반의 건축물 설계 표준 및 인프라 구축' 사업(2014~2016년)에서 'BIM 라이브러리 및 기술콘텐츠 유통보급 시스템' 부분의 라이브러리 관리 시스템 개발을 3년 동안 진행했으며 2단계로 진행 중인 '개방형BIM 기반의 건축설계 자동화 지원기술 및 첨단 유지관리 기반기술 개발' 사업(2017~2022년)에 참여해 라이브러리 관리 시스템의 확장 개발을 진행 중에 있다.

라이브러리 관리 시스템은 개별 라이브러리의 형상 및 속성 관리도 중요하지만 표준속성 정의, 기술콘텐츠 연계(단가정보, 부분상세, 자재정보 등), 그리고 BIM 모델 정보의 재활용 기술이 동반돼야 한다. 이러한 라이브러리 기반 데이터 활용 기술은 모델링 자동화를 위한 기반 기술이 된다.

사례5. 설계(도면 및 모델링) 자동화 프로그램

BIM의 도입은 건축 전 생애주기 동안 해당 건물의 데이터를 효과적이고 지속적으로 이용하기 위함이다. BIM 모델 데이터를 작성하기 위해서는 작업자들의 많은 노력이 필요하고 기대하는 상세 수준이 높아질수록 작업자들은 고강도의 업무를 강요받는다. 문제는 이런 노력에도 불구하고 최종 성과물의 품질은 애초 계획했던 것보다 낮은 경우가 많으며 데이터 오류도 많다는 점이다.

BIM 모델링 작업에 대한 기대를 두 가지 단어로 표현하면 신속, 정확 정도가 될 것이다. 현장에서는 이 두 가지의 요구 조건을 만족시키기 위해 자동화 프로그램 개발을 계속하고 있다. 처음 개발 당시에는 현업 담당자들의 기대치가 매우 낮았으나 첫 결과물을 통해 가능성이 확인된 후에는 자동화에 대한 확신을 갖고 유사 작업들의 자동화를 서두르고 있다. 진행했던 자동화 프로그램들의 성과 중 하나를 정량적으로 설명하면 4명이 약 2달 동안 작업해야 될 작업이 단 몇 분 만에 완료됐다.

작업시간의 단축도 효과적이지만 더 놀라운 것은 데이터 정확성 측면에서 약 20~30%의 향상을 가져왔다는 점이다. 작업시간 단축과 더불어 데이터 정확성의 향상은 자동화 프로그램의 신뢰도를 높이는데 많은 기여를 했다.

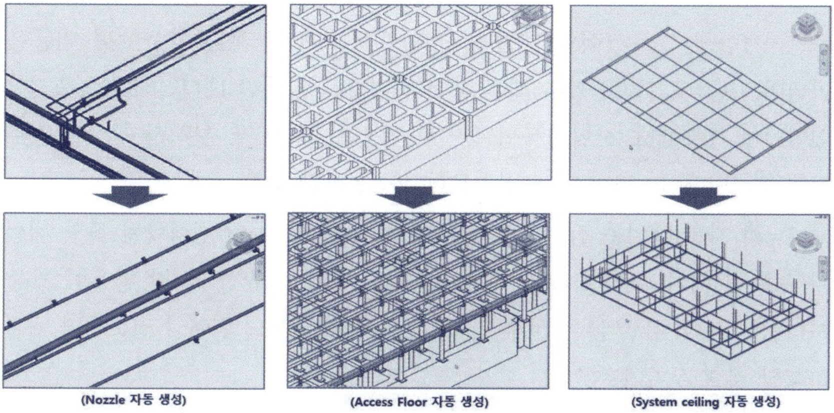

설계 모델 자동화 예

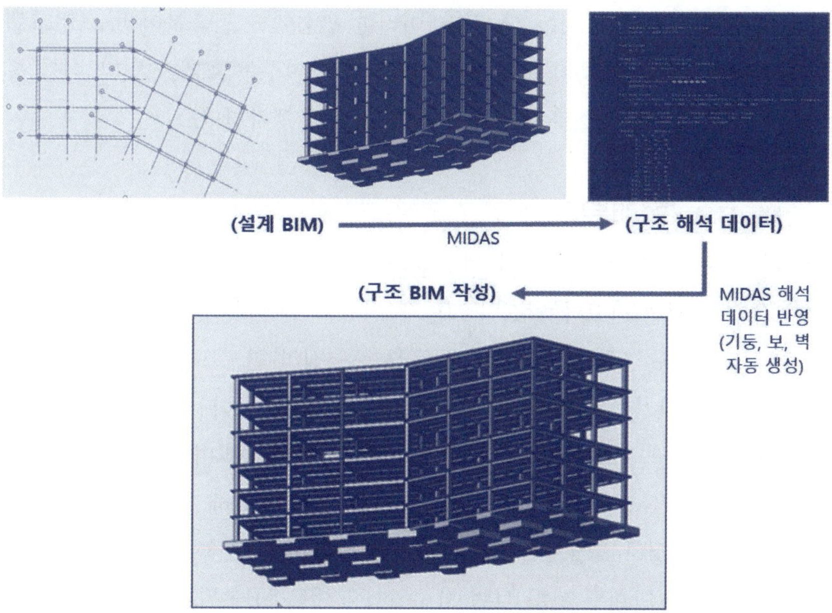

구조 모델 자동화 예

자동화 프로그램의 개발은 단지 프로그래밍으로만 가능했던 내용은 아니며 기존 작업들의 업무 패턴 분석과 결과물에 대한 데이터베이스 축적이 있었기에 가능했다. 작업자들의 축적된 기술을 패턴으로 분석하고 이들 정보들의 데이터베이스화가 만들어낸 종합적인 성과물이다.

한 가지 아쉬운 점은 개발된 자동화 프로그램들이 정형화된 작업 패턴과 구축된 데이터베이스를 활용하고 있어 특정 작업환경에서만 활용이 가능하다는 것이다. 이 부분은 향후 딥 러닝, 머신 러닝 등의 영역과 접목되면 해결 가능할 것으로 기대된다.

이상에서 필자의 경험을 바탕으로 건축 프로그램 개발 업무 사례를 설명했다. 학생들을 상대로 한 강의에서 자주 하는 이야기지만 공학의 존재 가치는 비용과 시간을 줄이는 데 있다. 이러한 관점에서 건축분야의 프로그램 개발은 작업시간을 단축하는 동시에 인건비를 줄여주는 효과가 있다. 이를 통해 건축분야에 공학적으로 큰 기여를 하고 있다고 생각한다.

마무리

학창시절에는 필자를 희한하게 생각하는 사람들이 있었다. 전공보다 컴퓨터 공부를 더 열심히 하고 살았으니 그렇게 생각할 만했다. 가끔 돌이켜 생각하면 참 무모했다는 생각도 든다. 전공 공부를 열심히 한 것도 아니고 그렇다고 컴퓨터를 전공자처럼 잘했던 것 같지도 않다. 남들 다 한다는 토익공부도 하지 않았다. 컴퓨터를 공부하면 어느 직장에 갈 수 있는지 얼마만큼 돈을 버는지 깊이 생각한 적도 없다. 철이 없었는지 미래에 대해 불안해 한 적도 없었다. 날새며 코드를 작성하고 결과물이 나오면 기뻐하고, 그게 전부였던 것 같다.

대학에서 강의를 하다 보면 사회에서 무엇을 하게 될지 잘 모르는 상태로 전공을 선택하는 학생들을 많이 만나게 된다. 더 심각하게 생각되는 부분은 학생들 스스로 잘하거나 좋아하는 일이 무엇인지 깊이 생각한 적이 별로 없다는 점이다.

필자도 크게 다르지 않았다. 앞서 설명했지만 전공에 대해서 잘 몰라 당황하고 방황했던 시간들이 있었다. 다행스러운 것은 건축은 전공 내 세부 분야가 다양하다는 점이다. 미적인 감각이 있는 분들은 설계를, 수리에 밝은 분들은 구조를, 현장이 좋은 분들은 시공을, 경영에 관심이 많은 분들은 CM을, 필자와 같이 컴퓨터에 관심이 많은 사람은 건축정보기술을 전공할 수 있는 장점이 있다.

많은 사람들이 하고 싶은 일을 하고 사는 것이 중요하다고 말하지만 정작 무슨 일을 할 때 가장 행복한지 모르는 경우가 많다. 행복한 일은 그저 자리에 앉아 몽상하는 것으로 찾아지는 것은 아니며 많은 공부, 다양한 인간관계와 사회경험 등 많은 노력이 필요하다. 일찍 발견한다면 행운이겠지만 늦어지더라도 찾기 위한 노력을 멈추지 말기 바란다. 이 책을 읽는 여러분은 이미 그러한 노력을 하고 있다고 생각이 든다.

이 글이 건축정보기술 분야를 이해하고 관심을 갖는 계기가 됐으면 하는 바람이다.

Q1 연봉이 얼마인가요?

회사별로 다르겠지만 소규모 개발사의 2017년 신입 기준 연봉은 2,500~3,000만 원 정도이다. 여기에 상여금과 성과급에 따라 더 올라간다. IT계열 특성상 회사에서 본인의 업무처리 능력에 따라 매년 인상률이 달라진다. 해마다 평균 5~10% 정도 인상률이고 성과에 따라 10~15%씩 매년 인상되는 사례도 있었다.

Q2 업무강도는 어떻나요?

IT업체가 3D 업종이라고 많이들 걱정하는 것 같다. 야근이 전혀 없고 매일 정시 퇴근한다고 이야기해주고 싶지만 그렇지는 않다. 그렇다고 매일 야근하는 문화는 더더욱 아니다. 담당하는 프로젝트 일정에 따라 간혹 야근을 하는 경우는 있고 개인적으로 잔여 업무 처리를 위해서 남는 경우는 있다. 모든 것은 때에 따라 그때그때 다르다.

Q3 대학에서 배운 '건축'을 많이 사용하고 계신가요?

실질적으로 설계를 하거나 시공을 하는 업무가 아니지만 현업 담당자들과 만나 개발 업무 협의를 할 때 학교에서 배운 건축 지식이 많은 도움이 된다. 타 전공자들이 업무를 협의할 때와 비교해 건축전공자들이 갖는 장점이다. 현업 담당자들도 용어에 대한 설명 없이 바로 내용 설명을 진행하는 경우가 많다.

Q4 프로그래밍 언어는 어떤 것을 공부해야 하나요?

본문의 그림을 보면 알 수 있지만 현존하는 프로그래밍 언어는 엄청나게 많다. 개인적으로는 C나 C++를 경험하고 C#과 Python 정도를 공부하면 좋다는 생각이다. 만약 C나 C++이 어렵다면 C#이나 Python으로 시작하는 것을 권한다. 이 두 언어는 건축에서 주로 사용되는 프로그램들의 추가기능 개발에 사용된다. 프로그램 언어는 한 가지를 잘 이해하면 다른 언어도 금방 배울 수 있다. 어떤 언어가 됐건 하나를 익숙하게 잘 다룰 수 있도록 공부하는 것이 중요하다.

Q5　평균 근속연수는 얼마나 되나요?

IT회사 근무자들의 평균 근속연수가 길지 않고 개발자는 그보다 더 짧다는 이야기가 있다. 이에 비하면 건축정보기술 회사들의 근속연수는 이보다 길다고 한다. 맡은 기술 개발 업무가 특수하고, 본인 실력에 따라 다르지만 근속연수에 따라 대우가 빠르게 올라가는 경향이 있어 그런 것 같다.

Q6　프로그래밍 분야는 3D 직종이라고 들었는데 아닌가요?

앞서 설명했지만 야근이 많거나 업무 강도가 센 것은 아니며 예전처럼 발주처의 자세도 갑을 관계가 아닌 파트너로 대우해주는 경우가 많다. 다만 타 분야에 비해 기술이 급변하는 분야이다 보니 계속해서 공부하지 않으면 빠르게 뒤쳐질 수 있다. 변화에 대해 즐기고 노력할 준비만 돼 있다면 충분히 즐거운 분야다.

Q7　파견근무나 외근을 자주 하나요?

대규모 IT 시스템 개발 업무와 달리 인원 파견 개발보다는 업무

협의는 현장에서 이뤄지고 개발은 사내에서 진행하는 경우가 대부분이다. 많은 경우 1주일에 1회에서 2회 정도 업무 협의차 외근이 있을 수 있다. 출장은 프로젝트 현장이 지방일 경우 갈 수 있지만 매우 드문 경우다.

Q8　개발자들도 모두 건축 전공자인가요?

개발자의 전공 구성은 건축 전공자와 타 분야 전공자가 섞여 있다. 회사별로 다르겠지만 일반적으로 7:3 정도의 비율로 타 전공자가 많다. 건축전공자 중 프로그램 개발에 관심을 갖는 사람이 없으니 당연한 결과로 보이기도 하다. 하지만 건축 전공자가 비전공자에 비해 오랫동안 근무하며 프로젝트 관리와 컨설팅 분야는 건축 전공자가 다수를 차지한다.

Q9　설계사무소나 시공회사로의 진로를 택하는것 보다 후회되지 않을까요?

여러 현업 분들과 만나 일하다 보니 많은 이야기를 듣게 된다. 야근이 많아서, 연봉이 낮다고, 기획한 일을 시도할 기회가 주어지지 않는다는 등 다양한 이유로 이직하는 것을 지켜봤다. 어느 자리에 있어도 아쉬운 점은 있는 것 같다. 직장생활 동안 현재 선택한 분야에 대한 후회가 한 번도 없었다면 거짓말이겠지만 적어도 '다른 길을 선택했으면' 이라고 생각한 적은 없다. 새로운 기술에 대한 두려움이 없다면 후회하지 않고 본인 선택에 만족할 것이라 확신한다.

Q10 향후 비전은 어떻게 보시나요?

각종 매체에서 계속해서 쏟아내는 4차 산업혁명 이야기를 보고 있으면 상당부분 건축분야와 관련된 내용으로 보인다. 가상현실, 머신 러닝, 딥 러닝, 인공지능 등은 건축을 표현하고 데이터를 관리하는 부분에서 지금까지 경험하지 못했던 일들을 가능하도록 할 것이다. 비전은 스스로 만드는 것이지만 적어도 여러분의 꿈을 펼칠 기술적 토양은 마련되어 있는 것 같다.

디자인을 세상과 연결하다

건축·디자인 SNS 운영

신동윤

건축과의 만남 그리고 커뮤니티

고등학교때 프로게이머 지망생이었던 필자는 밤낮없이 스타크래프트만 하던 때가 있었다. 당시 게이머 커뮤니티에서 건축가 자하 하디드의 "비트라 소방서"를 우연히 보게 되었다. 당시 필자의 상식선에서 상상하기 어려운 소방서의 비정형적인 모습을 보고 건축가에 대한 궁금증이 깊어졌다. 그 뒤로 건축에 대해 더 알고 싶어져 커뮤니티나 관련 서적들을 찾아보기 시작했다. 어느덧 게이머에 대한 뜻을 접고 건축가에 대한 꿈을 갖게 되었으며 가천대학교 건축학과에 진학했다.

건축에 관련된 자료를 찾기 위해 수없이 많은 검색을 해보았지만 당시 나에게 필요한 정보는 얻을 수가 없었다. 건축과 관련된 커뮤니티 하나쯤은 있을 줄 알았는데 없다는 사실에 의아했다. 갑작스럽게 건축에 관심을 가지게 되었으므로 건축학과에서 무엇을 배우는지 궁금하였고, 건축학도나 건축가와 직접 대화를 나누어보고 싶었다. 또한 네이버나 구글에 '건축'을 검색하면 비전공자로서는 이해하기 어려운 정보들이 즐비했다. 무엇보다 건축학과에 진학을 결심하게 된 결정적인 원인을 제공한 곳이 건축전문사이트가 아닌 게임 커뮤니티 사이트였다는 점이 큰 아쉬움이다. 대학 진학 이후 이 부분에 대해 문제의식 가진 시점으로부터 아키필드라는 커뮤니티를 구상하기 시작했다.

울타리

2010년도에 가천대학교(구. 경원대) 건축학과에 입학하고 한 학기를 마쳤다. 학교에서 밤새 디자인하고, 직접 만들며 나와 같은 건축을 배우는 이들과 함께 설계실에서 생활하는 것이 무척 재밌었다. 건축학과의 매력에 푹 빠졌다. 얼마 지나지 않아 다른 학교 건축학과는 어떻게 생활하는지 궁금했다. 그래서 자택에서 가장 가까웠던 홍익대학교 건축학과에 무턱대고 방문한 일이 있었다.

아키필드의 첫 번째 서비스
archifeeld.com

복도에 전시되어있는 모형들, 열려있는 문 너머로 보이는 그들의 설계실은 우리와 비슷한 듯하면서 여러 가지 차이점이 있었다. 배우는 환경, 교육자, 커리큘럼 등이 다르고 같은 건축이지만 이와 같이 다른 환경에 따라서 모두가 전혀 다른 작품 결과들이 만들어진다는 것이었다. 그 계기로 더 많은 학교에 가보기 시작했고, 학교마다 고유의 스타일이 있다는 것도 알게 되었다.

많은 학교를 돌아다니며 매 학기, 다양한 작품들이 창작된다는 것을 눈으로 확인했다. 그치만 학기가 끝나면 이 작품들이 점점 잊혀진다는 점이 아쉬웠다. 그 프로젝트들은 누군가가 오랜 시간 투자해서 만들어낸 결과이며 이 데이터들이 축적되고, 막연히 공유되었을 때 가치가 더해진다고 생각했다. 이때부터 건축, 디자인을 지역과 시간에 구애받지 않고 공유할 수 있는 웹 서비스를 만들겠다는 생각으로 본격적인 작업에 착수했다.

이 서비스를 더 널리 알리기 위해서는 다른 학교 학생들과 유대 관계를 쌓아야 했고, 그런 이유를 필두로 대학생 건축학과 연합회인 아키텐이라는 곳에 가입하였다. 만 2년 동안 연합회 활동을 하며 많은 대학의 건축학과 친구들을 사귈 수 있게 되었다. 같은 건축을 배우는 이들의 저마다 다른 생각을 교류하는 것이 즐거웠다. 이야기를 나누다 보면 다른 듯 비슷한 그들과 동질감을 느꼈다. 그리고 그들이 자신의 생각들을 세상에 알리고 서로 연결되는 서비스를 만들고 싶었다.

초창기 커뮤니티의 형성

2013년 1월, 가장 먼저 했던 일은 서비스의 이름을 정하는 것으로 시작했다. 서비스 명은 전반적인 기획과 우리가 제공하는 서비스를 단 몇 글자로 축약해서 전달해야 하는 임무를 가지고 있다. 그러므로 매우 중요하게 생각했다. 우선 우리가 해결하고자 하는 문제에 대한 이미지를 먼저 떠올렸다. (문제:소통의 장벽에 막혀있는 건축인들, 건축 특유의 폐쇄적인 분위기 등으로 교류되지 않는 작품들) 처음 건축학과에 진학할 때 필자 스스로 겪었던 어려움들을 이미지화 한 것이다. 이 문제가 해결되려면 무엇이 필요할까? 경계 없이 누구나 자신의 이야기를 구애받지 않고 떳떳하게 말하는 장소가 필요하다고 생각했다. 그리하여 경계가 없는 넓은 들판(Field)에서 자신의 작품을 설명하고, 서로 연결되어 건설

archifeeld.com의 UI 수정

적인 소통을 하는 현장을 상상했다. field라는 단어가 우리가 원하는 서비스의 목적성을 잘 표현해 주었다. 그리하여 필드라는 단어를 서비스 명에 붙이게 되었다. 이와 더불어 디자인을 함께 느끼는(feel) 사이트라는 의미를 부여하여 feel, design이라는 단어를 조합했고, 줄여서 필디(feel`d) 라고 불렀다. 그 앞에 건축을 뜻하는 아키텍쳐(architecture)의 Archi를 붙여 '아키필드'라는 이름이 만들어졌다.

이름을 정하고 알고 지내던 컴퓨터공학과 대학원생에게 찾아가서 무턱대고 스케치북에 어설프게 그린 웹 사이트의 UI(User Interface)스케치를 보여줬다. 그는 제로보드 기반으로 값싼 포맷의 게시판을 만들어 주었고, 이를 기반으로 가벼운 사이트를 론칭했다. 일이 급하게 진행되었고, 충분한 조사나 기획 없이 단지 직감만으로 일을 처리했다. 서비스는 전문적이지 못했고 미숙한 부분 투성이었다. 급하게 만들어진 아키필드닷컴은 얼마 지나지 않아 유령사이트가 되었다. 고객을 무시한 채 상상의 나래를 펼친 것에 대한 결과였다.

필자의 첫 번째 시도이자 실패가 되었다. 이를 통해 고객에 대한 이해와 기획이 무시되어서는 안된다는 것을 몸소 느꼈다. 웹 서비스를 만들기 위해서는 전문적인 웹 개발 공부와 기획이 필요하다는 것을 알게 되었다. 시도를 통해서 아무것도 모르는 상태에서 무엇을 모르는 상태가 되었다.

학습과 성장

스타트업의 대표가 되는 방법은 생각보다 간단하다. 하지만 성공한 스타트업이 되는건 거의 불가능에 가까울 정도로 어렵다. 그럼 왜 스타트업을 할까? 단순히 성공을 위해서 한다기보다는 스타트업을 만들고 경영하는 과정에서 얻는 경험과 지혜는 어느곳에 가서도 살아남게 만들어 준다는 것을 확신한다. 그렇다면 스타트업을 통해 성장하려면 어떻게 해야 할까? 필디는 현재도 성장 중이며 이를 통해 많은 것들을 배우고 있다. 자신이 생각하는 고객들이 갖는 문제점은 어떤 것인지 고찰하고, 그것을 기존과 다른 혁신적인 방법으로 해결하기 위해 끊임없이 고민하고 업데이트를 하다보면 분명히 비즈니스 모델은 성장한다. 특히 고객에게서 무엇을 얻어낼 생각보다 무엇을 제공할지 고민하는 것이 중요하다.

스타트업 성공의 기준은 저마다 다르다. 대규모 투자를 유치시켜서 기업의 가치를 검증받거나, 목표로 한 고액의 매출을 달성하거나, 회원 수가 엄청나게 증가하는 등의 다양한 기준을 성공의 지표로 삼는다. 이런 지표도 중요하지만 그 어느 조직보다 변화가 빠른 스타트업의 성공 지표는 어제보다 오늘 더 발전 했는지 보는 것이 가장 중요하다고 생각한다. "창업 위험하지 않아요?", "망하면 어떡하려고요?"라는 질문을 많이 받았다. 그리고 "그런 식상한 아이디어로 사업이 되겠어요?"라는 질문 또한 수없이 많이 들어왔다. 실제로 스타트업의 대부분은 실패한다. 그럼에도 이 사업을 고수해온 이유는 필자 스스로 갖고 있는 신념과 확신으로 직접 부딪히는 과정에서 많은 것들을 배우고 성장할 수 있었으며, 시행 착오들을 통해 서비스가 성장하는 모습을 보면 더욱 그런 질문들에 대한 답변을 이 하나로 일축할 수 있게 되며 정말 걱정해야 하는 것은 성장이 멈추었을 때를 걱정하면 된다고 생각한다.

창업의 진입 장벽이 높아 보이고 보유자금이 충분한 것도 아닌 상황인데 과연 창업을 할 수 있을까? 실패해서 돌이키기 힘들 정도로 빚을 많이 지고 경력도 쌓지 못해서 일자리를 구하기 어려워지지 않을까? 이런 주변 분들의 걱정 섞인 이야기를 들으면서도 스타트업을 계속 해야겠다고 고집해온 이유는 실제로 이 일을 하면서 필자 스스로의 업무 처리능력이 급격히 성장하였다는 것을 매일 느끼기 때문이다. 당시 대학생 신분으로서는 처리하기 어려운 것들을 처리하기 위해 생각했던 것들을 곧바로 실행하며 기획과 경영, 디자인 능력을 터득하였다.

확실히 다양한 파트에서의 업무 역량이 길러졌고 특히 서비스 기획과 UI/ UX(User Interface/ User Experience) 설계에 있어서 어느 정도 전문성을 갖추게 되었다.

스타트업으로 평생 일자리를 만들고 온갖 부를 누리며 살겠다면 그다지 추천하고싶지 않다. 하지만 개인의 성취, 자율적인 환경에서 개인의 역량을 맘껏 펼치고 성장하는 것을 경험하고 싶다면 좋은 선택지라고 생각한다. 무엇보다 그 일에 열정이 꺼지지 않는다면 더할 나위 없이 좋은 자산이다.

근래 들어 스타트업이라는 단어를 많이 듣게 되는데, 스타트업은 큰 초기 자금이 필요한 제조업 기반의 사업이 아닌 우리가 흔히 말하는 IT기반의 서비스들이 많다. 이들의 특징은 초기 투자비용이 적다는 것이다. 특히 최소기능모델(MVP모델)을 개발할 때에는 무료 오픈 소스만으로 기초적인 구현이 빠르게 가능하다. 스타트업의 가장 큰 재산은 돈도, 배경도 아닌 강한 집념으로 어떻게든 해결하려는 실행력과 시간이라고 생각한다.

무턱대고 만들었던 아키필드닷컴은 실패했지만 그때 부딪힌 것들을 통해 더 나은 서비스를 기획하는 능력을 갖추게 되었다. 어떤 문제가 생길 때마다 수정하고 여건이 될 때마다 발로 뛰었다. 그런 과정을 통해 배운 것들은 책에도, 강의에서도 얻을 수 없는 것들이었다. 오로지 경험에 의해서 학습하게

아키필드 초창기로고

된 것들이며 아직도 그 문제점들이 머릿속에 남아 서비스를 만드는데 있어서 중요한 자산으로 작용하고 있다. 스타트업을 시작하면 실제로 문제와 직면했을 때 배우게 되는 것들이 많다. 필자의 실패를 통해 얻은 시행착오를 통해 초기 스타트업에게 필요한 자산들을 정리해 보았다. 상황은 저마다 다를 수 있으니 어디까지나 참고로 보시기 바란다.

1. 홍보채널 만들기

스타트업의 가장 큰 숙제 중 하나는 홍보이다. 하지만 대부분 이것을 투자를 받은 돈이나 모아둔 돈으로 해결하려고 한다. 돈으로 만든 커뮤니티 채널은 결국 더 큰 자본의 힘에 쉽게 무너진다. 자신이 구축하고자 하는 커뮤니티에 자신이 발로 뛰며 수집한 자료나 정보들로 가득 채워라. 배달의민족 김봉진 대표도 발로 뛰며 서울 시내에 있는 전단지를 수집하여 커뮤니티를 만들었고 필자 또한 대학 작품전, 과제전을 발로 뛰며 2,000장 이상의 작품 사진을 수집했다.

그런 과정을 통해 도달하고자 하는 고객 분들과 접촉도 생기고 더 많은 고객의 문제를 이해하고 공감할 수 있게 되면서 우리 서비스만의 생태계를 만들어 나갈 수 있다. 이것은 돈의 힘만으로는 넘기 어려운 장벽을 형성시켜준다.

아키필드의 초기
SNS 유머 콘텐츠

2. 서비스의 성격

초기에 론칭했하고 실패했던 아키필드닷컴에서는 사전에 '감'에 의존하여 무턱대고 시작한 것이 실패의 가장 큰 요인이었다. 이를 피하기 위해 우리는 고객들이 무엇을 필요로 하는지 파악하기 위해 현장에 직접 찾아가 고객들을 만나 소통하며 진정성 있는 서비스를 구현하기 위한 인터뷰를 진행했다. 다양한 학교의 건축학도가 소속되어 있는 동아리에 직접 가입하여 열심히 활동해 보기도 하고 그곳에서 많은 건축학도들과 깊은 유대감을 쌓았다.

고객들과 직접 만나 한 사람, 한 사람의 문제를 해결하기 위한 초기 설정은 그 무엇보다 중요하고 실제로 우리 서비스를 통해 고객의 문제가 해결될 때마다 수익이 발생할 수 있는지, 어떤 성장 지표로 이어질 수 있는지에 대한 부가 가치들을 끊임없이 탐구해야 한다.

3. 프로덕트(또는 서비스)의 기획

성격에서는 어떤 문제를 해결할지, 우리가 타깃으로 하는 고객의 어떤 문제를 해결할지를 고민해 보았다면, 그 다음 단계에서 실제로 어떤 방식으로, 더 정확히는 어떤 제품이나 서비스로 그 문제를 해결할지 기획해 보아야 한다. 우리 서비스 같은 경우는 물리적으로 멀리 있는 사람과 사람이 작품을 서로 공유하고, 그 작품 이미지들을 쉽게 볼 수 있도록 하여 피드백을 남기도록 하는 것까지를 기초 기획으로 삼아 디테일한 서비스를 설계했다.

4. 수익성

스타트업이 수익에 대한 고민을 할 때 많이 하는 오류 중 하나는 '어떻게 돈을 벌 것인가'에 집착한다는 것이다. 필자의 경험대로라면 고민했던 고객의 문제를 해결하는 솔루션을 실제로 '실현'시키는 것이 가장 정확한 수익 창출의 루트이다. 멀리 돌아가지 말고 가장 간단한 문제 해결부터 시작해 보자.

추가로 Lean Startup(에릭 리스 저)을 보면 린 캔버스(Lean Canvas)라는 간결한 사업계획 도표 작성법이 있다. 이 캔버스는 사업에 꼭 필요한 부분을 간결하게 정리할 수 있으며 고객에게 필요한 것, 고객이 가치를 느낄만한 부분을 일목요연하게 정리할 수 있다. 간단한 것이니 지금 즉시 작성해 보자. 사업을 설명하는 문구가 더욱 간결해 질수록 그 깊이는 더욱 깊어지도록 만들어야 한다. 이 과정을 거치면 그렇게 만드는 데 도움이 된다.

아울러 문제를 해결했다고 해서 절대 끝이 아니다. 필디도 멀리 있는 학생 간의 공유 공간이 없다는 문제를 해결하고 나서부터 또 다른 문제에 직면하게 되었는데, 많은 회원들이 다른 학생들의 표현 스킬을 궁금해하는 새로운 이슈가 발생했고 이를 해결하기 위해 오프라인 교육 매칭 서비스인 「필디스터디」라는 수익모델이 탄생하게 되었다.

5. 서비스 구현

서비스 구현을 위해서는 대표적으로 세 가지 방법이 있다. 자신이 직접 개발을 하거나, 개발자를 공동 창업자로 섭외하거나, 외주를 맡기는 것이다. 무엇보다 아이디어를 빠르게 구현해야 하므로 외주를 맡기는 것은 되도록 피하고, 직접 코딩 공부를 하거나 개발자를 팀으로 섭외하여 아주 빠르게 간단히 구현해 작동하도록 만들어 보는 것에 전념을 다해야 한다. 아주 작은 최소 기능으로 구현된 우리 서비스에 실제 고객이 사용하기 시작하고 의도대로 작동하기 시작했다면 그것들을 잘 정리하여 사업 계획서에 업데이트하여 투자 유치를 취한 IR(Investor Relations) 피칭 자료의 중요한 데이터로 활용하자.

앞서 언급한 다섯 가지 프로세스를 순서대로 해결할 필요는 없다. 오로지 고객의 문제를 해결하기 위해 끊임없이 고민하 고 명쾌한 해법이 나왔다면 그것을 구체화 하고 빠르게 실현해보고 검증을 거치는 것이 중요하다.

군입대와 공백기간

초창기에 커뮤니티를 만든지 3개월이 지나고 이렇게 돌발적으로 발생하는 공백 때문에 사업을 진행하는 데에 있어서 큰 걸림돌이 되었다. 하지만 어찌 보면 2년 동안 객관적으로 이 서비스에 대해 생각해 볼 수 있는 시간이 될 것이라고도 생각했다. 절대적으로 서비스가 성장하지는 않았지만 전반적인 재검토를 하는 기회라 여겼고, 군 생활 당시 항상 사업계획을 적어둔 수첩을 몸에 지니고 다녔다. 그리고 아이디어가 떠오르면 바로 손바닥이나 수첩에 바로 다이

어그램을 그리거나 글을 적었다. 그 중 상당부분은 지금 서비스에 반영이 되어 있다.

팀 빌딩과 서비스의 성장

앞서 언급되었듯이 스타트업은 결코 혼자 할 수 없다. 뜻을 함께 하고 비전을 이루어 나갈 공동창업멤버(Co-Founder)를 반드시 두는 것을 추천한다. 보통 같은 학교를 다니던 친구나 스타트업 네트워킹 파티같은 곳에서 이런 멤버를 구하곤 한다.

필자의 경우는 초창기에 서비스를 구현하기 위해 코딩을 독학하던 시절에 건축학과였다가 소프트웨어학과로 전과한 친구인 송제인에게 종종 막히는 코딩에 대한 질문을 하곤 했다. 송제인은 왜 코딩공부를 하는지 궁금해 했고 만들고 있던 서비스에 대해 설명해줄 기회가 생겼다. 송제인은 한때 건축학도였고 이 서비스에 대한 필요성을 공감하였다. 그런 이유로 팀에 정식으로 합류하여 개발총책임(CTO)으로 일을 함께 하게 되었다. 얼마 뒤 우리는 archifeeld.net을 베타 서비스로 론칭하였다. 베타 서비스 중, Branch라는 닉네임으로 활동하던 회원에게 연락이 왔다. 이 회원은 훗날 서비스 개발팀의 중요한 멤버인 백승원이다.

당시 보내온 내용은 서비스 운영에 자신이 직접 참여하고 싶다는 것이었다. 지방의 건축과에 다니던 백승원은 아키필드가 만들고 있는 플랫폼의 필요성과 그 문제점에 대해 깊이 공감 하고 있었고, 더 많은 타 지역의 건축학도들이 활발하게 교류하면서 함께 성장하는 모습을 자기 손으로 돕고 싶어 했다. 이렇게 초창기 멤버가 꾸려졌다.

이듬해 2018년은 필디가 정식으로 사업자로 전환되면서 팀내에 큰 변화가 있었다. 필자와 처음부터 함께 해온 개발총책임(CTO) 송제인을 비롯하

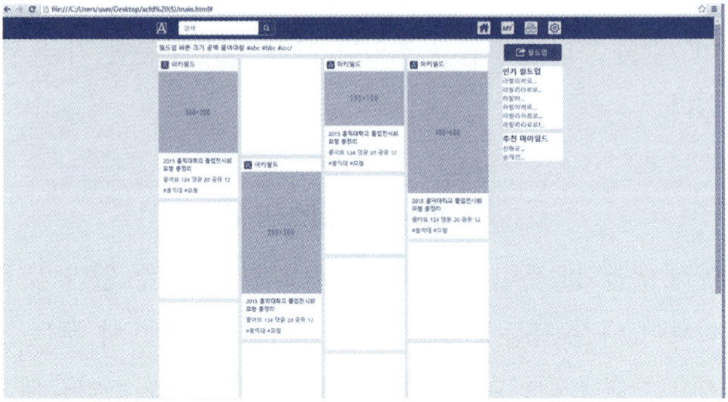

아키필드 초창기
개발당시 화면

여 2명의 공동창업자 멤버가 추가되어 총 4명의 스타트업 멤버가 구성되었다. 우선 필디가 운영하던 에디터팀의 매니저 역할을 수행하던 인하대 건축학과의 정찬우는 한 해 동안 하였던 매니저를 통해 그 누구보다 필디를 잘 이해하고 있었고, 실제로 서비스 운영에 전반적인 부분을 맡게 되었다. 두 번째로 지인 모임에서 알게 된 계원예술대학교 건축디자인과의 이동민은 개인 사업 경험도 있고 자금의 흐름과 회사 경영의 전반적인 것을 이해하고 있었다. 그리하여 비즈니스 개발 업무 및 분야 확장을 총괄하는 포지션으로 합류하였다. 이들 둘 은 필디가 가지고 있는 비전(디자인을 세상과 연결)에 깊이 공감하던 사람들이다. 팀빌딩은 고객을 유치하는 양상과 비슷한 맥락을 갖는데, 바로 문제를 해결하는 것에 대한 깊은 뜻을 공유한다는 점이 비슷하다. 이들의 합류로 필디는 아주 큰 성장의 시기를 맞이하게 되었다.

팀 빌딩 이후 우리는 다양한 문제점을 직면하고 그것을 극복하기 위해 여러 가지 대안을 제시하고 실행해 보면서 수차례 방향과 운영방식이 바뀌었다. 어찌 보면 비즈니스 방향이 자주 바뀌어서 불안정해 보일 수 있으나, 이는 발전하면서 살이 붙여져 나가는 과정이므로 걱정할 필요 없다. 초창기 아키필드의 서비스 방향은 '작품 공유'였다. 베타 서비스 이후 한 학기 동안 200개

아키필드의
세 번째 로고 디자인

이상의 프로젝트가 공유되는 사이트가 되었다. 그리고 좋은 작품들이 올라올 때마다 회원들은 이 작품에 사용된 표현방법을 궁금해하였고, “오프라인 교육 매칭 서비스” 필디스터디가 탄생하게 되는 배경이 되었다. 이는 서비스를 운영하면서 방향이 바뀐 것이 아닌, 사용자의 니즈에 맞추어 진화하게 된 것이다.

고객 컴플레인

필디의 전신인 archifeeld.net은 송제인이 합류한지 약 3개월 만에 만든 최소 기능 제품(Minimum Viable Product, MVP)이다. 그리고 우리는 고객들의 활용을 유도하기 위해 온갖 방법을 동원해 보았다. 동영상 편집을 공부해서 기능을 알리는 광고를 만들기도 하고 웹상에 카드뉴스를 만들어 업로드하기도 했으며 직접 학교에 찾아가서 서비스를 어필하기도 하였다. (지금 돌이켜보면 좋은 예시는 아닌 것 같지만 직접 실행해 보면서 이런 고객유치 방식 또한 많은 발전을 거두었다.) 학교에 직접 방문하여 학생회에게 시간이 지나면 쉽게 잊혀지는 작품을 서로 공유하고 기록하자는 취지로 ‘작품 공유문화 캠페인’을 제안하여 진행했다. 이렇게 총 18개의 건축학과와 함께 캠페인을 추진하기로 하였고 일은 생각보다 순조롭게 진행되었다. 방식은 학생회에서 업로드하고 싶은 학생들의 작품을 받아서 archifeeld.net에 업로드 해주는 방식이었다.

캠페인을 진행하는 과정에서 한 학교의 학생이 자신은 작품을 업로드하고 싶지 않은데 멋대로 업로드하였다며 불만을 토로하기 시작하였고, 그로인해 우리 서비스의 저작권, 도덕성 문제까지 조명되며 많은 비난을 받게 되었다. 우리의 실수는 단순히 취지가 좋다고 생각하여 캠페인을 진행했던 점과 고객이 순수 필요로 하여 사용한 것이 아닌 반 강제적인 사용을 요구했다는 점에서 큰 오점을 남기게 되었다. 성장하는 누구 앞에서나 떳떳할 수 있어야 하며 정직해야 한다. 우리가 목표하는 지점이 멀다고 하여 꼼수를 부리지 말고 한 계단, 한 걸음 나아가는 것이 중요하다는 것을 알게 되었다. 이를 통해 우리만의 노하우도 생기고 실제 성장을 경험하기 때문이다.

결과적으로 이 사건을 계기로 archifeeld.net은 서비스를 자진 중단하고 그 고객들의 불만을 다시 만족으로 바꾸기 위한 새로운 시작을 준비했다.

필디(feeel;design)

서비스 중단 이후로 일거리가 없어져 바로 사무실 근처에 있는 편의점에서 알바를 시작하였다. 편의점에서 일하면서 사업에 대한 여러 가지 생각을 정리할 수 있었고 남는 시간에는 서비스 기획과 운영 방식에 대한 전반적인 내용을 전부 다시 수정했다.

지금까지 겪은 수많은 시행착오들을 나열하고 이에 대해서 하나씩 해결 방안을 덧붙이며 그간 있었던 문제들을 점검했다. 결론은 고객을 제대로 이해하지 못한 것이었다. 지금까지 막연하게 작품을 공유한다는 나만의 목표만 있었는데 이제는 "왜 작품을 공유해야 할까?", "작품을 공유하면 얻는 것은 무엇일까?" 와 같은 본질적인 고민에 집중하게 되었다. 서비스 중단 기간 동안 수차례 밤샘 회의와 전면 수정을 통해서 새롭게 나온 서비스가 바로 필디(feeeld.com)이다. 본래 아키필드의 필드(feel, design)를 본 따 서비스 이름을 정했다. (feeld.com 도메인은 이미 다른 사람의 소유여서 e를 하나 덧붙여 feeel;d가 되는 해프

archifeeld.net의 초창기 홈 화면

넝도 있었다.)

새로운 서비스 필디는 작품을 간편하게 '기록'하고, 서비스 이름에 드러나듯이 서로 연결되는 것에 집중했다. 본질적인 것에 집중하면서 기획한 서비스는 획기적으로 고객들의 문제들을 해결하고 있었고, 이전보다 훨씬 업로더 수도 많아졌으며 방문자 수도 증가했다. 이렇게 온라인 커뮤니티가 활성화 되고 작품들이 많이 올라오다 보니 회원들은 다른 회원들의 표현 스킬과 노하우를 궁금해 했으며, 이를 해결해 주면서 우리는 첫 번째 비즈니스 모델을 만들게 되었다.

오프라인 커뮤니티이자 첫 비즈니스모델 '필디스터디'

필디는 이전의 시행착오들을 반면교사 삼아 훨씬 순탄하게 운영이 되었다. 꾸준히 트래픽도 증가하고 업로드 되는 작품 수도 점점 늘어났다. 그런데 여전히

필디로고(위)와 필디닷컴의
베타버전

우리는 수익 모델(비즈니스 모델)이 없이, 외주용역에 의존하고 있었다.

대부분 창업 초기에는 자금이 부족하고 이와 같은 SNS 플랫폼의 초기에는 자체적으로 수익이 날 가능성이 적기 때문에 외주용역을 통해 초기 운영비를 충당하는 것 외에는 길이 없었다. 그럼에도 놓지 말아야 할 것은 서비스에서 생산되는 가치를 통해 비즈니스 모델로 연결시키려는 의지이다.

새롭게 필디를 론칭한지 8개월째 되던 즈음에 조회 수가 높은 인기 게시물에 다음과 같은 댓글이 달렸다. “어떤 툴로 작업했나요?”, “어떤 방법으로 작업 했나요?” 우리는 이 문제를 해결해 주고 싶었고 가장 확실한 방법은 작업자가 질문자들과 만나 자신의 스킬을 알려주는 오프라인 스터디를 만들어 주는 것이었다.

이렇게 필디스터디라는 우리의 첫 번째 비즈니스 모델의 논리가 완성되었다. 우리는 빠르게 검증을 하고 싶었다. 당시 일본의 한 설계사무소에서 일하던 동아리 선배가 한국에 들어와 있었다. 그의 작품 표현 방법을 궁금해하는 사람들이 많았다. 그에게 우리 서비스를 소개하고 필디스터디의 첫 번째 리

필디스터디 모습

더가 되어 달라고 요청 하였다. 이렇게 첫 번째 필디스터디가 성사되었고 반응은 폭발적이었다. 최초로 우리 서비스에서 수익이 발생하기 시작하였다. 특히 학원에서 포토샵이나 캐드의 튜토리얼을 배운다 해도 실전에 적용하는 것이 어려운 경우가 많은데 필디스터디는 작품을 보고 그 작품에 적용된 스킬들을 실제 작업자와 만나서 배우는 과외 방식이기 때문에 더욱 만족도가 높았다. 이 첫 스터디 이후로 매칭되는 필디스터디는 급수적으로 증가하였고, 우리의 매출 또한 성장하였다.

실제로 디자인 툴을 다루는 방법은 사람마다 다르고 그 스타일에 따라 결과물은 천차만별이다. 이렇게 온라인 부분에서 커뮤니티가 형성된 필디는 오프라인에서도 소규모 커뮤니티가 급수적으로 증가하면서 수익 창출까지 이어졌다. 디자인을 세상과 연결이라는 모토 아래에서 오로지 연결되는 행위에 집중했던 결과 이런 비즈니스 모델을 발견할 수 있었다.

투자유치 활동과 데모데이

우리는 첫 비즈니스 모델이 생긴 후 더욱 다양한 비즈니스 모델 개발에 착수했다. 필디에서 작품이 공유되고 디자인이 다른 사람들과 연결될 때 나오는 부가가치를 비즈니스 모델로 연결 시켰다. 그리고 사업계획서를 전면 수정하고 발전시켰다. 이를 토대로 IR활동(투자유치활동)을 시작했다. 다양한 투자사의 심사역 분들과 미팅을 진행했고 초기에 만났던 심사역 분들은 우리 비즈니스 모델에 대해 참신한 반응을 보여줌과 동시에 시장의 폭이 좁다는 우려도 했다. 계속되는 발표와 거절의 연속이었지만 그때마다 사업계획서는 더욱 탄탄해졌고, 짧은 시간 안에 깊은 내용을 전달하는 발표 능력이 향상하게 되었다.

어느덧 우리는 정부지원을 한차례 받게 되었고, 지자체와 민간이 합동으로 운영하는 엑셀러레이팅(초기 스타트업 육성프로그램)에 최종 합격하는 성과를 거두었으며, 디캠프(은행권청년창업재단)의 데모데이인 디데이(D.Day)에 최종 발표팀으로 선정되었다. 데모데이는 어느정도 사업 계획이 진행되고 서비스나 프로덕트가 만들어진 스타트업이 투자자 및 일반인들 앞에서 서비스와 비즈니스 모델을 발표하는 행사를 말한다. 데모데이 무대에 서는 스타트업은 대부분 어느 정도 서비스가 작동하고 있으며 실제로 사용하는 고객이 있는 스타트업들이 발표를 하게 된다.

필디는 디데이에서 우승을 하지는 못했지만 건축이라는 하나의 키워드로 시작한 스타트업이 최초로 디데이 최종 무대에 서서 많은 대중과 투자자들 앞에서 서비스를 소개할 수 있었다. 앞으로 가야할 길이 멀지만 지금까지 고객과 호흡해오며 그들의 문제를 해결하기 위해 했던 일들의 성과물이 되었다. 우리가 하는 플랫폼 사업은 완성이 없다. 생각해보면 사업뿐만 아니라 사람도 마찬가지이다. 우리는 앞으로 새로운 문제에 계속 직면하게 될 것이고 그 문제를 해결 하면서 성장할 것이다.

Q1_ 연봉은 어느정도인가요?

필디의 매출을 정확히 공개하기는 어렵다. 초기 스타트업의 대표는 연봉이 없다고 봐도 무방하다. 하지만 나중에 투자를 받고 매출도 손익분기를 넘는다면 그에 상응하는 지분률과 스톡옵션을 매각하여 큰 돈을 벌 수 있다.

Q2_ 업무강도는 어떻나요?

초기 스타트업은 사실상 24시간 근무라고 보는게 맞다. 주말이나 휴일도 없이 앉은 자리에서 10시간 이상 근무는 기본이었고, 집에 가는 대중교통 안에서도 서비스를 모니터링하며, 친구들과 노는 자리에서도 머릿속에서는 계속 일 생각을 했다. 초창기 스타트업에서는 선택과 집중의 연속이기 때문에 간절한 마음으로 업무에만 매진하게 된다.

Q3_ 학생 때 배운 '건축'을 많이 사용하고 계신가요?

운영하는 플랫폼이 건축, 디자인 작품들이 공유되는 서비스이다 보니 아무래도 간접적인 도움이 많이 된다. 건축에서 배운 여러 철학들과 역사, 기술과 예술, 기획 능력 등은 사업을 진행해 나가면서 가장 중요한 요소로 작용하고 있다.

Q4_ 사업 성공의 기준이 있나요?

한 명이라도 고객을 유치하여 실제로 돈을 벌었다면 그게 성공이라고 생각한다. 어떤 사업이던지 한방에 대박 나는 사업, 아이템은 존재하지 않는다. 보통 우리가 흔히 접하는 유명 스타트업들은 이미 유명해진 상태에서 알게 된다. 이때 흔히 말하는 "대박"으로 착각하지만 복권에 당첨되듯 일확천금하여 사업이 대박이 나는 경우는 본 적도 없다.

Q5_ 가장 힘들었던 순간은? 그걸 극복한 방법은?

서비스가 중단되었던 시기가 가장 힘들었다. 돈은 점점 고갈되어 가고 일도 안들어오고 막연하게 초창기 콘텐츠를 수급하기 위해 전국 약 30개 대학을 돌아다니면서 졸업전시회 취재를 다닐 때가 있었다. 이때 2,000개가 넘는 작품 사진을 수집하면서 "내가 지금 여기서 뭐하고 있는거지?"라는 생각이 많이 들었다. 하지만 이때 노력했던 결과, 다양한 건축학도들과 만날 수 있었고 그들의 이야기를 많이 들었다. 고객을 만나는 순간이 그 힘든 순간을 극복하는 원동력이 되었다.

Q6_ 수익이 없을 당시에 어떻게 버텼는지 궁금하다.

간신히 외주용역으로 들어오는 적은 수익으로 근근히 월세를 내고 남는 돈으로 편의점에서 식비를 해결하며 교통비도 이것으로 충당했다. 가끔 걸어 다닌 적도 있다.

Q7_ 시장조사를 하는 노하우가 따로 있는지?

온라인에 떠도는 통계청 자료를 믿지 말고 주변의 친구들의 문제부터 귀담아 들어보고 점차 그 영역을 확대시켜 보는 것이 가장 확실한 시장조사라고 생각한다. 또한 통계청 자료를 지표로 삼게 된다면, 우리 사업에 필요한 수치로 재해석하는 작업이 필요할 것이다. 필자의 경우 2010년부터 디자이너 고용률이 증가하고 있다는 지표를 확인했는데, 왜 그 해부터 증가했는지 검토하였다. 이유는 그 해에 스마트폰이 보급되고 나서부터인데, 이를 내 사업에 타당성을 검증하기 위한 자료로 만들었다.

Q8_ 고객을 만나는 가장 확실한 방법이 있다면?

수없이 많은 방법이 있겠지만 빠르게 자신의 아이디어를 구현하고 론칭하여 검증하는 방법이 가장 확실하다. 이를 통해 커뮤니티를 구축시키고 그들의 이야기를 항상 모니터링하는 것이 좋은 방법이라 생각한다.

Q9_ 주로 활동하는 지역은?

현재 사무실은 합정동에 있으나 사실 지역은 의미가 없다. 특별한 미팅이 없는 한 밤낮없이 컴퓨터 앞에서 일만 하기 때문에 활동 지역은 크게 의미없다.

Q10_ 창업을 생각하는 이들에게 해주고 싶은 말이 있다면?

필자 또한 여전히 진행형이기 때문에 현실적으로 와닿는 이야기를 공유할 수 있을 것이다. 한치 앞의 미래도 장담할 수 없고, 당장의 수익을 내기에는 더욱 어려울 것이다. 생각했던 것보다 성장 속도가 더디고, 길을 개척해 나가야 한다. 그렇지만 이런 일들을 겪고 나면 그 업무 역량은 어디에 가도 살아남을 수 있는 생존력과 추진력, 기획력이 큰 바탕이 되어줄 것이다.

건축 정보를 활용한 OSMU

건축 홍보·기획·출판

김명규

마실와이드의 창업

마실와이드를 창업할 땐 한국건축(가)을 해외에 알리고자 하는 목적으로 시작했다. 지금도 한국건축을 해외에 홍보하는 일을 주로 하고 있다. 창업을 해야겠다는 생각은 단순했다. 대학원에 다닐 때, 지도 교수님과 국내 건축가의 해외활동에 관한 연구를 진행하면서 국내 건축가가 해외에서 충분히 주목을 받을만한 실력임에도 불구하고 대부분이 해외 활동에 어려움을 느끼고 있다는 것을 알았다. 어려움을 느끼는 데에는 물론 여러 가지 이유가 있겠지만, 가장 중요한 건 회사 내에 해외 활동을 담당해줄 인력이 부족하기 때문에 지속적으로 해외시장을 공략할 수 없다는 것이다.

그래서 필자는 해외로 발행되는 새로운 매체를 만드는 것이 아니라, '네트워크가 잘 구축되어 있는 다양한 현재의 매체를 이용하면 어떨까'라는 생각을 했다. 이미 구축되어 있는 글로벌 매체나 지역 매체를 이용하면 될 것 같았다. 그래서 마실와이드와 계약된 건축사사무소의 건축물(가)의 정보를 취합하고 정리해 해외 매체에 소개할 수 있도록 지속적으로 연락을 했다. 단순하지만 지속적으로 해외 건축 매체의 문을 두드렸다.

물론 마실와이드에서 보내는 모든 건축물이나 건축가의 자료가 매체에 소개되는 건 아니었다. 그러나 국내에 컨택 포인트가 필요할 때 마실와이드로 연락이 올 수 있게 만들고 싶었고, 지속적으로 이어지는 마실와이드와의 관계를 바탕으로 게재율 역시 올라가게 되었다. 이러한 해외 네트워크와 기획력을 바탕으로 지금은 창업 당시보다 다양한 업무를 수행하고 있다.

정보의 수집과 활용

창업을 한 뒤 처음에는 해외 온·오프라인 매체에 한국의 건축가와 건축물을 소개하기 위해 지속적으로, 그리고 반복적으로 연락을 했다. 자주, 그리고 반

마실와이드 CI

복해서 될 때까지 연락했기 때문에 초기에는 해외 매체가 우리를 광고나 스팸 메일로 취급하는 경우가 많아 해외 매체와 관계를 유지하는 것이 쉽지 않았다. 그래서 단순히 홍보만 하는 것이 아니라, 우리나라의 문화를 전달하면 어떨까라는 생각을 했고, 이후에는 국내의 다양한 건축 소식과 이야기, 문화적인 내용을 전하기 시작하였다. 또, 여기저기 수소문해서 마실와이드와 비슷한 일을 하는 해외 매체를 알게 되었는데, 그들과 지속적으로 연락하면서 그들의 건축 소식, 문화적인 내용을 주고받기 시작했다. 이렇게 취합한 자료를 그저 연락만 주고받는 도구로 이용하는 것이 아니라, 국내뿐만 아니라 해외의 건축 소식도 모아서 볼 수 있는 인터넷 뉴스 사이트를 만들어보면 어떨까 하는 의견을 듣고 마실와이드 웹사이트를 만들었다.

이후 마실와이드 웹사이트를 인터넷 뉴스 매체로 등록해 국내 건축 소식을 수집하고 게재하기 시작했고, 현재까지 국, 내외의 다양한 소식을 알리는 플랫폼으로 운영하고 있다.

홍보 대행사에서 홍보 기획사로

아직도 마실와이드는 무슨 일을 하는 회사냐는 질문을 종종 받는다. 창업 초기에는 '한국건축과 한국건축가를 해외에 홍보하는 홍보대행사'라고 소개를 했는데, 최근에는 '홍보 기획사'라고 소개하고 있다. 단순히 홍보만 하는 회사에서 기획 업무까지 진행하는 회사로 바뀌게 된 이유는 단순하다. 해외의 건축 관련 기자들, 그리고 해외 건축 매체와 관계를 가지고 있다는 것이다. 당시에는 세계적인 건축 행사인 UIA를 앞두고 있었기 때문에 다양한 건축 행사와 건축 공모를 국제적인 규모로 기획하고 진행하는 사례가 많았고, 이런 행사를 홍보할 수 있는 곳이 필요했다.

처음에는 홍보를 위해 홍보 대행사에 행사 홍보를 의뢰했지만, 건축적 지식이 없는 홍보 대행사들은 건축 분야에서 필요한 부분들을 충족시키기 어려웠을 것이다. 또, 홍보에 필요한 자금 문제 역시 걸림돌이 되었을 것이라고 생각한다. 그러나 마실와이드는 창업한지 얼마 되지 않은 회사였고, 건축을 전문적으로 다루기 때문에 다른 여러 분야의 홍보를 진행하는 업체와 비교했을 때 장점이 많았을 것이라고 생각한다. 처음 마실와이드에 홍보를 의뢰한 업체들은 큰 기대를 하지 않았을 것이다. 그저 기회를 준다는 의미로 일을 주신 분들이 많다. 다양한 홍보를 진행한 뒤에는 나름의 노하우가 생겼고, 해외 매체와의 관계 역시 이어가고 있었기 때문에 홍보 효과도 만족스러웠다.

행사의 홍보를 의뢰받아 홍보를 진행하던 중, 행사의 홍보가 아니라 행사의 일부를 진행할 수 있겠냐는 제안을 받은 적이 있다. 젊은 패기로 충분히 할 수 있을 것 같다는 생각을 했다. 그래서 행사의 일부를 진행하였고 생각대로 우리가 맡은 부분을 큰 문제없이 잘 치룰 수 있었다. 그 행사 이후 지속적으로 다양한 행사의 진행 제안이 들어왔다. 이런 과정을 통해 마실와이드가 자체적으로 행사와 프로젝트를 기획하고 운영할 수 있게 되었다. 이런 경험을 통해 관공서와 협회의 업무 경험도 늘어나게 되었다. 행사는 전시회, 시상식, 공모 등의 다양한 분야가 있고, 해당 행사에 필요한 영상작업, 리플렛, 팜플릿, 소책자, 배너, 포스터, 현수막 등을 디자인하는 업무가 있다. 폭넓은 경험을 통해 이제는 단독으로 행사를 기획하고 진행할 수 있게 되었다.

건축공모전 시상식 기획

마실와이드

현재 마실와이드의 업무는 크게 건축해외홍보와 건축 출판/기획 두 가지 영역으로 나눌 수 있다.

건축해외홍보는 현재 마실와이드와 비슷한 업무를 진행하고 있는 중국과 일본 회사와 계약을 맺어 각 나라의 프로젝트를 홍보하는 일을 도와주고 있다. 지금은 중국와 일본과 관계를 이어가고 있지만, 앞으로는 이러한 네트워크를 더욱 확장할 계획이다. 또, 국내의 건축사사무소와 정기적인 계약을 맺고 건축사사무소에서 홍보하려고 하는 건축물에 대한 자료를 정리하고 홍보하는 일을 진행하고 있다. 건축사사무소의 자료를 마실와이드로 옮기고, 홍보에 필요한 자료와 별도로 보관해야 될 자료를 각각 정리한다. 이후 건축가와 홍보 방향과 방법에 대한 논의를 통해 홍보 방향을 설정한다. 해외 홍보의 경우, 어떤 매체를 대상으로 할지, 온라인과 오프라인 중 어디에 더 초점을 맞춰 홍보를 진행할지, 꼭 소개하고 싶은 매체가 있는지 등을 정해 홍보 진행 방안을 설정한다.

건축사사무소와 건축물을 홍보하는 것 이외에도 건축공모를 홍보하는 일을 하고, 해외의 건축 사이트에 온라인 배너 광고와 기사를 게재하는 일도

건축공모전 관련 전시 기획

하고 있다. 또, 우리와 지속적으로 관계를 맺고 있는 해외 건축가들에게 메일을 보내 국내 건축공모 소식을 알려 참여를 독려하기도 한다. 또, 공모에 관련된 내용이 아닌 다양한 질의에도 바로 응답을 하면서 신뢰를 쌓고 있다.

출판과 기획 업무는 주로 외부에서 용역을 받아 진행하고 있다. 출판의 경우 국내 건축 월간지인 '월간 건축문화'의 편집 대행 업무를 진행하고 있고, 계간지인 『DEEP』을 후원하고 발행을 돕는 일을 하고 있다. 그 밖에도 건축과 관련된 단행본 편집, 출판도 진행하고 있다. 기획 업무는 범위가 넓고 다양해 정확한 업무 범위와 방법 등을 여기서 일일이 나열하기는 어렵다.

온·오프라인의 다양한 건축 매체

건축 매체의 종류는 생각하는 것 이상으로 여러 가지 종류가 있다. 건축 전문지와 건축 비평지, 하우징 잡지, 건축 소식지 등을 포함한다. 최근의 건축 매체 대부분은 오프라인보다 온라인이 증가하고 있는 추세이다. 오프라인으로 발행하던 매체도 온라인 매체로 변화하고 있는 실정이다.

건축은 방대한 지식이 필요한 학문이다. 의학은 전문의가 존재하지만 건축은 학창시절에 다양한 용도의 건축을 접하고, 실무에서도 하나의 용도를 가진 건축물이 아니라, 다양한 용도를 갖는 건축을 경험하게 된다. 이때 가장 필요한 것이 건축매체이다. 건축매체에서는 주로 건축물 사례를 중심으로 건축가의 생각과 건축 방식, 그들의 철학에 대한 내용을 다룬다. 더불어 건축계 소식과 이슈도 함께 다루긴 하지만 대부분은 사례 위주라고 해도 과언이 아니다. 오프라인 매체에 비해 온라인 매체는 훨씬 더 방대하고 많은 자료를 볼 수 있다는 장점이 있다. 또한, 해외에 방금 준공된 건축물도 바로 볼 수 있다는 장점이 있다. 온라인 매체는 오프라인 매체가 갖는 페이지 제한과 시간 제한 등의 물리적 제약이 없기 때문이다.

이런 이유로 최근에는 오프라인 잡지가 많이 없어졌고, 온라인 매체가 매체의 새로운 대안으로 떠오르고 있다. 최근 세계적으로 유명한 매거진 『MARK』도 폐간해 또 하나의 건축매체가 사라졌다. 이러한 현상은 건축이라는 행위 자체가 소수의 사람들에게만 이루어지기 때문일 수도 있다. 건축 매체가 점점 사라지는 반면, 인테리어와 하우스와 관련된 매체는 온라인 매체가 있음에도 불구하고 꾸준히 구독자가 유지되고 있으며, 최근에는 그 수가 더욱 늘어나고 있는 추세이다. 이는 주거시설을 제외한 건축물에서 일반인이 건축주가 되는 것이 쉽지 않기 때문이라는 것을 보여주기도 한다. 모든 사람이 건축주가 될 수 없거니와 그나마 건축주가 될 수 있는 것은 주택에 한정되어 있고, 그 외의 건축물은 대부분 소수의 개인과 기업이 건축주이기 때문이다.

이처럼 건축이라는 큰 맥락에서 대중과 가장 맞닿아 있는 부분은 주택과 인테리어 분야이다. 요즘 사람들은 새로운 집을 구입하는 것이 아니라, 내부 수리를 통해 새로운 집에서 사는 효과를 누리곤 한다. 또, 오래된 매장이나 사무실을 새로운 곳으로 이사하면서 인테리어를 새롭게 하는 경우가 많다. 이럴 때도 마찬가지로 대부분의 경우 기존의 공간을 리모델링해서 사용하지 돈과 시간이 드는 신축은 선호하지 않는다. 결국 건축 매체는 전문가인 건축가와 건축학도가 꾸준한 관심을 가져야만 지속해서 유지될 수 있을 것이다. 점차 가벼운 정보로 인해 매체가 사라져가는 현실이 아쉽기만 하다.

건축 월간지, 월간 건축문화

마실와이드의 대표 출판물은 건축 월간지인 월간 건축문화이다. 월간 건축문화는 1985년에 창간된, 우리나라에서 두 번째로 오래된 건축잡지이다. 마실와이드는 2017년부터 월간 건축문화의 편집을 담당하고 있다.

월간 건축문화는 매월 1일 발행되며, 국·영문으로 출판된다. 마실와이드가 다양한 해외 건축가와의 네트워크가 구축된 상태에서 편집에 대한 제안이 있었고, 덕분에 어렵지 않게 일을 시작할 수 있었다. 하지만 1년 이상 이 일을 진행해보니 기존의 건축 잡지와는 다른 차별성을 만들고 싶은 욕심이 생겼다. 처음 건축문화의 발행인 측의 요구는 기존의 책과 비슷한 형태의 책 구성을 원했다. 그런 구성은 최신 트렌드와 건축물을 찾아 게재하는 것이기 때문에 크게 어렵지는 않았다. 그러나 이런 방식은 앞서 말한 온라인 매체에 비교하면 뒤떨어질 수밖에 없었다. 책을 펼치면 이미 어디에선가 본 프로젝트가 있고, 그렇게 되면 독자들은 해당 책에 대한 신뢰가 떨어진다. 돈을 주고 구입한 책에서 돈을 주지 않고도 볼 수 있는 건축물을 본다면 실망하게 되기 때문이다. 물론, 건축문화에는 온라인에서는 볼 수 없었던 글과 다이어그램, 상세도 등을 다루고 있지만, 책을 구독하는 독자들은 시각적 이미지에 먼저 끌리기 때문에 같은 작품을 볼 때 실망을 할 수 밖에 없다. 그래서 온라인 매체에 게재된 건축물은 최대한 배제하거나 차별성을 두어 프로젝트를 소개하고 있다.

건축문화 측으로 들어오는 수많은 제보 중 이미 타 매체에 게재되었거나 온라인에 게재된 프로젝트가 있으면 일단 리스트에서 제외한다. 그러나 우리의 책과 적합한 건축물의 경우, 온라인과 타 매체에 공개되지 않은 도면과

2017년 1월호 부터
마실와이드에서 편집을
담당하고 있는
월간 건축문화

사진, 다이어그램 등을 추가로 요청한다. 또, 매달 달라지는 주제에 맞는 글을 도입 글로 다뤄, 단순히 같은 용도의 건축물을 나열하는 것이 아니라 관련 용도의 건축물에 대한 정보를 제공하려는 노력을 하고 있다.

1년은 12개월로 한정되어 있기 때문에 다룰 수 있는 주제와 프로그램도 한정될 수밖에 없다. 그래서 우리는 근작(Recent Project)이라는 섹션을 통해 매달 정해진 주제와는 별개로 최근에 완공된 건축물을 소개하고 있다. 이처럼 한정된 주제가 아니라 다양한 용도의 건축물을 담기 위한 노력을 하고 있다. 아쉬운 부분도 있다. 꼭 소개하고 싶은 건축물의 경우, 그 주제에 맞는 책이 나올 때까지 몇 개월을 기다려야 하는 경우도 있다. 편집을 하는 입장에서 건축가에게 해당 프로젝트를 공개하지 말아달라고 간곡히 부탁하는 경우가 그렇다. 대부분의 건축가가 부탁에 응해주시지만, 상황이 그렇게 되지 않을 경우, 아쉽지만 건축문화에는 게재하지 않는다.

최근 월간 건축문화에는 해외 건축 역사를 소개하는 섹션이 생겼다. 우리가 건축 역사를 공부할 때는 너무 오래된 과거의 건축, 그것도 서양 건축에 국한된 건축교육을 받았다. 물론, 전 세계 대부분의 건축양식과 건축기법이 서양 건축을 바탕으로 만들어졌기 때문에 서양 건축이 중요하긴 하지만, 각 나라별로 자신들의 환경과 생활습관에 맞게 형성된 건축양식이 있다. 그렇기 때문에 각 나라의 건축 역사에 대해 소개하고 싶었다. 첫 번째는 인도네시아 건축에 대한 글을 소개했다. 인도네시아의 역사와 현재, 그리고 미래 건축을 통해 그들의 건축을 살펴보는 시간이 될 것이다. 이후에도 아시아의 다른 나라들의 건축에 대한 이야기를 다루고자 한다. 이는 해당 나라와의 교류라는 목표도 있지만 그 나라의 건축 지식을 국내에 기록한다는 의미도 크다. 3개월 간 인도네시아의 과거, 현재, 미래의 건축에 대해 소개했는데, 이 코너에 대해 호평을 하는 사람들이 많았다. 물론, 교류라는 측면에서는 부족한 점이 많은 것은 사실이지만, 그들과 관계를 맺고 서로의 지식을 공유한다면 국내 건축가들도 충분히 해외에 알려질 수 있을 것이다. 또, 반대로 해외 건축가들이 한국 건축을 더욱 값지고 훌륭하게 보지 않을까라는 기대가 된다.

마실와이드의 운영

지금 마실와이드는 성장하고 있는 단계의 회사라고 생각된다. 그래서 늘 정신이 없고 바쁘다. 여유로운 시간은 사치라는 생각도 든다. 창업을 하고 사무실을 차리고 직원이 생기면 매달 고정비가 발생한다. 그렇기 때문에 지속적인 일이 있어야 한다. 하나의 프로젝트가 끝나면 다음 프로젝트를 만들어야 한다. 그래서 걱정이 끊이질 않는다. 창업을 해서 사무실을 운영한다는 것은 생각처럼 쉽지 않다. 예를 들어 지금 진행하는 프로젝트가 3개월 뒤에 끝난다고 해서 3개월 후에 또 새로운 프로젝트가 진행되는 것이 아니기 때문이다. 하나의 일이 끝나지 않았을 때 또 다른 일이 들어오면 직원도 바쁘고 대표인 나도 바쁘지만 그 일을 거부할 수 없다. 사업 초기 단계이고 신뢰 관계를 쌓아가야 하는 지금 거절한다는 것은 앞으로 특별한 일이 아니면 다시 보지 않겠다는 의미를 갖기도 하기 때문이다. 물론 과한 걱정이고 일을 잘하면 언제든지 다시 할 수 있는 일이라는 것은 알고 있다. 그렇지만 지금은 무리해서라도 주어진 일에 최선을 다하고 있다.

새로운 프로젝트의 제안이 들어오면 관련 프로젝트를 진행하는 담당자와 관리자가 함께 미팅을 진행한다. 들어온 제안에 대해 함께 이야기를 하는 것이다. 대표인 내가 일을 하자고 이야기하는 경우도 있고, 직원의 의견을 듣고 일을 미루는 경우도 있다.

우리 회사는 직원이 자산이다. 기계가 할 수 있는 일이 하나도 없기 때문이다. 일일이 대응해야 하고, 소통해야 하고, 기획해야 하는 일이 대부분이다. 업무가 많지만 무리하지 않으려고 한다. 과도한 업무 때문에 혹시라도 직원이 회사를 그만두게 되면 다른 사람을 뽑기도 어렵다. 업무의 연속성이 깨질 수 있기 때문이다. 사실 사업 초창기에는 직원 고용을 최대한 하지 않으려고 했다. 처음 1~2년 동안은 인턴제로 직원을 고용하거나 비슷한 일을 하는 사람들과 이야기하고 함께 일을 했었다. 직원이 생기면 고정비가 늘어나는데, 그에 대한 고민이 많았기 때문이다. 그러나 지금 마실와이드는 몇 명의 직원이 생겼다. 모든 직원은 모두 정규직으로 채용했기 때문에 고정비의 지출도 늘어났다. 처음에 비해 업무량도 많아졌고, 쉬는 시간도 많이 줄었다. 물론 최대한 직원이 정해진 시간에 퇴근할 수 있도록 일의 양을 조정하고 있다. 욕심이지만 마실와이드를 직원들이 계속 다니고 싶은 회사로, 외부 사람들이 오고 싶은 회사로 만드는 것이 개인적인 바람이다. 내가 다니고 싶지 않은 환경의 회사를 직원들에게 강요하고 싶지 않다. 작은 회사로써 대기업 수준의 복지를 제공하긴 어렵지만, 서로 돕는다면 직원들이 충분히 만족할 수 있는 회사가 될 것이라고 생각한다.

회사 운영은 보이지 않는 부분이 훨씬 많다. 결국 돈과 직원으로 운영되는 회사에서 생산성을 높이고, 직원들이 만족할 수 있는 업무 환경은 무엇인지 늘 고민하고 있다. 진행하는 업무를 잘 마무리하면 또 다른 일이 생길 것이라고 생각한다. 회사 운영은 생각보다 쉽지 않다. 직원들과의 관계, 클라이언트와의 관계, 업무를 처리하는 방식에 대한 문제까지 셀 수도 없다. 비용 부분도 마찬가지다. 사용하는 컴퓨터, 그 안의 프로그램 비용 등 직원을 한 명 고용하는 것 역시 수많은 고민이 생긴다. 지금 함께 일하는 마실와이드 직원들은 나의 대부분의 고민에 많이 공감하고 또 도와주고 있다. 작은 회사에서 함께 성장할 수 있도록 서로 격려하고 있기 때문에 앞으로의 우리는 더욱 나은 방향으로 발전할 것이라고 믿는다.

미래

사업을 이어가기 위해서는 우리가 주력하고 있는 한국건축, 그리고 전 세계의 건축 방향과 흐름에 대해서 끊임없이 연구하고 조사해야 한다. 한국건축, 그리고 한국의 미래 건축에 대해 이야기하는 것이 조심스럽다. 아직 배워야 할 것이 많고 제대로 된 시각을 갖기 위해 노력하고 있음에도 불구하고 여전히 지식에 목 마르고 독서량도 부족하다고 느끼기 때문이다.

그저 지금의 내 위치와 내가 운영하고 있는 마실와이드, 그리고 그 주변이 어떻게 변화할 것인가에 대한 추측으로 마실와이드를 이끌고 나아갈 뿐이다. 우리는 건축의 미래에 대한 고민을 많이 한다. 지금의 건축이 어떻게 변화할 것이며, 어떤 식으로 대응을 해야 될까에 대한 고민이다. 시간이 흐르는 속도와 시대가 변하는 속도는 과거와 다르게 상당히 빠르게 진행이 되고 있다. 또, 내가 알지 못하는 수많은 기술이 급속도로 발전을 거듭하고 있다. 이를 따라 가는 것이 급급한 현실이 되어 가고 있다. 따라가는 방향이 맞는지에 대한 단순한 검토조차 할 시간도 없이 다들 한 곳으로 흘러가고 있는 듯하다.

이러한 흐름 속에서 어느 방향으로 향할지에 대한 고민도 많다. 건축을 부동산으로 보는 것이 왜 나쁜지, 어떤 점이 문제인지 이유도 제대로 설명하지 못한다면 건축이 부동산이면 어떠하리라고 생각한다. 건축이 문화로서 값어치 있게 성장을 하려면 건축적 지식이 우리 생활에 유용하게 사용되는 알찬 지식이라는 것을 알아야 한다고 생각한다. 나아가 사람들이 교양으로 건축을 접해야 한다고 생각하지만 대부분의 사람들은 건축을 미술이나 음악 같은 교양으로 생각하지 않는다. 건축 자체를 전문적인 분야라고 생각하는 경향이 강하다. 지금의 건축은 많은 사람들이 친근하게 다가가기 어려운 학문이다. 대중성이 강한 건축이 되려면 가벼워야 하고 흔히 말하는 교양으로서의 지식을 공유해야 할 것이다. 우리가 건축 설계를 할 때 당연하게 생각하는 부분을 전공자가 아닌 사람들은 신기하게 받아들일 수 있기 때문이다. 이렇게 점차 확장된 지식과 다양한 건축용어가 일반 대중들에게 사용되어야 비소로 건축의 대중화가 이루어질 수 있을 것이라 생각한다.

마실와이드는 앞으로 두 가지의 목표를 갖고 사업을 꾸려나가려 한다. 쉽게 말해 돈을 벌 수 있는 일과 하고 싶은 일이다. 돈을 벌 수 있는 사업은 마실와이드의 캐시카우 역할을 할 것이다. 사업을 운영할 수 있게 하는 원동력이 되는 사업이다. 사업을 운영하는 많은 분들에게 조언을 들어보면 수익 구조를 최소 세 개는 만들어 놓아야 하나가 없어져도 본래의 사업이 무너지지 않는다는 이야기를 많이 해주신다.

건축만을 위해 고귀한 삶을 살고 회사를 운영할 생각은 없다. 그렇다고 돈 되는 모든 활동을 다 하려는 것은 아니다. 마실와이드가 할 수 있는 부분, 혹은 다른 영역일지라도 우리가 잘 할 수 있고 수익을 올릴 수 있다면 기꺼이 하고자 한다. 이러한 내용을 구체화해서 빠른 시일 내에 많은 사람들에게 마실와이드를 선보일 수 있는 기회가 마련되었으면 좋겠다.

Q1_ 연봉이 얼마인가요?

직원들의 연봉은 중소기업 수준으로 책정하고 있습니다.

Q2_ 직원들의 업무강도와 회사생활은 어떤지 궁금합니다.

직원들 모두가 일과시간에는 업무에 집중합니다. 출퇴근 시간을 정해두고 그 시간을 꼭 지키려고 합니다. 보통 9시 30분까지 출근을 하고 6시에 퇴근을 합니다. 한 달에 한두 번 정도 늦게 퇴근하는 일이 있지만, 그런 경우를 제외하고는 퇴근 시간 정시에 퇴근하는 편입니다. 가끔 건축행사에 참여하고 그 현장을 취재하기 위해 저녁·주말 행사에 참여하는 경우를 제외하고는 대부분 제시간에 퇴근합니다.

직원들이 대부분 비슷한 또래여서 자유로운 분위기에서 일하는 편입니다. 주말에는 무슨 일을 했는지, 좋아하는 연예인 이야기도 하고 새로 산 화장품 이야기도 하는 등, 소소한 이야기를 합니다. 업무 중에 커피를 마시거나 산책을 다녀오기도 합니다. 요즘에는 업무량이 조금 늘어 여유를 즐기는 시간이 줄어드는 것이 아쉽지만, 다들 밝게 일하는 편입니다. 대기업처럼 정해진 휴가는 없지만, 자신의 업무에 영향이 없다면 언제든 쉴 수 있습니다.

Q3_ 학창시절에 배운 '건축'을 많이 사용하고 계신가요?

건축학과가 5년제로 바뀌면서 대부분의 건축대학이 설계(Design) 위주로 수업을 진행하는 경우가 많습니다. 마실와이드의 업무는 대부분 건축적 지식을 바탕으로 건축물, 건축가, 건축문화를 정리하고 이해하고, 분석하는 일을 합니다. 이때 학교에서 배운 지식이 필수적으로 활용되기 때문에 건축전공이 아니라면 마실와이드의 업무를 진행하는데 조금의 어려움이 있습니다.

Q4_ 마실와이드의 수익 구조가 어떻게 되는지 궁금합니다.

사업을 시작하고 가장 많은 들었던 질문이기도 합니다. 건축 홍보의 경우, 건축가와 계약을 바탕으로 일정 비용을 받아 자료를 정리하고 홍보하는 일을 진행하고 있습니다. 그리고 출판, 기획의 업무에서 대부분의 회사 운영 비용을 충당하고 있습니다.

Q5_ 가장 많이 하는 업무는 무엇인가요?

마실와이드의 직원들은 각각의 업무가 있습니다. 직원별로 담당하는 업무는 다르지만, 전체 직원의 업무 시간으로 따지면 외부 회사와 소통하는 시간이 가장 많습니다. 해외 건축가나 매체에 메일을 주고 받는 업무가 가장 많습니다. 해외로부터 메일이 오면 내용을 검토하고 다시 답장을 보내면서 업무를 진행하고 있습니다. 해외 메일에는 특히 빠르고 정확하게 대응하면서 신뢰 관계를 쌓으려고 합니다. 처음에는 어려운 업무였지만 신뢰 관계를 바탕으로 지금은 수월하게 진행하고 있습니다.

디자이너는 디자인을, 에디터는 글을 쓰고 취재하는 일을, 홍보 담당자는 홍보하는 일을 진행하고 있지만 대부분의 일을 서로 공유하고 도와가며 일하고 있습니다.

Q6_ 지금까지의 마실와이드에 대한 개인의 평가는 어떤지요?

창업 초기부터 지금까지 도와주신 주변 분들에게 항상 감사하게 생각하고 있습니다. 주변 분들의 도움이 없었다면 지금의 마실와이드는 없었을 것입니다. 요즘은 매일 성장하고 발전하고 있다는 생각이 듭니다. 앞으로도 지금에 만족하기 않고 정체되지 않도록 계속 성장하고 발전하는 마실와이드가 되길 바랍니다.

Q7_ 어떤 회사를 꿈꾸는지 알고 싶습니다.

겉이 멋진 회사보다 속이 알찬 회사를 꿈꾸고 있습니다. 남들이 보기에 화려하고 멋진 회사여도 내부 직원이 힘들고 퇴사율이 높은 회사가 되고 싶진 않습니다. 혹시라도 개인적인 이유로 마실와이드를 떠나더라도 회사를 욕하지 않고 좋은 기억이 많이 있었던 회사였다는 이야기를 듣고 싶습니다.

Q8_ 가장 기억에 남는 일?

한 건축사무소와 첫 계약 때의 일이 기억에 남습니다. 건축 행사에서 만난 건축가에게 마실와이드를 소개했는데 사무실로 한 번 와서 미팅을 하자는 이야기에 사무실로 찾아간 적이 있습니다. 그리고 마실와이드의 사업에 대한 이야기를 듣자마자 바로 계약하자는 이야기를 하셨습니다. 계약서나 다른 서류를 준비해가지 않았는데 바로 계약을 하자고 해서 의아했었습니다. 이후 그 사무실에서 저녁 시간에 미팅을 하자고 해서 찾아갔더니 5분 정도 이야기를 듣고는 저녁을 먹으러 가자고 하셨습니다. 식당으로 자리를 옮긴 뒤, 마실와이드 사업에 대한 비용이 얼마냐고 물어서 비용을 제시했습니다. 우리가 제시한 비용을 듣고는 "그럼 거기에 별도의 비용 추가로 얹어서 OOO원에 계약을 합시다. 됐죠?

그럼 이제 계약 이야기 말고 술 먹읍시다."라고 했습니다. 그리고는 바로 다음 날 계약이 성사되었습니다. 우리의 조건이나 사업 내용보다는 우리의 진정성에 신뢰를 느꼈다고 했습니다. 그런 일이 가장 기억에 남습니다.

Q9_ 앞으로의 계획은 어떻게 되는지?

당장의 성장만을 위해 무리해서 직원 수를 늘리지 않는 것입니다. 지금 마실와이드에 있는 직원으로 새로운 일이 들어왔을 때 그 일을 처리할 수 있는 충분한 내실을 갖추고 싶습니다. 장기적으로 보면 직원 1인당 생산율을 높이는 것이 앞으로의 가장 큰 목표입니다. 또, 앞서 이야기했듯 계획하고 있는 수많은 비즈니스 사업 모델들을 구체화시키고 실행할 수 있는 회사가 되었으면 좋겠습니다.

Q10_ 건축을 공부하는 후배들에게 하고 싶은 이야기가 있다면?

다른 분야에도 두루 관심이 있어야 한다고 생각합니다. 쉽게 말해서 설계에 모든 것을 쏟지 않았으면 좋겠습니다. 그렇다고 해서 설계 수업을 대충 듣고 무시하라는 것이 아니라, 균형이 필요하다는 것입니다. 설계 수업에 올인하다 보면 설계 이외에는 아무것도 모르는 사람이 되기 쉽습니다. 건축설계가 아닌 건축이라는 학문 자체를 이해하고 지식을 쌓아야 나중에 다른 일을 하더라도 적응하는데 문제가 없을 것입니다. 건축이라는 프로세스를 익힌 사람이라면 어떤 일이든지 충분히 잘 할 수 있다고 생각합니다. 기획부터 사례조사, 주변조사를 통해 실제 실행까지의 과정을 익히는 학문은 드물고, 자신의 의견을 발표하고 피드백을 통해 의견을 개선하는 수업 진행 방식을 익히는 학문은 더더욱 드뭅니다. 건축을 통해 자기 생각을 표현하는 방법을 배운다고 생각합니다. 설계 때문에 밤새지 말고, 설계 수업 때에도 숨어서 부족한 잠을 자는 것이 아니라, 다른 사람들의 의견과 발표 방식을 보면서 통찰력을 기르는 것이 중요하다고 생각합니다. 낮에 할 일을 밤에 하지 말고 해야 할 일은 낮에 하고 밤엔 자는 게 제일 좋습니다. 졸업하고 회사에 취직하는 순간부터는 야근도 싫어하고 철야도 싫어할 거면서 왜 학교에서는 밤에 설계가 잘 된다는 이상한 논리로 밤을 새는지……. 다들 화이팅!

건축 콘텐츠 연구소

건축 솔루션 개발

한기준

건축 IT 기업의 시작

약 10여 년 전, 건축에 BIM(Building Information Modeling)의 개념이 본격적으로 도입되었다. 이는 단순히 새로운 모델링 툴이 도입되는 차원이 아니었다. 마치 스마트폰의 개발과 같이 획기적인 것이었다. 현재 BIM은 건축설계와 시공 전반에 걸쳐 큰 역할을 하고 있다. BIM의 개입은 작업시간을 줄이고, 보다 나은 대안을 즉각 보여주고, 건축물의 생애주기 전반에 걸쳐 관여한다.

BIM의 도입 이후, 건축 분야에 IT기술이 공격적으로 도입되었다. 대표적인 사례로 3D 프린팅(3D Printing)과 VR(Virtual Reality, 가상현실)을 들 수 있다. 사실 '건축'이 문화, 디자인, 시공, 관리 등을 포함하는 폭넓은 개념이기 때문에 IT기술을 접목할 부분이 많이 있다. 드론(Drone), IoT(Internet of Things, 사물인터넷), 빅 데이터(Big Data) 등이 그 예이다. 건축은 IT기술로 언제든 스마트해질 수 있다.

건축콘텐츠연구소 디지트는 이런 다양한 IT기술을 접목하여 건축을 스마트하게 만든다. IT기술은 건축 디자인 과정, 시공 과정, 사용자 경험 등에 관여할 수 있다.

건축 IT 기업을 꿈꾸며

건축에는 다양한 분야의 기업들이 있다. 건축설계, 시공, 데이터베이스 관리, 자재, 유통, 문화재 유지보수 등 건축학과를 졸업하면 다방면의 취업 길이 열린다. 건축이 할 수 있는 일의 범위가 넓기 때문에 다양한 일을 할 수 있는 것이다. 건축학과를 다니면서 건축 디자인만을 배웠다고 생각하면 오산이다. 건축학과를 다니면서 상대방(클라이언트)에게 자신의 의견을 합리적으로 이야기할 수 있는 설득력, 자신의 생각을 구체적인 형태로 만들어서 서술할 수 있는 표현력, 있던 것을 개선하거나 없던 것을 새롭게 만들어서 문제를 해결하는 해

코엑스 전시에서 선보인 문화재 안전관리 시뮬레이터_
기판 설계 및 3D 프린팅을 이용해서 하드웨어 키트를 제작했다.

결력 등 다방면의 능력을 배운다. 필자는 건축 디자인 자체에는 크게 뜻이 없었고 어떤 일이든 논리적으로 문제를 해결하는 데에 흥미가 있었다. 아마 고등학생 때 수학문제 푸는 것을 좋아했던 것 또한 이러한 이유였을 것이다. 전역 후 2학년 때에 처음 접한 프로그래밍이 놀랍도록 논리적이고 인간적이라는 것을 알게 되었고, 소프트웨어에 빠져 지냈던 3학년 때에는 프로그래밍으로 많은 문제들을 해결할 수 있다는 걸 알게 되었다. 4학년 2학기 때 프로그래밍으로 '건축 문화'를, 크게는 '세상'을 바꾸어 보자는 생각으로 창업을 결심하게 되었다.

건축 분야만 하더라도 프로그래밍으로 해결할 수 있는 일들이 정말 많다. 많은 사람들이 알고 있는 라이노의 플러그인 그래스호퍼(Grasshopper)는 한 번 작성한 알고리즘으로 반복되는 작업 과정을 대체할 수 있는데, 이 또한 '시간과 노력이 많이 소비되는 문제'를 해결한 셈이다. 필자가 창업한 기업인 디지트는 라이노, 그래스호퍼 교육으로 시작되었기 때문에 그 외의 프로그래밍은 안할 것이라 생각하는 경우가 많지만, C#, JAVA, C++, Python, PHP 등의 다양한 프로그래밍 언어를 이용해서 개발을 하고 있다.

프로그래밍은 컴퓨터가 이해할 수 있는 언어와 문장구조를 조합하여 명령을 내리는 방식이기 때문에, 사람이 쉽게 할 수 없는 일들을 빠르고 정확하게 해낼 수 있다. 그동안 디지트에서 했던 프로젝트들을 배경으로 생각해 보면 시뮬레이션과 반복 작업, 최적화 세 가지로 구분할 수 있다. 세 가지 프로젝트를 예로 설명하려 한다.

1) 시뮬레이션 / 문화재 안전관리 시뮬레이터 개발 프로젝트

본 프로젝트는 디지트에서 했었던 초창기 프로젝트 중 하나이다. 국가종합정보조달, 나라장터를 통해서 프로젝트를 진행해 본 좋은 경험이었다. 프로젝트 이름에서 파악할 수 있듯이 문화재의 안전관리를 위한 소프트웨어와 하드웨어 키트(Kit)을 만드는 프로젝트였다. 문화재의 기둥 부분에 설치된 하드웨어 키트는 문화재의 기울어짐과 움직임을 실시간으로 기록한 후 어플리케이션을 설치한 사용자에게 데이터를 알려주고 시각화한다. 데이터 통신에 대한 이해와 실시간 데이터 시각화, 기판 설계 및 조립 등 다양한 능력을 요구하는 프로젝트였는데, 디지트에서 개발업무를 맡고 있는 황일현과 함께 진행하여 잘 마무리하였다.

물리 키트를 이용한 시뮬레이션 외에도 빛 환경 시뮬레이션, 뷰(View) 시뮬레이션, 구조 시뮬레이션, 동선 시뮬레이션 등의 프로젝트도 진행한다.

2) 반복 작업 / 지형 자동생성 프로그램 개발 프로젝트

설계사무소에서 CAD 프로그램을 사용할 때, 반복되는 작업을 상당히 많이 한다. 반복작업으로 귀중한 시간과 인력이 소비되는 문제를 프로그래밍으로 해결해 나간다면 설계사무소의 근무 환경이 더욱 좋아질 것이다. 지형 자동생

지형생성 프로그램을 이용해서 제작한 강남 교보문고 일대와
반포자이아파트 일대

성 프로그램 개발 프로젝트는 설계사무소 직원들의 근무 환경 개선 프로젝트 중 하나로, 2017년 10월인 지금은 아직은 베타테스트 단계이다. 지형과 주변 매스를 빠르고 손쉽게 만들 수는 없을까 하는 생각에 시작된 프로젝트이다.

해외의 지형은 오픈스트리트맵(https://www.openstreetmap.org/)에 주변매스와 함께 상세히 표현되어 있다. 트윈모션이나 그래스호퍼 등의 툴을 이용해서 오픈스트리트맵 데이터를 3D 모델링 프로그램으로 불러올 수도 있다. 오픈스트리트맵은 마치 위키피디아처럼 개방형 라이센스이기 때문에 사용자들이 직접 편집에 참여할 수 있다. 아쉽게도 우리나라의 경우엔 오픈스트리트맵 자체가 많이 알려져 있지 않기 때문에 제작된 지도가 부족하다. 대신 브이월드(http://map.vworld.kr)를 통해서는 우리나라를 제법 상세하게 볼 수 있다.

아직은 라이노 플러그인 형태로 개발 중에 있지만, 디지트와 뜻이 맞는 기업이나 기관과 함께 웹으로도 개발하고 싶다는 생각을 한다. 만약 본 프로그램이 소프트웨어의 플러그인 형태가 아니라 웹 기반으로 개발된다면, 건축가 뿐 아니라 수많은 사람들이 다양한 목적을 갖고 사용하게 될 것이며, '건축문화'를 개선하고자 하는 디지트의 뜻과도 일맥상통할 것이다. 만약 정말로 웹

버전의 지형생성 서비스가 가능해진다면 실속있는 가격으로 건축계 종사자들에게 제공하고 싶다.

3) 최적화 / 창원마산야구장 C-Value 분석 및 시각화 프로젝트

최적화는 프로그래밍을 통해 컴퓨터의 도움을 받아야만 진행할 수 있다. 수많은 경우의 수에 따른 결과들을 모니터링하며 사용자가 원하는 값인 최적의 상태를 추출해내는 과정이 필요하기 때문이다. 만약 컴퓨터가 가치판단을 한다면 사용자가 원하는 값이 어떤 것인지 정확하게 파악하고 대안을 제시할 수 있는데, 이것이 바로 인공지능의 근간이 되는 개념이다.

인공지능까지는 아니더라도 사용자가 판단을 할 수 있게 입력값에 따른 결과물들을 나열하여 보여주는 것이 최적화이다. 필자가 사용하는 유전 알고리즘(Genetic Algorithm)은 자연세계의 진화과정에 기초한 계산 모델로, 사양이 높지 않은 일반 PC에서도 쉽게 작동한다. 창원마산야구장의 C-Value 분석 및 시각화 프로젝트의 경우가 유전 알고리즘을 이용한 최적화를 사용하기에 적합한 경우였다. C-Value는 경기장의 각 좌석에 앉은 사용자가 경기를 볼 때에 얼마나 쾌적한 뷰(View)를 갖고 있는지를 숫자로 나타낸 값이다. C-Value 값이 크면 클수록 앞 사람의 머리에 의해 가려지는 부분이 적어 쾌적한 뷰를 확보했다고 판단한다. 좌석 하나를 선택했을 때엔 C-Value 값을 손쉽게 계산할 수 있겠지만, 좌석 폭, 계단 높이, 배치 방법에 따라 수만 개의 좌석을 모두 계산할 수는 없을 것이다. 게다가 만약 이를 일일이 계산한다고 해도, 대다수의 좌석들이 높은 C-Value를 획득하기 위한 최적의 인자들의 값 또한 찾아내기 힘들다.

발주처에서 이를 활용하여 다양한 인자들을 결정할 수 있도록 그래스호퍼와 약간의 C# 코딩을 이용해서 C-Value를 분석하고 시각화하는 알고리

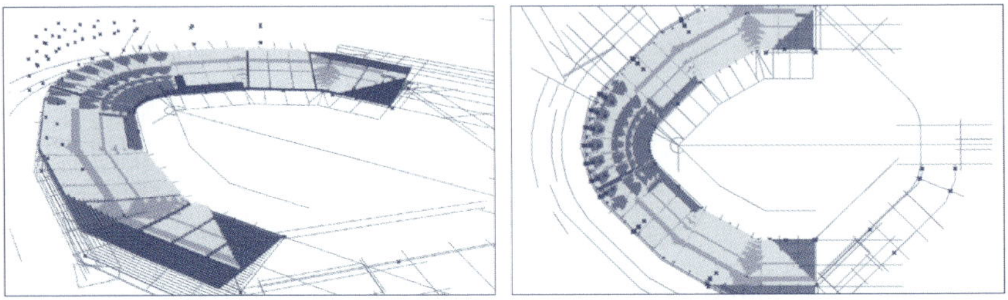

창원마산야구장의 시각화된 C-Value 데이터

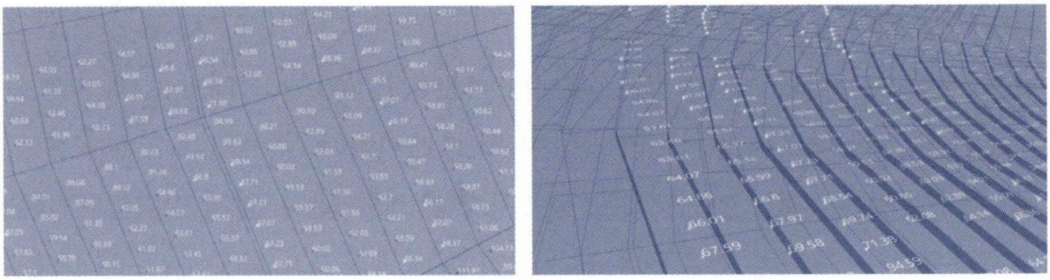

좌석별 C-Value 데이터, C-Value는 3D 형태로 분석해야 한다

즘을 작성하였다.

휴학에서 창업까지

2014년 6월, 필자는 홍익대학교 학생으로서 마지막 프로젝트인 졸업전시를 마치고, 졸업까지는 한 학기 남은 상황이었다. 항상 마음 한 구석에는 '학생일 때 무슨 일을 이루고 싶다'라는 어린 생각이 있었다. 휴학을 하고 마지막 남은 1년의 기간을 어떤 일이든 하면서 보내기로 생각했다. 무언가 재밌는 일들이 기다리고 있다는 생각에 두 번 생각할 것 없이 휴학을 하였다.

보통 휴학을 취업 준비의 기간으로 생각하는 학생들이 많다. 휴학(休學)의 한자를 살펴보면 '쉴:휴'에 '배울:학'이다. 배움을 잠시 쉬는 시간인 것이다. 필자는 휴학을 하자마자 여러 가지 잡다한 생각은 잠시 접어두고 몇 달을 돌아다니면서 놀기 시작했다.

사실 아무 목표 없이 놀러 다닌 것은 아니었다. 졸업하기 전까지는 '내가 좋아하는 것'과 '내가 잘하는 것'을 하나씩은 알아내고 싶었다. '내가 잘하는 것'으로 돈을 벌고, '내가 좋아하는 것'에 소비를 하면 후회없는 재미있는 인생이 될 것이라는 확신이 있었다. 졸업 설계 프로젝트 전까지는 이런저런 일들이 많아서 이에 대해서 생각할 시간이 없었다. 휴학을 해서는 친숙하지만은 않은, 약간은 어색할 수 있는 카페나 공원 등의 공간을 찾아다니면서 사색의 시간을 가졌다. 참고로 이 때 알게 된 카페들만 줄 세워 본다면 200여 곳은 될 것이다. 많은 생각들을 정리해 보니 '내가 좋아하는 것'은 '내가 좋아하는 사람들과 함께 일하는 것'이었다.

2014년 10월, 학생들은 한창 학교에서 중간고사를 볼 즈음에 나는 직장에 다니거나 창업을 한 선배들을 찾아다니기 시작했다. 나보다는 적어도 3년은 먼저 일을 시작한 그들의 이야기를 듣고 싶었다. 물론 무작정 찾아가서 만나달라고 하지는 않았다. 선배님들이 쓰기 좋은 자료들을 USB드라이버에 한데 모아서 찾아갈 때마다 드렸다. 당시 운영하고 있는, 지금의 사업자 상호와 동일한 디지트라는 네이버 카페에 업로드 했었던 자료들이었다. 물론 그 당시 자료를 만들어 내는 데에는 많은 시간과 노력이 소비되었지만, 자문비로 생각하니 자료 공유에 대해서는 일말의 아쉬움도 없었다.

선배들에게 들은 이야기는 생각보다 충격적이었다. '학교에서 배운 걸 백 퍼센트 활용할 수 있어서 좋다'라든지 '매일 출근하는 시간이 기다려져서 일요일에 잠이 안 온다' 등의 이야기는 물론이고, 내가 찾아다니는 해답인 '좋아하는 사람들과 함께 일을 하고 있다'라는 이야기를 들을 수 없었다.

실장이나 부장급 선배들의 생각도 많이 다르지는 않았다. 직급이 올라감에 따라 직접하는 업무의 양은 줄어드는 대신, 관리하는 업무의 양은 늘어

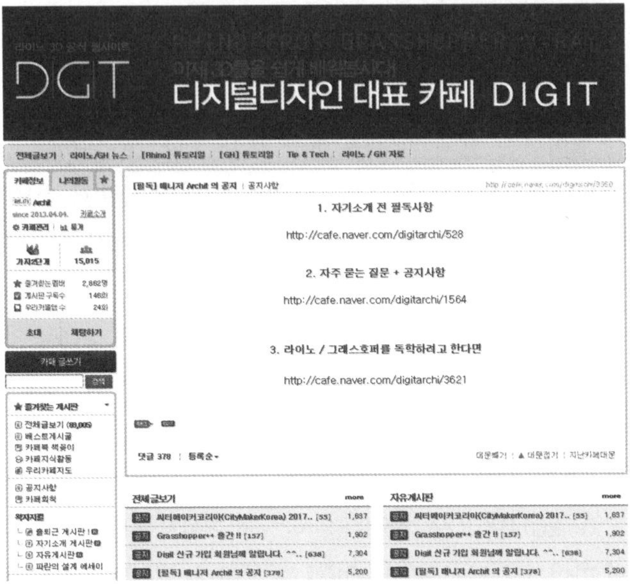

2013년 3월에 시작한 네이버 카페 디지트는 현재 약 15,000명의 회원들이 가입되어있다.

나니 사람에 대한 스트레스가 갈수록 심해진다는 이야기만 들었다. 중규모 이상의 사무실에서는 어느 정도 내가 원하는 직무를 찾아볼 수 있었지만, 어디든지 '내가 하는 사람들과 일하는 곳'은 없었다. 구글이나 페이스북, 마이크로소프트 등의 세계적인 기업도 이는 마찬가지일 것이라 생각되었다. 내가 누구랑 일을 하게 될지는 인사담당자나 회사 대표만이 정할 수 있던 것이다. 그렇게 나는 '취업'이 아닌 길을 걷기로 결심했다.

2014년 12월, 디지트라는 이름의 개인사업자를 냈다. 처음 맡게 된 모바일 어플리케이션 제작 업무를 수행하기 위해서는 사업자등록을 해야 한다는 이유도 있었다. 당시 같은 설계 스튜디오에서 함께 공부하던 황일현과 함께 디지트를 이끌어 나가기로 생각했다.

거창한 꿈을 꾸다

디지트를 처음 만들었을 때에 "연결 가능한 생각들(The Linkable Ideas)"이라는 비전과 "문화를 바꾸는 기술"이라는 미션을 정했다. 사회가 고도화됨에 따라서 앞으로는 더욱 혼자 할 수 있는 일이 없어질 것이라 생각했다. 모든 일들의 속도가 빨라지면서 혼자 모든 일을 완수하는 '아이언 맨'의 등장은 힘들 것이라 생각했다.

원하는 사람들과 천천히 무언가를 만들어 갈 생각에 비전을 '연결 가능한 생각들'이라 정한 것이다. 그리고 기업의 존재 이유를 '문화를 바꾸는 기술'이라 정한 이유는 생각보다 단순하다. 앞으로도 나와 같이 선배들에게 궁금한 것이 많은 건축학과 후배들이 양성될 것인데, 그 때 선배들이 '건축학과를 선택한 것은 후회하지 않는다'든지 '내가 지금 하고 있는 업무에 너무 즐겁다' 등의 이야기를 해줬으면 좋겠다고 생각했다. 그러기 위해서 한두 개의 회사만 바뀌어서 되는 일은 아니었다. 한 사회의 개인이나 인간 집단이 자연을 변화시켜 온 물질적, 정신적 과정의 산물인 문화(Culture)를 바꾸어야 했다.

건축에서의 문화가 바뀌었을 때엔 자연스럽게 디지트가 행할 수 있는 힘도 생길 것이다. 사업을 3년 넘게 운영하고 있는 이 상황에서 디지트로 인해서 건축 문화가 확실히 개선되었느냐고 물어본다면 쉽게 그렇다고 대답할 순 없다. 하지만 3년 전에 비해서 많은 부분들이 변화하였다는 데에 일조했다고 자신있게 말할 수 있다.

큰 변화는 작은 일에서부터 시작할 수 있다는 생각으로 지금도 디지트를 이끌어 나가고 있다.

사업에서 돈이란

'어떤 일을 일정한 목적과 계획을 가지고 짜임새 있게 지속적으로 경영하는

격월로 세미나를 주최하여
좋은 정보를 공유하기도 한다.

일'을 사업이라고 한다. 많은 사람들이 목적과 계획을 갖고 어떤 일을 하기 때문에 누구든 사실 '사업'을 한다고 쉽게 말할 수 있다. 하지만 여기서 가장 중요한 단어는 '지속적으로'이다. 사업이라는 단어에는 그 자체적으로 '지속가능성'이라는 속성이 내포되어있다. 사업이 지속적이려면 돈을 벌어야한다. 생산 수단의 사유제 아래에서 상품생산이 행해지는 경제 체제인 자본주의 체제에서의 돈은 사회에 필요한 서비스나 재화를 제공한 노력의 산물 혹은 사업의 규모를 판단하는 지표 정도로 볼 수 있다. 어떤 사업을 하든 돈을 벌 수 있어야 그 사업에 '지속가능성'이 있다고 할 수 있다.

'문화를 바꾸는 기술'이라는 미션을 갖고 사업을 운영하는 입장에서, 항상 달콤한 꿈만 꾸고는 살 수는 없다. 서비스나 재화를 돈으로 만드는 능력을 가진 사람이 대표이다. 사업 초기 자금이 없었던 터라 다른 친구들에 비해서 조금은 잘했던 프로그램 능력을 갖고 돈을 벌고자 교육을 다니기 시작했다. 공교롭게도 약간의 사업 자금을 마련하고자 시작했었던 교육이 지금은 큰 사업의 한 축이 되었다.

무료로 모임을 만들어서 건축 프로그램을 알려주기도 했고, 두 달에 한

번씩은 세미나를 개최해 건축학과 학생들에게 좋은 정보들을 제공하기도 했다. 좋은 정보들은 하나씩 게시물로 만들어 운영하고 있었던 네이버 카페 디지트에도 업로드했다. 좋은 정보들을 공유받고 싶어하는 친구들은 자연스럽게 카페에 모이게 되었다. 50여 명으로 시작되었던 카페 디지트는 약 15,000여 명의 회원들이 가입하게 되었다.

자금이 조금씩 모이니 컴퓨터와 모니터 등 사무실 운영에 필요한 기자재들을 사기 시작했다. 2016년 2월에는 합정역에 사무실을 얻어 마실와이드를 비롯한 건축 스타트업 대표들과 함께 셰어 오피스인 스튜디오0535를 만들게 되었다.

일은 어떻게 들어올까?

디지트는 소프트웨어 개발, 교육으로 서비스를 제공하는 업체이다. 당연히 클라이언트가 있어야 사업에 필요한 자금을 마련할 수가 있다. 자본금이 없을 때에, 클라이언트로부터의 일도 끊어지게 된다면 사업을 지속할 수가 없어 무너질 수 있다. 사업을 운영하는 데 바쁘지 않다는 것은 식물을 키울 때에 물이 없다는 것과 마찬가지다. 사업자등록을 한다고 해서 세상 모든 사람들이 이를 알아주고 일을 몰아주지 않는다.

필자는 생각보다 쉬운 방법으로 일을 받게 되었다. 필자가 운영하고 있던, 건축 프로그램 교육영상과 정보가 많기 때문에 많은 회원 수를 확보하고 있었던 네이버 카페 디지트가 큰 역할을 하였다. 디지트에서 주최했었던 세미나나 워크숍에 건축학과 학생들 뿐 아니라 기업의 중역들이 종종 참여했었는데, 그들이 많은 프로젝트들을 전달해 주기 시작했다. 디지트에서 수행하는 일의 대부분은 당연히 건축과 관련된 프로젝트들이었다. 다른 분야도 마찬가지겠지만, 건축은 그 어느 분야보다도 좁고 명확하다. 프로젝트 규모가 어떻든지 간에 처음부터 끝까지 차근차근 처리하기 시작했고, 문제가 생기면 즉각적으로 알려 어떻게든 해결을 했다. 클라이언트의 일을 처음부터 끝까지 명확하게 처리하여 전달하면, 추후 다른 프로젝트 추진에 관해서 다시 연락이 올 수도 있다. 또는 그들에게 누가 업무 요청을 하면 디지트를 소개시켜 주기도 한다. 덕분에 3년이 넘는 사업 운영 중에, 대부분의 프로젝트들은 한 번 이상 업무를 같이 했었던 지인들의 소개로 진행되고 있다.

사업을 진행하는 데 가장 중요한 것은?

사업 아이템이나 홍보 방안은 사업을 진행하는 데에 있어서 가장 기초적인 부분이다. 필자가 생각하는 사업에 있어서 가장 중요한 요소는 사람이다. 기업은 이윤 추구와 사회적 책임이라는 두 가지 목적을 이룩하면서 존재한다. 만약 둘의 균형이 맞지 않는다면 건강하고 윤리적인 기업이라고 보기 힘들다. 하지만 그 전에 기업은 사람들이 모여서 구성되었다는 것을 잊으면 안 된다. 건강하고 윤리적인 기업을 만들기 위해서는 그 기업을 구성하고 있는 구성원(사람) 하나하나가 중요하다.

디지트는 인터뷰나 미팅을 통해서 미션과 비전을 공유할 수 있는 사람들과 함께 기업을 만들어갔다. 큰 규모의 기업이 아니기 때문의 개인이 업무 방향 설정이나 출퇴근 시각 등의 기본적인 사항부터 기업 문화까지 만들어갈 수 있다. 디지트에서 업무를 진행하고 스케줄을 잡는 시스템은 이성령 과장님이, 기업 문화는 박상근 팀장님이 많은 영향을 주어 만들어졌다. 이성령 과장님은 현재 다른 기업으로 이직하였고, 박상근 팀장은 현재 디지트 대표인 필자와 '크리에이터를 위한 교육 플랫폼, 렉터스(Lectus)'의 공동대표이다. 디지트는 임직원 수가 5명 남짓의 조그만 기업이기 때문에 서로 불편한 관계에 있는 사람들이 모여 있을 수 없다. 한 명 한 명 인원을 뽑을 때마다 같이 일하는 친구들의 의견을 묻고 결정한다. 같이 일하는 사람이 디지트의 많은 부분을 바꿀 수 있을 만큼 중요하기 때문이다.

미팅을 추진하고, 프로젝트를 수행하고, 이메일을 전송하는 일 등 전체 프로세스는 디지트 구성원이 한다. 인원 한 명 한 명이 소중하고 조직 내에서 큰 역할을 하게 된다. 이는 비단 조그만 기업에서만의 이야기가 아니다. 사람이 있는 기업에서는 통용되는 개념이다.

디지트 대표의 업무

프로젝트의 대부분은 디지트 구성원들이 수행한다. 그렇다고 해서 대표가 개발이나 교육을 할 역량이 안 된다는 것은 아니다. 대표는 당연히 모든 일을 독자적으로도 수행할 수 있다. 대표가 혼자서 처리하지 못하는 일은 들어왔다고 하더라도 진행하기가 힘들다. 다만 대표가 컴퓨터 앞에 앉아서 프로젝트를 수행하는 데에 많은 시간을 소비한다면 회사 운영을 하는 데 차질이 많이 생긴다. 필자는 대부분 미팅을 하고 주간 업무 진행상황(구글 스프레드 시트로 구현했다)을 보고 막히는 부분이 없도록 모니터링 한다.

스타크래프트(게임)에서는 파일런을 제때 만들지 않으면 인구가 막혀 더 이상 유닛을 생산할 수 없게 된다. 대표가 하는 역할은 업무가 잘 흘러갈 수 있도록 파일런을 짓는 것이다. 그동안 진행했던 프로젝트들은 다음과 같은 프로세스를 거쳐서 진행되었다.

1) 1차 업무미팅 (개발 방향 설정)

어떠한 일이 시작되기 위해서는 오프라인(현장)에서 미팅을 추진해야 한다. 네이버 카페를 통해서, 또는 지인을 통해서 일을 소개받기 때문에 문자나 전화로 업무를 부탁받을 때가 많다. 전화 통화가 되었다면 일단 일을 시작할 준비가 된 것이다. 다만, 전화만으로는 일이 시작되기는 쉽지 않다. 보통 일을 만들어 낸 클라이언트의 입장에서도 추상적인 생각만 있을 뿐 구체적으로 생각하고 연락하는 경우는 많이 없다. 연락이 처음 오면 개략적인 자료들을 모아서 반드시 한번은 오프라인 미팅을 추진한다.

미팅은 추상적이었던 클라이언트의 생각을 구체적으로 만들어 줌과 동시에 필자도 개발 방향을 설정할 수 있는 귀중한 시간이 된다.

2) 기술검토

디지트는 무슨 일이든 모두 받아서 일을 무리하게 진행하지 않는다. 주 업무는 소프트웨어 개발이기 때문에, 지금 있는 개발 능력으로는 어느 정도까지 가능한지 클라이언트에게 알려주어야 한다. 또한 클라이언트가 원하는 개발 범위를 정확히 파악한 후 다른 대안도 제시한다.

3) 2차 업무 미팅 (개발 범위 파악)

기술검토가 완료되면 2차 미팅으로 정확한 개발 범위를 파악한다. R&R(Roles & Responsibility)이 이 때 명확하게 정해진다. 2차 업무 미팅이 끝나면 나머지 문서 업무를 진행한다.

4) 계약

상호 합의된 규모로 견적이 정해지면, 계약을 진행한다. 이 때를 본격적인 프로젝트 진입 시기로 볼 수 있다. 계약서에 서명을 하는 순간 법적인 효력도 생기면서 상호 약속된 대로 프로젝트가 진행된다.

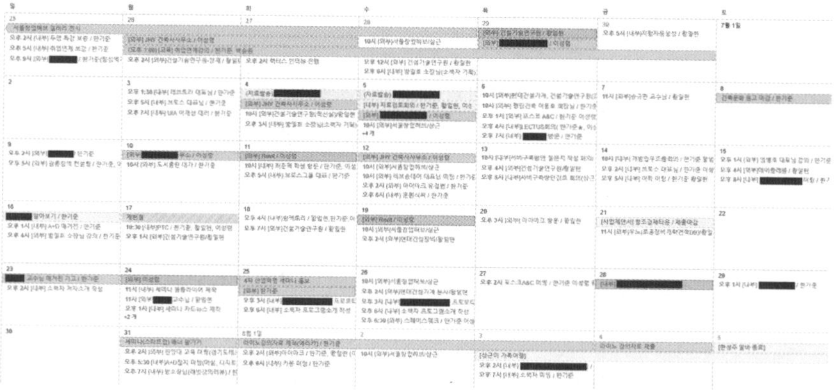

규모가 작은 기업이라고 해서 한가한 것은 아니다.
그 달의 스케쥴은 그전 달에 가득 차게 된다.

5) 프로젝트 진행

계약 종료일까지의 계획을 주별, 분기별로 상세하게 작성한다. 소프트웨어 개발을 하다 보면 종종 막히는 부분이 생기기도 하는데, 이때 차선책을 미리미리 만들어 놓지 않으면 일정에 차질이 생겨 굉장히 난감한 상황이 발생한다. 적어도 2주 전까지의 업무를 파악하면서 차선책들 또한 모두 마련해 놓아야 프로젝트를 수행하는 데 있어서 문제가 생기지 않는다.

6) (내부) 중간검토

디지트에서 아주 짧은 회의는 스탠딩 테이블에서 하고, 소모적인 회의는 절대 하지 않는다. 회의를 하기 위한 자료를 만드는 것 또한 하지 않는다. 다만 매주 금요일 오후 4시는 모든 프로젝트들의 현재 상황을 파악할 수 있는 전체 회의 시간이다. 이 때에 금주의 프로젝트 진행 상황에 대해서 이야기하고, 다음 주 하게 될 진행 상황에 대해서 이야기하게 된다. 이 때 구성원 각자 다음 주 해야 할 역할이 상세하고 구체적으로 정해진다.

7) 납품 및 계약 종료

디지트에서의 개발 프로젝트의 결과물은 소프트웨어가 많기 때문에 자료 전달만 하고 계약이 종료될 수 있다. 하지만 납품을 하고 계약을 종료한 후에 클라이언트를 꼭 한번 다시 만난다. 계약기간 동안 불편했던 점이나 아쉬웠던 점은 없었는지 등을 솔직하게 들을 수 있는 기회이다. 그 중 쓴소리는 디지트가 좀 더 멋진 기업이 될 수 있는 좋은 재료가 되기도 한다.

창업을 할 때에 필요한 것과 필요 없는 것은?

누구나 창업은 할 수 있다. 일이 일찍 끝난다면 빨리 퇴근해도 뭐라 할 사람이 없다. 금융 업무를 보기 위해서 붐비지 않는 시각에 은행으로 향할 수 있다. 항상 줄이 길어서 쉽게 갈 수 없었던 유명한 맛집을 약간 늦은 시각에 가서 한적하게 즐길 수도 있다. 출퇴근 시간의 교통 체증이 싫다면 조금 늦게 출근하거나 일찍 퇴근하면 된다. 이러한 좋은 점들은 많은 사람들을 창업으로 이끈다. '지속가능한' 상태만 만들어진다면 원하는 일을 하면서 원하는 사람들과 일할 수 있다. 위와 같은 좋은 점들과 함께 말이다.

다만 누구나 쉽게 창업을 할 수 있지만, 지속가능한 상태를 유지하기가 힘들다. 창업을 해서 사업을 이끌어 나갈 때에 필요한 것과 그렇지 않은 것들을 나열하면서 본문을 끝내고자 한다.

필요한 것 하나, 친화력

사업은 사람과 사람 간의 만남에서 시작된다. 만약 처음 본 사람과 만나서 말하는 자리가 불편하다면 프로젝트 진행 여부와 관계없이 다음 미팅이 기다려지지 않을 것이다. 그런 사람이라면, 다음 미팅 날짜가 정해졌을 때 반갑다기보다는 불편해서 빨리 미팅이 끝나면 좋겠다는 생각만 들 것이다. 활발한 사람,

소극적인 사람, 잘 웃는 사람 등 다양한 클라이언트들을 만나게 될 것인데, 이에 거부감 없이 사람 자체와 함께하는 것을 좋아하는 사람들은 사업을 이끌어 나갈 기본적인 자질이 있다고 생각된다.

필요한 것 둘, 최소한의 기술력과 관심

기술력은 '뾰족한 수'라고 말할 수 있다. 필자의 회사인 디지트처럼 기술 기반으로 움직이는 기업에게 '최소한의 기술력'은 필수이다. 운영하려는 기업의 기술력은 대표의 관심사이기도 해야 한다. '즐기는 사람은 노력하는 사람도 이길 수 없다'는 말도 있지 않은가? 어떤 분야에 본인이 즐길 거리가 있다면 그 분야의 정보들은 본인에게 놀잇감이 될 것이고, 당연히 학습을 통해서 정보를 접하는 타인에 비해 앞서나갈 수 있을 것이다.

해당 분야에 대한 최소한의 기술력과 관심이 있다면, 누구든 전문가가 되어 사업을 이끌어 갈 수 있다.

필요한 것 셋, 일관된 모습

대표의 모습은 곧 기업의 모습이다. 대표가 일관되지 않은 모습을 보여준다면 클라이언트는 그 기업에 기대하고 있던 이미지와의 괴리가 생길 것이다. 일관된 브랜드를 만들고자 하는 대표는 일관된 모습으로 주변 지인들이나 클라이언트를 대해야 한다.

필요 없는 것 하나, 자본금

사업을 하는 데에 자본금은 절대적인 역할을 하지 못한다. 물론 공장을 만들어야 하거나 임대를 하기 위해서 어느 정도의 금액은 필요할 수 있지만, 이는 대표의 역량으로 어떻게든 만들 수 있다. 창업을 해서 기업을 이끌려는 대표에게 첫 관문은 서비스를 운용할 자본금 마련이다. 본인이 가진 기술력을 이용해서, 아르바이트를 해서, 지원 과제에 선정이 돼서 등 자본금을 마련하는 방법은 다양하다. 자본금이 없다고 해서 사업을 시작할 수 없는 것은 가장 합리적인 이유인 듯 보이지만 변명에 불과하다.

필요 없는 것 둘, 인맥과 정보력

인맥과 정보력은 사업을 진행하면서 점점 쌓이는 것이다. 인맥과 정보력이 있기 때문에 사업을 한다는 것은 위험한 발상이다. 물론 회사를 다니다가 은퇴를 한 후 창업을 하는 경우는 예외이다. 실무 경력이 없는 사회 초년생이 인맥과 정보력을 바탕으로 사업을 진행하려는 경우를 말하는 것이다. 창업을 해서 앞으로의 사업을 이끌어 나가는 데에 기존의 인맥은 쉽게 활용할 수 없다. 오히려 창업 후 회사를 운영해 나가면서 쌓이는 인맥이 창업하려는 기업에 더 관계가 많다.

Q1_ 연봉이 얼마인가요?

사업 초기엔 당연히 일관된 수입을 기대할 수 없다. 하지만 인건비나 월세 등의 고정비는 지속적으로 소비된다. 매월 약 이천만 원 가량의 고정비가 발생한다. 따라서 수입은 천차만별이지만 다행히 마이너스 난 적은 없다. 빚 없이 적당히 원하는 건 어느정도 살 수 있다. 귀여운 소형 외제차도 있다.

Q2_ 업무강도는 어떻나요?

절대 야근을 하지 않는 것이 철칙이었다. 하지만 여러 혜택과 약간의 동기부여 할 것들을 제공하니 오히려 친구(직원)들이 더 열심히 일한다. 아마 비전을 공유하고 본인에게도 좋은 방향으로 흘러가는 일이라 생각되어 그렇게 하는 것 같다. 그래도 철야는 하지 않으니, 일반적인 사무소 업무 강도의 절반도 안 될 것이다.

Q3_ 학생 때 배운 '건축'을 많이 사용하고 계신가요?

학생 때 배운 건축은 '기획', '개발', '디자인'이었다. 창업에 꼭 필요한 세 가지이기도 하다. 전체적인 설계를 기획하고, 모델링 툴과 렌더링 툴, 리터칭 툴을 이용해서 디자인 및 개발을 하고, 최종 발표 때 프레젠테이션을 하기 위해서 발표 준비를 하는 것까지, 모두 창업에 필요한 역량이다. 프레젠테이션 하는 방법, 클라이언트를 설득하는 방법 등 건축학과에서 많은 것들을 배웠고 이를 이용해 사업을 꾸려나가고 있다. 필자는 그래서 다시 태어난다고 해도 '건축학과'로 진학을 할 것이다.

Q4_ 사업자 대표로서 가장 힘든 점은?

잠이 많다는 것이다. 대표는 할 일이 정말 많다. 가끔은 직접 개발하는 일도 해야 하고, 미팅도 추진해야 하고, 잘 되지 않았을 때의 차선책도 마련해야 하는 등 다양한 업무가 쏟아진다. 이 때문에 퇴근이 늦어져 새벽 2시가 넘어야 집에 도착한다. 그렇다고 매번 늦게 일어날 수도 없다. 다른 기업들은 9시면 업무가 시작되기 때문에 그 전에 일어나서 언제 올지 모르는 사람들의 전화를 기다려야 한다. 물론 할 일이 많아서 힘들다는 뜻은 절대 아니다. 필자는 눈을 뜨고 활동하는 시간 중 100%를 완전 만족하며 지낸다. 다만, 잠이 많다는 게 좀 아쉽다는 것이다.

Q5_ 정말 힘이 들 때 하는 일은?

새벽에 라디오를 끄고 드라이브를 하면 기분이 좋아진다. 그리고 다양한 생각들이 마구 샘솟는다. 예전에 차가 없었을 때엔 새로운 공간을 돌아다니며 아이디어를 구상하고는 했는데, 지금은 한적한 곳으로 드라이브를 하며 생각을 정리한다.

Q6_ 아침에 일어나는 이유는?

잠이 많기 때문에 아침마다 일어나는 일은 정말 힘들다. 하지만 사랑하는 가족이 있고 친구들이 있기 때문에, 그리고 그 친구들은 사무실에 가면 볼 수 있기 때문에 무거운 이불을 박차고 일어나 샤워를 하고 사무실로 향한다. 아침마다 사무실 문을 열 때마다 기분이 좋아진다. 출근할 때마다 기대가 된다니 이보다 좋은 직장은 없을 것이다.

Q7_ 사업을 하면 술자리가 잦지 않나요?

필자는 1년에 세 번 이하로 술을 마신다. 운전을 해야 할 경우가 많기 때문이라며 핑계를 댄다. 물론 대리운전을 부르면 되지만, 원체 술을 싫어한다. 싫어하는 술을 마시면서까지 일을 하고 싶지 않다. 사업을 하면 술자리가 잦아진다는 말은 옛말인것 같다.

Q8_ 본인을 위해서 하는 일은?

필자는 본인 보다는 친구들이나 지인들을 위해서 하는 일이 더 많다. 받는 즐거움 보다는 주는 즐거움이 더 크기 때문이다. 굳이 본인을 위해 하는 일을 꼽아보자면 '맛있는 음식 먹기'가 있다.

Q9_ 디지트는 성공한 사업인가?

성공을 어떻게 정의하느냐에 따라 다르다. 필자는 '원하는 사람과 함께 일을 하고 싶다'는 생각으로 창업을 했기 때문에 사실 사업을 유지하고 있는 지금의 상태는 필자 개인이 성공한 상태라고 볼 수 있다. '문화를 바꾸는 기술'이라는 비전이 있는 디지트가 성공을 했는지 여부는 앞으로 그 문화를 접하게 될 후배들이 평가하게 될 것이다.

Q10_ 앞으로의 계획은?

디지트만의 재미있는 기업문화도 만들고, 누구나 일하고 싶은 기업을 만들고 싶다. 앞으로도 계속 문화를 만들어 나가자는 비전을 갖고 디지트를 운영해 나갈 것이다. 문화를 만들어 나가는 데에 필요한 개인의 능력도 키울 것이고 이를 즐길 것이다.